Michael Zimmermann **Photovoltaik am Dach**

Photovoltaik am Dach

Der schnelle Weg zum PV-Experten

mit zahlreichen farbigen Abbildungen

Michael Zimmermann

ist selbständiger Dachdeckermeister und ö. b. u. v. Sachverständiger für das Dachdeckerhandwerk und die Teilgebiete Photovoltaik, Wärmeschutz und Schimmelpilzschäden, zudem als Gebäudeenergieberater (HwK) und Solarteur (HwK) tätig.

RM Rudolf Müller

Bibliografische Information der Deutschen Nationalbibliothek
Die Deutsche Nationalbibliothek verzeichnet diese Publikation in der Deutschen Nationalbibliografie; detaillierte bibliografische Daten sind im Internet über https://dnb.de abrufbar.

Maßgebend für das Anwenden von Normen ist deren Fassung mit dem neuesten Ausgabedatum, die bei der Beuth Verlag GmbH, Burggrafenstraße 6, 10787 Berlin, erhältlich ist. Maßgebend für das Anwenden von Regelwerken, Richtlinien, Merkblättern, Hinweisen, Verordnungen usw. ist deren Fassung mit dem neuesten Ausgabedatum, die bei der jeweiligen herausgebenden Institution erhältlich ist. Zitate aus Normen, Merkblättern usw. wurden, unabhängig von ihrem Ausgabedatum, in neuer deutscher Rechtschreibung abgedruckt.

Aus Gründen der besseren Lesbarkeit wird bei Personenbezeichnungen und personenbezogenen Hauptwörtern die männliche Form verwendet. Entsprechende Begriffe gelten im Sinne der Gleichbehandlung grundsätzlich für alle Geschlechter. Die verkürzte Sprachform hat nur redaktionelle Gründe und beinhaltet keine Wertung.

Wir freuen uns, Ihre Meinung über dieses Fachbuch zu erfahren. Bitte teilen Sie uns Ihre Anregungen, Hinweise oder Fragen per E-Mail: rudolf-mueller@vuservice.de oder telefonisch unter: 06123 9238-258 mit.

Lektorat: Thomas Volmert, Köln
Satz und Umschlaggestaltung: WMTP Wendt-Media Text-Processing GmbH, Birkenau
Druck und Bindearbeiten: Westermann Druck Zwickau GmbH, Zwickau
Printed in Germany

ISBN 978-3-481-04642-2 (Buch-Ausgabe)
ISBN 978-3-481-04663-7 (E-Book-Ausgabe als PDF)

FSC www.fsc.org MIX Papier aus verantwortungsvollen Quellen FSC® C110508

Vorwort

Seit dem Jahr 2022 gilt der Energiewende ein „überragendes" öffentliches Interesse. Das bedeutet konkret: Die Errichtung und der Betrieb von Anlagen mit erneuerbaren Energien dienen der öffentlichen Sicherheit. In § 2 des EEG 2023 ist verankert, dass erneuerbare Energien grundsätzlich Vorrang vor anderen öffentlichen Schutzgütern haben. „Wir verdreifachen die Geschwindigkeit beim Ausbau der erneuerbaren Energien", war die Kernaussage des „Osterpakets" der Bundesregierung. Daraus resultiert die Forderung, den Anteil der erneuerbaren Energien am Bruttostromverbrauch bis 2030 auf mindestens 80 % auszubauen. Mit diesen Vorgaben soll die Klimaerwärmung auf 1,5 °C begrenzt und gleichzeitig die Abhängigkeit von fossilen Energieträgern verringert werden. Zur Erreichung dieser Ziele werden seitens der Bundesregierung Ressourcen zur Verfügung gestellt und verschiedene Maßnahmen ergriffen. Beispielsweise geht es um die finanzielle Entlastung von Haushalten und Unternehmen, die Beendigung der EEG-Umlage, den Ausbau von Wind- und Solarenergie und eine Beschleunigung der Planungs- und Genehmigungsverfahren. Dabei geht es um nicht weniger als um die Energiesicherheit Deutschlands und die Eindämmung des vom Menschen erzeugten Treibhauseffekts. Es bleibt zu hoffen, dass aufgrund dieser klaren Positionierung die Botschaft des Gesetzgebers die Verwaltungspraxis der Genehmigungsbehörden erreicht und die Forderungen umgesetzt werden.

Für die Umsetzung der Energiewende braucht es aber nicht nur politische Rahmenbedingungen, sondern eine tatkräftige Unterstützung aller Menschen. Mit unserem mehr oder weniger konsequenten Handeln bestimmen wir die Lebensqualität der zukünftigen Generationen. Deshalb müssen wir das unbekümmerte Verhältnis zu unseren endlichen Rohstoffen nicht nur überdenken, sondern grundlegend ändern. Wir alle spüren die Veränderungen unseres Klimas, hervorgerufen durch den leichtsinnigen Umgang mit fossilen Brennstoffen. Unser Planet lässt sich diese globale Umweltverschmutzung auf Dauer nicht mehr gefallen und warnt uns auf eine lebensbedrohliche Art und Weise. Ein Beispiel ist das Sturmtief „Bernd" im Sommer 2021. Ingesamt starben bei diesem Unwetter über 220 Menschen, davon mindestens 188 in Deutschland. Diese Flutkatastrophe spülte Häuser wie Pappkartons weg und verwüstete ganze Städte. Eine sonst sehr idyllische Urlaubsgegend glich nach der Flut einem Schlachtfeld nach einem Krieg. Die Bedrohung durch die Erderwärmung ist also auch in Deutschland angekommen. Durch den Abbau und die Nutzung Jahrmillionen alter fossiler Energieträger haben wir die Luft verändert. Zugegebenermaßen war das sehr bequem und sehr günstig, aber bei der Verbrennung von Öl, Kohle und Gas haben wir CO_2 produziert und in die Atmosphäre getrieben. Als Folge wird die Erde ständig wärmer und der Klimawandel wurde ausgelöst.

Deshalb hat die Natur keine andere Wahl als zu reagieren. Und das tut sie. Die Unwetter sind keine Hilferufe, sondern eindeutige Warnungen aus dem Reich der Natur. Die Erde braucht den Menschen nicht, um existieren zu können, umgekehrt aber schon. Obwohl wir trotz intensivster Bemühungen und fahrlässigen Umgangs mit dem Klimawandel die Erde vermutlich nicht zerstören können, wäre die Natur besser ohne uns Menschen dran. D. h., mit der Energiewende schützen wir nicht unsere Mutter Erde, sondern wir sichern ein Überleben der nachfolgenden Generationen. Das sollte uns bewusst sein.

Deshalb haben wir als „Klimahandwerker" und als Unternehmen die einmalige Chance, aber auch eine Verpflichtung, die Energiewende proaktiv mitzugestalten und damit in zweifacher Hinsicht unsere Zukunft zu sichern. Damit ist die gesellschaftliche und die unternehmerische Absicherung gemeint.

Errichtung und Nutzung von Photovoltaikanlagen werden in Zukunft noch mehr im Fokus der Öffentlichkeit stehen. Das wird nicht nur unseren Kunden, sondern auch den jungen Menschen nicht verborgen bleiben. Wir machen durch energieeinsparende Dächer und PV-Anlagen auf uns als Klimahandwerker aufmerksam. Die Attraktivität unseres Handwerks wird dadurch zunehmen. Es geht dabei um junge Menschen, die demonstrieren und auch „montieren" möchten, junge Klimaschützer, die ihre Zukunft selbst gestalten und in die Hand nehmen wollen.

Die Energiewende ist eine Energierevolution und unsere Hauptaufgabe in der Zukunft. Übernehmen wir Verantwortung und gehen wir mit gutem Beispiel voran.

Hören wir auf zu denken: „Was soll ich allein schon verändern!"

Jeder Einzelne ist wichtig. Besonders Sie!

Ockenheim, im Januar 2024 Michael Zimmermann

Inhalt

Zum besseren Verständnis sind im Buch an bestimmten Stellen folgende Icons zu finden:

Glühbirne:
Damit wird auf wichtige Kernpunkte des Kapitels hingewiesen!

Taschenrechner:
Verweist auf Beispielrechnungen zum besseren Verständnis!

Fragezeichen:
Hier geht es um Verständnisfragen!

Praxistipp Tipps und Tricks aus der Praxis für die Praxis!

1 Einstieg

1.1 Rahmenbedingungen

Am 12. Dezember 2015 wurde Klimageschichte geschrieben. Auf der Klimakonferenz der Vereinten Nationen unterzeichneten 195 Staaten und die Europäische Union das Pariser Klimaschutzabkommen. Das Übereinkommen sieht eine Begrenzung der von den Menschen erzeugten globalen Erwärmung auf deutlich unter 2 °C gegenüber vorindustriellen Werten vor. „Deutlich“ unter 2 °C lässt jedoch einen genauso deutlichen Spielraum zu. Studien belegen zudem, dass die Begrenzung auf 2 °C nicht ausreichen könnte, um unser Erdklima vor dem Übergang in eine neue Heißzeit zu bewahren. Klimaforscher sprechen von „Kipppunkten“: Eine vermeintlich kontrollierbare Situation „kippt“ ohne weitere Ankündigung direkt in einen ernsthaft bedrohlichen Zustand. Vergleichbar ist das mit dem „berühmten Tropfen“, der das Fass zum Überlaufen bringt. Der ungleichmäßige Temperaturanstieg auf der Erde zeigt, dass der Klimawandel nicht linear verläuft. Berechnungen zufolge sind teilweise Erwärmungen von über 8 °C möglich. Sehr große Bereiche der Tropenregionen wären unter diesen Bedingungen nicht mehr als Lebensraum geeignet.

Klimaexperten fordern deshalb, die globale Erderwärmung auf maximal 1,5 °C zu begrenzen. Im Vergleich zur vorindustriellen Zeit sind die Temperaturen weltweit im Durchschnitt bereits um ca. 1 °C gestiegen. In Deutschland sind es ca. 1,6 °C. Zugegeben, der Unterschied zwischen 1,0 °C, 1,5 °C, 1,6 °C und 2,0 °C Temperaturerhöhung scheint erst einmal nicht groß zu sein, aber wie heißt es so schön: „Die Dosis macht das Gift.“

Als Weltklima verstehen wir die weltweiten langjährigen Mittelwerte von Temperatur, Niederschlägen und anderen Wetterelementen. Die letzte Eiszeit liegt ca. 20.000 Jahre zurück. Damals lagen die durchschnittlichen Temperaturen ca. 3–4 °C unter dem Mittelwert von 1951–1980. Der Meeresspiegel lag damals um ca. 100 m niedriger als heute, und Nordeuropa war mit einer ca. 100 m starken Eisschicht bedeckt. Es braucht also nicht Temperaturunterschiede im zweistelligen Bereich. Eine klimatische Veränderung von wenigen Grad Celsius verändert die Lebensbedingungen für die Menschheit auf eine ernsthaft bedrohliche Art und Weise.

Diese Tatsache rückt die 1,6 °C-Temperaturerhöhung in Deutschland in ein komplett anderes Licht. 1,6 °C entsprechen in etwa der Hälfte des Temperaturanstiegs von der letzten Eiszeit bis zur jetzigen Warmzeit in einem Zeitraum von ca. 10.000 Jahren. Die aktuelle Erderwärmung verläuft aber in ganz anderen Zeiträumen, in der Summe über 100-mal schneller. Das kann man daran erkennen, dass die 19 wärmsten jemals aufgezeichneten Jahre nach dem Jahr 2000 liegen.

Abb. 1.1: Zeiträume für die Reduktion des CO_2-Ausstoßes im Gebäudesektor

Eine andere Geschwindigkeit bei der Umsetzung der selbst gesteckten Klimaschutzziele unserer Bundesregierung wünschen sich viele Vertreter der jungen Generation – Stichwort „Fridays for Future" – nicht nur, sondern sie fordern sie sehr vehement. Den jungen Menschen ist es gelungen, ein neues Bewusstsein für die Dekarbonisierung des Energiehaushalts zu schaffen. Gemeinsam mit Klimaschützern und prominenten Unterstützern bekämpfen sie die globale Erderwärmung konsequent und durchaus erfolgreich. Beispielsweise ist das Bundesverfassungsgericht einer Klage der Klimaschützer gefolgt und hat das deutsche Klimaschutzgesetz im April 2021 für verfassungswidrig erklärt.

Daraufhin hat die Regierung das Gesetz nachgebessert und das Jahr 2045 als das neue Ziel für die Erreichung der Klimaneutralität bestimmt. Im Klartext bedeutet das: Wir müssen die CO_2-Emissionen unserer Gebäude bis zum Jahr 2045 von derzeit 120 Millionen t CO_2 auf null reduzieren. Zum Vergleich: Im Zeitraum von 1990 bis zum Jahr 2020 ist es gelungen, den CO_2-Ausstoß von 210 Millionen t auf derzeit 120 Millionen t zu reduzieren. Für 90 Millionen t wurden also insgesamt 30 Jahre benötigt. Als nächster Zwischenschritt ist das Jahr 2030 geplant. Bis dahin soll der Ausstoß von den verbliebenen 120 Millionen t CO_2 auf maximal 67 Millionen t reduziert werden. Die eingesparten 53 Millionen t CO_2 entsprechen einer Reduktion um ca. 44 %. Bis zum Jahr 2045 muss der Gebäudesektor komplett klimaneutral sein. Das entspricht einem erneuten Abbau von 67 Millionen t CO_2.

Wir müssen also von heute an bis zum Jahr 2045 unseren CO_2-Ausstoß um insgesamt 120 Millionen t reduzieren. Das heißt, wir haben im Vergleich zum Zeitraum von 1990 bis zum Jahr 2020 insgesamt 5 Jahre weniger Zeit und müssen 30 Millionen t CO_2 mehr einsparen.

Die beste Energie ist die eingesparte Energie!

Deshalb werden wir diese wichtigen Ziele nur in Kombination mit Energieeinsparung und zusätzlicher Energiegewinnung auf unseren Gebäuden erreichen. Gerade bei der Errichtung von Sonnenkraftwerken auf den Dächern gibt es Synergieeffekte mit Sanierungsmaßnahmen an der Gebäudehülle, speziell bei energetischen Dachsanierungen.

1.2 Synergieeffekte PV und Dach

Das energetische Potenzial unserer Dächer ist auch der Politik nicht verborgen geblieben und deshalb in den Fokus der Gesetzgebung geraten. Daraus ist die PV-Pflicht bei grundlegenden Dachsanierungen entstanden. Bereits im Jahr 2023 gilt diese Pflicht zur Installation einer Photovoltaikanlage im Kontext einer Dachsanierung in einigen Bundesländern und sie wird möglicherweise flächendeckend in ganz Deutschland eingeführt. Außer dem Witterungsschutz war ein Dach bislang „nur" dafür verantwortlich, die Wärme im Haus einzusperren und gleichzeitig dafür zu sorgen, dass die Hitze und der Lärm draußen bleiben. Im Rahmen der notwendigen Umsetzung der Energiewende haben unsere Dächer eine zusätzliche Aufgabe und damit eine Doppelfunktion bekommen. Es geht um die Senkung der Transmissionswärmeverluste durch die Gebäudehülle zur Reduzierung der CO_2-Emissionen und gleichzeitig um die Bereitstellung der ohnehin schon versiegelten Energienutzflächen für die Aufnahme von klimaneutralen Solarkraftwerken auf dem Dach.

Eine vom Zentralverband des deutschen Dachdeckerhandwerks und dem Bundesverband der deutschen Ziegelindustrie in Auftrag gegebene Studie des Forschungsinstituts für Wärmeschutz e. V. (FIW-München) aus dem Jahr 2021 zeigt die Synergieeffekte und Potenziale dieser beiden Maßnahmen. In Deutschland gibt es sehr viele Dächer, die den heutigen Anforderungen an Energieeffizienz bei Weitem nicht gerecht werden. Die energetische Qualität von ca. 4 Millionen Dächern von Ein- und Zweifamilienhäusern entspricht in der Summe noch nicht einmal den Anforderungen des Mindestwärmeschutzes. Weitere ca. 6,5 Millionen Dächer sind minimal modernisiert und energetisch auf dem Stand der Wärmeschutzverordnung aus dem Jahr 1977 bzw. 1984. Den Großteil dieser Dächer gilt es bis spätestens 2045 energetisch zu sanieren. Damit wird die aktuelle Sanierungsquote von ca. 1,3 % auf 2,5–3 % erhöht, und gleichzeitig werden die CO_2-Emissionen im Gebäudebereich allein aufgrund der Dachsanierungen um 25 % gegenüber dem heutigen Stand reduziert. Das entspricht dem jüngst verabschiedeten Klimaschutzgesetz der Bundesregierung und dem damit verbundenen Ziel, den Gebäudesektor bis 2045 klimaneutral zu gestalten.

In Deutschland gibt es ca. 16,6 Millionen Einfamilienhäuser und ca. 2,7 Millionen Mehrfamilienhäuser. Das entspricht einem Gesamtbestand von ca. 19,3 Millionen Wohngebäuden. Davon besteht lediglich bei ca. 13 % kein Sanierungsbedarf. Ca. 36 % sind komplett unsaniert und ca. 51 % sind teilsaniert. Experten sind sich einig, dass die erwähnte bisherige Sanierungsquote von ca. 1,3 % pro Jahr bei Weitem nicht ausreicht, um die angestrebten Klimaschutzziele zu erreichen. Sie fordern eine Sanierungsquote von mindestens 2,5–3 %. Es müssten also in den nächsten 20 Jahren ca. 500.000 energetische Sanierungen pro Jahr ausgeführt werden. Das ist eine Mammutaufgabe für das Dachdeckerhandwerk, wie die nachfolgenden Zahlen belegen. Gemäß dem ZVDH-Steckbrief 04.2022 verzeichnet das Dachdeckerhand-

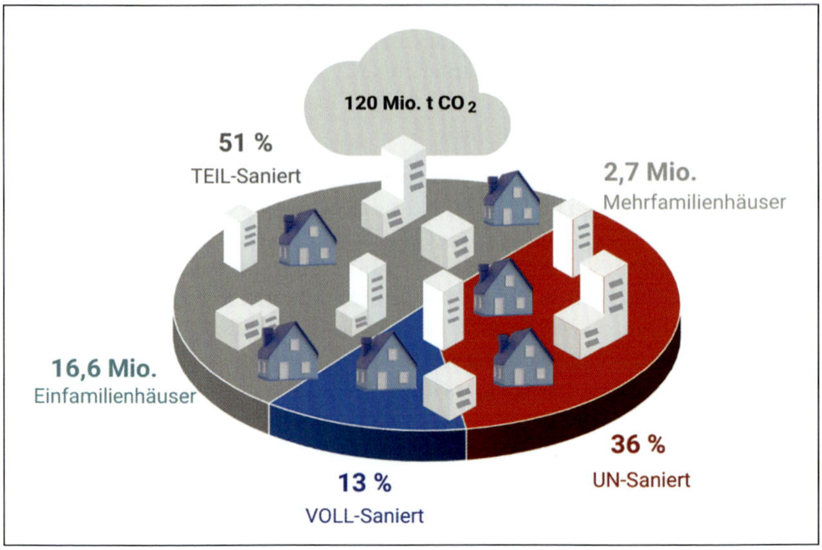

Abb. 1.2: Gebäudebestand in Deutschland

werk insgesamt 15.106 in die Handwerksrolle eingetragene Dachdeckerbetriebe. Darunter sind auch insgesamt 3.352 Betriebe erfasst, die keine Mitarbeiter beschäftigen. Der Anteil der Soloselbstständigen liegt derzeit bei 22,2 %. Teilt man die 500.000 durchzuführenden Sanierungen durch die insgesamt ca. 15.000 Dachdeckerunternehmen, ergibt sich eine durchschnittliche Sanierungszahl von ca. 33 Dächern pro Betrieb und Jahr. Aufgrund der unterschiedlichen Betriebsgröße ist diese Angabe jedoch nur begrenzt hilfreich.

Klarer wird die Botschaft bei den gewerblichen Dachdeckern. Zum 31.12.2021 wurden der SOKA-DACH insgesamt 64.431 gewerbliche Mitarbeiter gemeldet. In dieser Zahl sind keine kaufmännischen und technischen Angestellten sowie tätige Inhaber und Auszubildende enthalten.

Setzt man die Zahl der erforderlichen energetischen Sanierungen im Jahr ins Verhältnis zu den uns zur Verfügung stehenden gewerblichen Mitarbeitern im Dachdeckerhandwerk, kommt man auf eine Sanierungszahl von 7,7 Sanierungen pro MA/Jahr. Eine mit Sicherheit nicht sehr hoch angesetzte Arbeitszeit von 200 Stunden/Dach ergäbe bei dieser Betrachtung eine benötigte Jahresarbeitszeit von über 1.500 Std./MA/Jahr für die Durchführung dieser notwendigen energetischen Sanierungsmaßnahmen. Außerdem dienen sehr viele dieser dann sanierten Dächer als versiegelte Energienutzfläche für kleine und große Sonnenkraftwerke zur Erzeugung von klimaneutralem PV-Strom.

Das zeigt das riesige Potenzial und die Synergieeffekte der Kombination von Dachsanierung mit der Errichtung von Photovoltaikanlagen in der Gebäudesanierung und die positive Zukunft unserer Branche.

Nutzen wir diese noch nie da gewesene Chance und packen wir's an!

1.3 Vom Dachexperten zum PV-Experten

„Marken werden nicht gekauft, sie werden verkauft“ – ein Leitsatz, der die Bedeutung von Expertenwissen hervorhebt. „Kunden kaufen von Experten“ – eine Erkenntnis, die die Notwendigkeit unterstreicht, sich auf dem Markt als sachkundig und vertrauenswürdig zu präsentieren.

Nicht jeder ist auf jedem Gebiet gleich bewandert. Es gibt Generalisten, die Grundlagen schaffen, und Experten, die tiefgreifendes Fachwissen besitzen. Diese Unterscheidung findet sich in allen Bereichen des Lebens wieder, sei es in der Medizin, im Sport oder im Handwerk.

Experten sind nicht nur gefragt, sie werden in der Regel auch besser bezahlt!

Ein Beispiel aus dem Gesundheitswesen: Bei einem Schnupfen ist der Hausarzt die erste Anlaufstelle. Handelt es sich jedoch um eine komplizierte Knieverletzung, wird der spezialisierte Orthopäde als Experte konsultiert.

Eine ähnliche Hierarchie lässt sich im Handwerk beobachten. Die Dachrinnenreinigung mag eine Aufgabe für den Universaldachdecker sein, doch bei einer komplexen energetischen Dachsanierung mit einer anspruchsvollen Photovoltaik-Indachanlage ist der Experte gefragt.

Aber was bzw. wer ist ein Experte? Dazu die Meinung von Wikipedia:

„Experte (auch Fach- oder Sachkundiger oder Spezialist) oder Expertin ist eine Person, die über überdurchschnittlich umfangreiches Wissen auf einem Fachgebiet oder mehreren bestimmten Sacherschließungen oder über spezielle Fähigkeiten verfügt.“

Zugegebenermaßen ist das eine sehr sperrige Beschreibung, was sofort die nächste Frage aufwirft.

Wer darf sich Experte nennen?

Ein tiefgehendes Fachwissen und umfangreiche Erfahrungen in einem bestimmten Bereich sind genauso wichtig wie die Anerkennung dieser Expertise durch die Zielgruppe. Wenn eine Person selbst der Meinung ist, ein Experte zu sein, aber von ihrer Zielgruppe nicht als solcher anerkannt wird, hat dies keine praktischen Auswirkungen. Es ist wichtig, dass ein Experte seinen Expertenstatus nach außen hin sichtbar macht und seine Expertise auf verschiedene Arten demonstriert, um von der Zielgruppe als Experte anerkannt zu werden. Durch die Sichtbarkeit des Expertenstatus kann ein Experte Glaubwürdigkeit und Ansehen aufbauen, was wiederum dazu beiträgt, als Autorität in dem jeweiligen Fachgebiet angesehen und anerkannt zu werden. Abgekürzt bedeutet das:

Ein Experte ist derjenige, der von seiner Zielgruppe als solcher wahrgenommen wird!

Denn was bringt es, wenn niemand weiß, dass man gut ist.

Ab wann ist man ein Experte?

Die Frage lässt sich nicht pauschal beantworten, denn das hängt stark vom jeweiligen Fachgebiet und der individuellen Entwicklung ab. Zeit spielt eine wesentliche Rolle, aber ebenso wichtig ist der Fleiß, der oft das Talent übertrumpft. Eine durchaus diskutierte Theorie, die den Weg zum Expertenstatus beschreibt, ist die 10.000-Stunden-Regel. So viel Zeit sei nötig, um Expertise in einem Bereich zu entwickeln. Diese Regel, die vor allem im Sport und in der Musik bekannt ist, lässt sich auch auf das Handwerk übertragen.

So viel zur Theorie – in der Praxis ist es jedoch entscheidend, stets mehr zu wissen als der Kunde. Dies erfordert eine Entwicklungsphase, aber mit einer ermutigenden Ausgangslage: Dachexperten beginnen diesen Weg nicht bei null. Sie verfügen bereits über fundierte Kenntnisse der technischen Regeln des Dachdeckerhandwerks. Der Fokus liegt auf dem Aufbau von Expertise im Photovoltaikbereich.

Interessant dabei ist, dass der Kompetenzaufbau im Verhältnis zum Zeitaufwand nicht linear verläuft.

Es gibt dabei keine absolute, 100%ige Kompetenz, was bedeutet, dass auch nicht 100 % der Zeit investiert werden müssen, um Experte zu werden. Es gilt das Pareto-Prinzip: Mit 20 % des Zeitaufwands lassen sich bereits 80 % der erforderlichen Kompetenz erlangen, was für die meisten Anforderungen mehr als ausreicht. Die restlichen 20 % des Wissens sind oft so spezialisiert, dass sie nur von wenigen wirklich erfasst und eingeschätzt werden können – dies ist der Bereich der Koryphäen.

Aber es ist nicht nötig, so lange zu warten, um größere Fortschritte zu erzielen. Die theoretischen 50 % Expertise erreicht man bereits in etwas mehr als 10 % des Zeiteinsatzes. Dieser beschleunigte Lernfortschritt am Anfang der Spezialisierung ermöglicht es, schnell ein solides Grundwissen und praktische Fähigkeiten im Bereich der Photovoltaik aufzubauen.

Ein wichtiger Ansatz ist zum Beispiel die Weiterbildung zum zertifizierten Photovoltaik-Manager im Dachdeckerhandwerk mit dem damit verbundenen Potenzial, die Prozesse zu verstehen, Installation und Montage zu optimieren und die Kunden hinsichtlich der Nutzung erneuerbarer Energien kompetent zu beraten. Indem PV-Experten ihr Know-how durch kontinuierliche Weiterbildung vertiefen, wofür zunehmend auch flexible Onlinekurse angeboten werden, demonstrieren sie Engagement und Qualifikation in einem sich schnell entwickelnden Fachbereich. Die Nutzung digitaler Bildungsressourcen ermöglicht es zudem, aktuelle Entwicklungen und Innovationen im Bereich der Photovoltaik zeitnah ins Fachwissen zu integrieren und dieses ständig zu aktualisieren. Diese moderne Art der Spezialisierung trägt dazu bei, das Vertrauen der Kunden zu gewinnen und den Ruf als führender Anbieter von Photovoltaiklösungen zu festigen.

Darüber hinaus spielt die Lektüre von Fachbüchern eine entscheidende Rolle beim Aufbau von Expertenwissen. Speziell dieses Buch bietet eine umfassende Einführung in die technischen Grundlagen, die neuesten technologischen Entwicklungen sowie praktische Tipps zu Installation und Wartung von

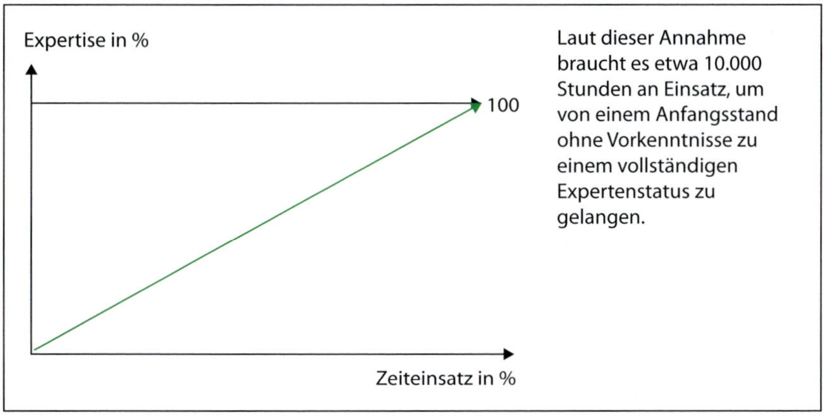

Abb. 1.3: 10.000-Stunden-Regel

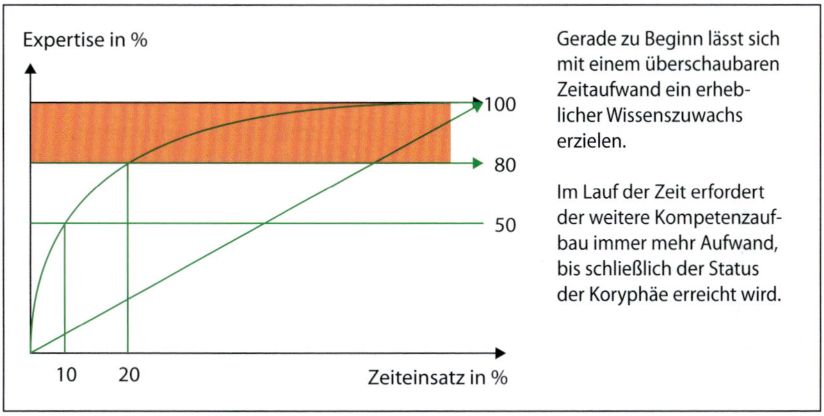

Abb. 1.4: Pareto-Prinzip 80/20

Photovoltaikanlagen. Es dient nicht nur als wertvolle Informationsquelle für angehende Photovoltaik-Manager im Dachdeckerhandwerk, sondern auch als Nachschlagewerk für erfahrene Fachleute, die ihr Wissen vertiefen und auf dem neuesten Stand halten möchten.

PV-Experten müssen stets mehr wissen als die zu beratenden Kunden!

Übrigens: Den Expertenstatus legen grundsätzlich andere fest. Deshalb ist es Aufgabe der Experten, sich die Expertise zu erarbeiten und für die Zielgruppe sichtbar zu sein. Den Radius und die Zielgruppe bestimmen die Experten dabei selbst.

Was ist der Unterschied zwischen Experten und Spezialisten?

Ein Experte ist eine Person, die über ein sehr umfangreiches Wissen in einem bestimmten Fachgebiet verfügt und als Quelle mit Autorität in diesem Bereich angesehen wird. Experten besitzen eine große Fachkompetenz und Erfahrung und sind in der Lage, komplexe Sachverhalte zu analysieren und zu bewerten.

Ein Spezialist hingegen ist eine Person, die sich auf einen bestimmten Teilbereich innerhalb eines Fachgebiets spezialisiert hat und über ein sehr tiefgehendes Wissen in diesem Bereich verfügt. Spezialisten haben in der Regel eine sehr spezifische Fachkompetenz und sind in der Lage, sich schnell in neue Themen einzuarbeiten.

Der Unterschied zwischen einem Experten und einem Spezialisten liegt also darin, dass ein Experte ein sehr umfangreiches und tiefgehendes Wissen in einem gesamten Fachgebiet hat, während ein Spezialist sich auf einen spezifischen Teilbereich innerhalb eines Fachgebiets spezialisiert hat und über ein sehr tiefgehendes Wissen in diesem Bereich verfügt.

Beispiel: Der Unternehmer ist der PV-Experte und hat sich mit seinem Team auf energetische Dachsanierungen und Photovoltaikanlagen spezialisiert. Seine Mitarbeiter sind Sanierungs- und Photovoltaikspezialisten.

Praxistipp *Es ist oft effizienter und wirtschaftlicher, sich innerhalb des eigenen Handwerks zu spezialisieren, statt einen breiten, aber weniger tiefgreifenden Ansatz zu verfolgen.*

Durch die Konzentration auf einige wenige Bereiche und den Aufbau eines Expertenstatus in diesen Feldern kann man sich deutlich hervorheben. Diese Spezialisierung vereinfacht nicht nur die internen Prozesse, sondern trägt auch zu einer besseren Auffindbarkeit und Wirtschaftlichkeit bei. Es ist generell einfacher und auch sinnvoller, in einem spezialisierten Bereich herausragende Qualität zu bieten, als in einem breiten Spektrum überall die Bestleistungen erzielen zu wollen, aber am Ende nur Mittelmaß zu sein.

In unserer digitalen Welt ist es für Experten einfacher als je zuvor, Sichtbarkeit zu erlangen und ihre Zielgruppe anzusprechen. Onlinemarketing und soziale Medien eröffnen zahlreiche Wege, Fachwissen zu verbreiten, Netzwerke zu knüpfen und als führende Kraft im eigenen Fachbereich anerkannt zu werden.

1.4 Energieerzeugung und Energieverbrauch

Eigentlich geht es den meisten oder vielen Menschen gar nicht um die Energie, sondern um den Nutzen und den Komfort, die sie bringt. Es geht also um eine warme Wohnung, warmes Essen, Smartphone, Netflix und Co. Um diese nicht mehr wegzudenkenden Annehmlichkeiten ständig nutzen zu können, werden Energieträger benötigt. Es gibt fossile und erneuerbare (regenerative oder alternative) Energieträger. Fossile Energieträger sind endlich.

Erneuerbare Energieträger sind nahezu unbegrenzt verfügbar. Dazu gehören unter anderem:

- **Sonne**
- **Wind**
- **Biomasse**
- **Wasser**
- **Geothermie**
- **Meeresenergie**

Die Sonne ist ein gigantisches Kraftwerk und gleichzeitig unser wichtigster Energielieferant. Auch alle anderen erneuerbaren Energiequellen sind auf die Kraft der Sonne angewiesen. Die Sonne ist auch der Ursprung unserer fossilen Energieträger wie Erdöl, Erdgas und Kohle. In diesen Energieträgern wurde die Sonnenenergie über Jahrmillionen gespeichert und steht uns heute zur Verfügung – zwar nur für eine begrenzte Zeit, dafür aber mit allen Nachteilen, die ihre Nutzung mit sich bringt.

Ohne die Sonne gäbe es kein Leben auf der Erde. Die Globalstrahlung setzt sich aus der direkten und der diffusen Strahlung zusammen.

Daraus entstehen 3 für uns nutzbare Energieformen:

- **Strom**
- **Wärme**
- **Licht**

Aufgrund ihrer sehr hohen Oberflächentemperatur von über 5.500 °C ist die Sonne in der Lage, uns über eine Entfernung von ca. 150 Millionen km mit Energie zu versorgen. Die Wucht dieser Gesamtenergie ermöglicht es der Sonnenstrahlung, den Weltraum ohne nennenswerte Verluste zu durchqueren. Ohne die „dämpfende" Wirkung der Erdatmosphäre würden die Sonnenstrahlen mit einer Energiedichte zwischen 1.330 und 1.420 W/m^2 auf die Erde treffen. Aufgrund dieser atmosphärischen „Abschwächung" kann nur die direkt auf die Erde einfallende Sonnenstrahlung technisch genutzt werden. Der Anteil der diffusen und der direkten Strahlung schwankt je nach Wetterlage. Die Strahlungsenergie der Sonne hängt außerdem von der geografischen Lage, dem Wetter, der Tages- und der Jahreszeit ab. Deshalb wird die Sonnenenergie regional über ein ganzes Jahr gemessen und durch die Zahl der Tage/Jahr geteilt. So erhält man die durchschnittliche Energieleistung der Sonne an einem Tag. Diese Energieleistung ist innerhalb Deutschlands unterschiedlich und nimmt von Süden nach Norden kontinuierlich ab. Im Durchschnitt können wir in Deutschland mit ca. 3 kWh/m^2 und Tag rechnen. Zum Vergleich: In der Sahara ist diese Energieleistung ca. doppelt so hoch.

Diese Energieleistung der Sonne von ca. 3 kWh/m^2 pro Tag steht uns für die solare Energiegewinnung zur Verfügung. Technisch gesehen gibt es dafür 2 unterschiedliche Methoden. Die Solarthermie (1) nutzt die Sonnenstrahlung zur Wärmegewinnung. Durch den fotoelektrischen Effekt wird bei der Photovoltaik (2) aus den Sonnenstrahlen direkt nutzbarer Strom gewonnen. Ohne Umwege wird also die Sonnenenergie in elektrische Energie umgewandelt. Die ursprünglich für die Raumfahrt entwickelte Technik ist deutlich jünger als die Solarthermie zur Wärmegewinnung und vermutlich dank Sektorenkopplung und der Elektrifizierung von Mobilität und Heizung das System mit den besten Zukunftsaussichten.

Handelsübliche Photovoltaikmodule nutzen aktuell ca. 16–22 % der auf der Erde eintreffenden Sonneneinstrahlung und wandeln diese über Wechselrichter in Strom um. Wir können also mit den PV-Anlagen auf unseren Dächern im Durchschnitt ca. 0,5–0,6 kWh/m²/Tag Sonnenenergie zur direkten Nutzung erzeugen. Dem gegenüber steht der durchschnittliche Stromverbrauch eines Haushalts mit 4 Personen von ca. 4.000 kWh im Jahr. Das ergibt einen Tagesverbrauch von ca. 11 kWh und eine „theoretische“ Modulfläche von ca. 22 m². Theoretisch ist die uns zur Verfügung stehende Sonnenenergie von 3 kWh/m² am Tag das Ergebnis des Jahresdurchschnitts. Tatsächlich liefert die PV-Anlage im Winter deutlich weniger Energie als im Sommer. Mehr dazu im weiteren Verlauf dieses Buchs unter „Wie groß muss eine PV-Anlage sein“.

Jedes Jahr werden die Statistiken über erneuerbare Energien vervollständigt und veröffentlicht. So wurden im Jahr 2022 insgesamt 383.600 neue PV-Anlagen mit einer Gesamtleistung von 7,5 GWp gemeldet. Insgesamt wurden bis Ende 2022 ca. 2,66 Millionen PV-Anlagen mit einer Gesamtleistung von 68 GWp installiert.

Tabelle 1.1: Statistische Zahlen der deutschen Solarbranche aus Mai 2023/

Im Jahr 2022 neu gemeldete Photovoltaik-PV-Leistung	7,5 GWp
Im Jahr 2022 neu gemeldete Photovoltaikanlagen	383.600
Ende 2022 installierte PV-Leistung insgesamt	rd. 68 GWp
Zahl der Ende 2022 installierten Photovoltaikanlagen insgesamt	2,66 Mio.
Bruttostromerzeugung aus PV-Anlagen im Jahr 2022	61,9 TWh
Anteil der PV-Anlagen an der Nettostromerzeugung zur öffentlichen Stromversorgung im Jahr 2022	**12 %**
Vermiedene Treibhausgasemissionen in CO_2-Äquivalenten im Jahr 2022	**41,7 Mio. t**
Quelle: Bundesverband Solarwirtschaft e.V., Berlin 2023	

Im Jahr 2022 betrug der Anteil der erneuerbaren Energien am gesamten Stromverbrauch insgesamt 49,7 %. Gegenüber dem Jahr 2021 mit 45,6 % bedeutet dies einen leichten Anstieg. Dies spiegelt sich auch in den Anfragen bzw. Aufträgen von Kunden wider, die aufgrund der aktuellen Energiepreissituation zunehmend Interesse an der eigenen Solarstromerzeugung auf dem Dach haben.

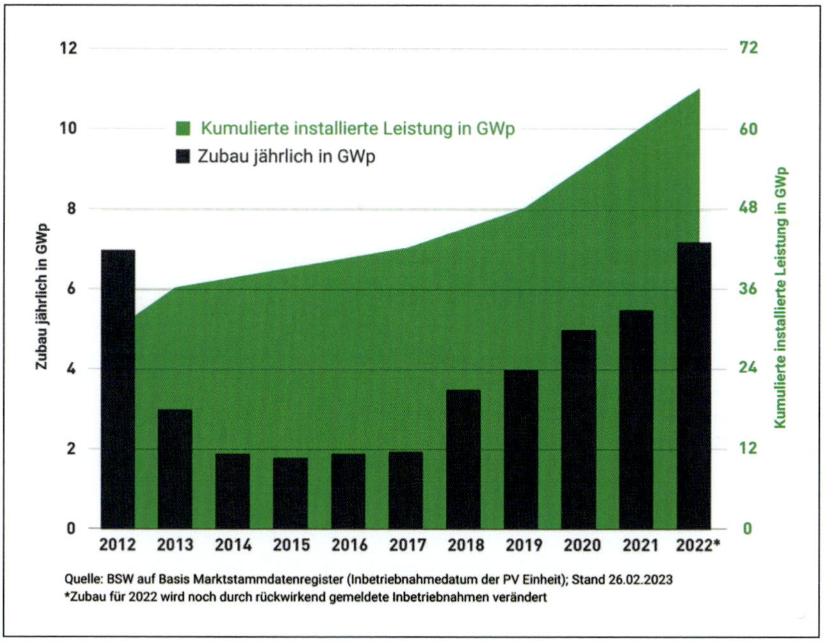

Abb. 1.5: Installierte Kapazität der PV-Anlagen in Deutschland bis Ende 2022

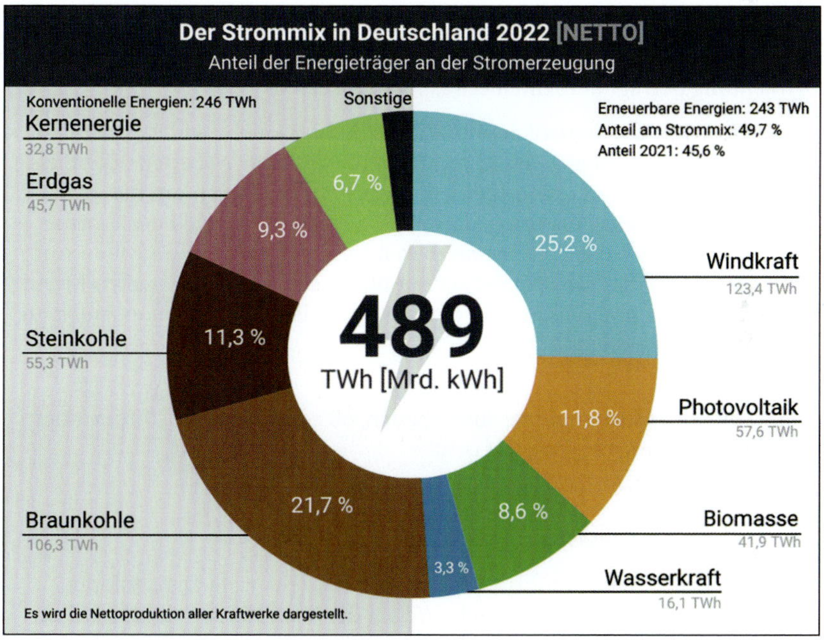

Abb. 1.6: Der Strommix in Deutschland 2022

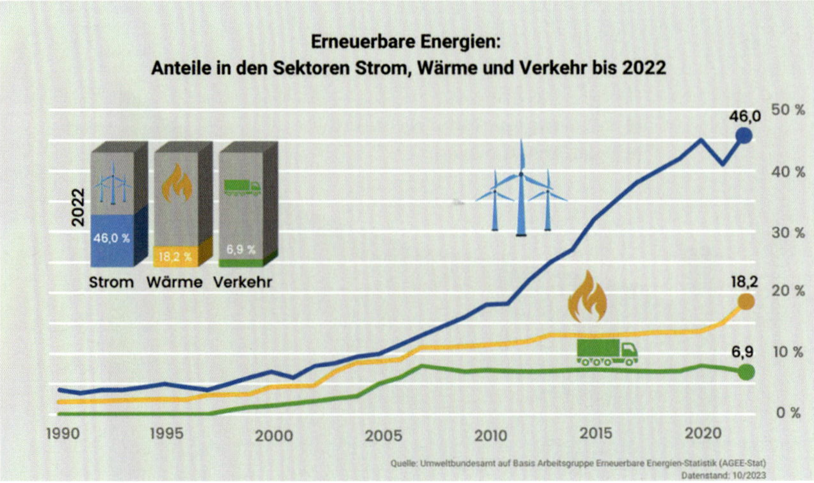

Abb. 1.7: Sektoren Strom, Wärme und Verkehr

Ein Anteil an erneuerbaren Energien von knapp 50 % hört sich zunächst zwar ganz gut an, spiegelt aber nur den Verbrauch von Strom wider. Denn unser Energiebedarf besteht nicht nur aus Strom. Hinzu kommen die Energieverbräuche aus der Wärme für die Heizungen, dem Personenverkehr sowie dem Transport und die Verbräuche aus Gewerbe und Industrie.

Die Grafik des Umweltbundesamtes zeigt den Anteil der erneuerbaren Energien, aufgeteilt in die Sektoren Strom, Wärme und Verkehr. In dieser Betrachtung beträgt der Anteil etwas mehr als 20 %.

Insofern wirken die Statistiken und Zahlen teilweise sehr widersprüchlich und lassen auch nicht auf den ersten Blick die gesamte Wahrheit erkennen. Es ist grundsätzlich zu unterscheiden, ob es bei den Zahlen um den Strombedarf oder gesamten Energiebedarf geht. Gerade im Bereich der Wärme und des Verkehrs haben die erneuerbaren Energien noch sehr großen Aufholbedarf. Auch die Industrie ist zurzeit noch sehr stark von fossilen Brennstoffen abhängig und hat deshalb einen verhältnismäßig geringen Anteil an erneuerbaren Energien.

Bei Statistiken immer genau nachschauen, ob es „nur" um den Strom- oder um den Gesamtenergiebedarf geht!

1.5 Unser Energiesystem

Aufgrund der aktuellen politischen Lage gibt es sehr viele Diskussionen um Energie und Energieverbrauch. Wegen der Vielzahl der verschiedenen Einheiten, in denen Leistung und Energie gemessen werden, ist es aber nicht einfach, den Überblick zu behalten. Außer den „Experten" haben vermutlich die wenigsten ein Gefühl dafür, was „ein Barrel Öl" oder „eine Million BTUs" in menschlichen Begriffen bedeuten, und es fällt schwer, die „Tonnen Rohöläquivalent", „Terawattstunden" (TWh) und Exajoule (EJ) sinnvoll einzuordnen.

Gleiches gilt für den einen oder anderen Artikel in verschiedenen Medien. Es wird zum Teil wenig recherchiert, aber viel geschrieben und oft ohne weitere Kontrolle ungefiltert veröffentlicht. Das macht eine Einordnung sehr schwierig, aber die Verwirrung insgesamt perfekt. Eine Zeitungsmeldung mit der Überschrift „Die neue Solaranlage ist in Betrieb gegangen und produziert ab sofort eine Leistung von 2 Megawatt pro Monat" lässt auf den ersten Blick sowohl Qualität, Quantität als auch Kompetenz erkennen. Qualität und Quantität beziehen sich auf die Solaranlage, Kompetenz auf den Redakteur. Bei Licht betrachtet ist diese Aussage aber genauso absurd wie „Das neue Auto hat 60 PS im Monat". Nach dieser Logik hätte das Auto 2 PS am Tag und 720 PS im Jahr? In beiden Beispielen werden „Leistung" und „Arbeit" verwechselt. Nur beim Auto fällt uns das sofort auf. Bringen wir also etwas Licht ins Dunkel.

Eine sehr einfache und praktische Erklärung für „Energie" und „Energieverbrauch" ist die Darstellung des Gesamtenergieverbrauchs pro Einwohner Deutschlands in Kilowattstunden. Aber lassen Sie uns ganz von vorne anfangen.

Was ist eine Kilowattstunde (1 kWh)?

Mit 1 kWh Strom kann man unter anderem folgende Dinge erledigen (ca.-Angaben):

- **1 Stunde lang ein Toastbrot toasten**
- **oder 133 Scheiben Toastbrot toasten (was wahrscheinlich mehr Sinn macht)**
- **3 Minuten warm duschen**
- **10 Stunden eine 100-W-Glühbirne brennen lassen**
- **oder 100 Stunden ein 10-W-Leuchtmittel nutzen (viel energieeffizienter)**
- **1 Stunde lang die Haare mit einem 1000-W-Föhn föhnen**
- **15 Hemden bügeln**
- **70 Tassen Kaffee kochen**
- **eine Ladung Wäsche bei 60° C waschen**

Diese Liste kann endlos fortgesetzt werden, z. B. 50 Stunden Arbeit an oder mit einem Laptop. Auch die Mobilität kann damit in Verbindung gebracht werden. Mit 1 kWh kann man mit einem Elektroauto ca. 5 km im Stadtverkehr fahren. Für 100 km benötigt ein Mittelklasse-Elektroauto ca. 20 kWh. 1 kWh ist in 100 Milliliter Benzin enthalten, was bei einem Auto mit Verbrennungsmotor zu einer Reichweite von 1–2 km führt. Ein Liter Benzin oder Heizöl enthält ca. 10 kWh Energie. Bei einem Heizölverbrauch von 1.000 Litern pro Jahr beträgt der Wärmebedarf ca. 10.000 kWh/Jahr.

***Kilowatt* ist also die Messgröße für die Leistung und *Kilowattstunde* die Messgröße für die Energie, also die verrichtete Arbeit!**

Ein Beispiel: Ein Elektrogerät mit einer Leistung von 1.000 Watt, also einem Kilowatt, verbraucht in der Zeiteinheit von einer Stunde insgesamt eine Ki-

An einem Tag deckt ein geübter Dachdecker eine Fläche von ca. 35 m² mit Ziegeln oder Dachsteinen ein.

Unter Annahme der Energieerzeugung von 1 kWh am Tag und einem Preis von 35 ct/kWh, entspricht das 1 ct/m².

Unser sehr fleißiger Dachdecker leistet dabei 120 W und kann damit zwei 60-W-Glühbirnen zum Leuchten bringen.

Abb. 1.8: Fleißiger Dachdecker

lowattstunde = 1 kWh. Vergleichbar ist das mit der Geschwindigkeit und der zurückgelegten Entfernung. Bei einer konstanten Geschwindigkeit von 100 km/h beträgt die zurückgelegte Entfernung in einer Stunde 100 km. Die Stunde, also das „h", macht den Unterschied.

1 Kilowatt (kW) entspricht übrigens 1,36 Pferdestärken (PS), 1 kWh entspricht etwa 3,6 Millionen Joule (J) bzw. 860 Kilokalorien (kcal).

Die Einheit kWh kommt in der Praxis sehr oft vor, manchmal bewusst, sehr oft aber auch unbewusst.

Auf den Abrechnungen der Energieversorger findet sich diese Maßeinheit wieder. Vor der Einheit kWh steht dann in der Regel eine Zahl. Dieser mehr oder weniger hohe Wert ist der Strom- oder Gasverbrauch über den Abrechnungszeitraum. Multipliziert wird diese Zahl dann mit dem Einheitspreis der gelieferten Energie in der Einheit kWh. Bei Strom beträgt der Preis zurzeit ca. 35 ct/kWh.

Aber was ist notwendig, um 1 kWh Energie zu erzeugen?

Realistischerweise ist es einem Fahrradfahrer in 10 Stunden möglich, eine Kilowattstunde (1 kWh) Energie zu erzeugen, er bringt also beim Radfahren 100 W auf die Pedale. Vergleichbar ist das mit der Arbeitsleistung eines sehr fleißigen Dachdeckers an einem produktiven Tag. Er leistet an einem „erfolgreichen" Arbeitstag etwa 120 W und „erzeugt" damit eine „Tagesenergie" von 1 kWh.

Langsam, aber sicher nähern wir uns dem Verständnis für den Energiegehalt einer Kilowattstunde. Machen wir deshalb genauso weiter und nehmen uns als nächstes den Energiehaushalt in ganz Deutschland vor.

Obwohl die Energie grundsätzlich weder erzeugt noch vernichtet werden kann, gibt es unterschiedliche Angaben der Energiebedarfe bzw. der Energieverbräuche. Zuerst einmal klären wir den Unterschied zwischen Primärenergiebedarf und Endenergieverbrauch.

Als Primärenergiebedarf bezeichnet man die Summe der Energiebedürfnisse aller Verbraucher in ganz Deutschland.

Der Primärenergiebedarf umfasst auch die vorgelagerten Prozesse einschließlich der Transport- und Umwandlungsverluste, die entstehen, um die tatsächlich benötigte Energiemenge den Nutzern als Energiebedarf zur Verfügung zu stellen. Diese „bereinigte" Energiemenge wird als Endenergiebedarf bezeichnet und ist die Abrechnungseinheit der Energieversorger. Es besteht also eine Differenz zwischen Primärenergiebedarf und Endenergiebedarf.

Um das Verständnis von Energie zu vervollständigen, nehmen wir einfach den durchschnittlichen Energieverbrauch pro Einwohner in Kilowattstunden an einem Tag. Achtung, es geht um das Grundverständnis und nicht um die letzte mathematische Nachkommastelle. Die folgenden Werte stimmen grundsätzlich, sind aber der Einfachheit halber angemessen gerundet.

Um jeden einzelnen Menschen in Deutschland mit Energie zu versorgen, entsteht ein Primärenergiebedarf von insgesamt ca. 120 kWh pro Tag.

Der Endenergieverbrauch pro Person beträgt ca. 85 kWh pro Tag; das ist die Energiemenge, die bei den Verbrauchern tatsächlich ankommt und vom Energieversorgungsunternehmen (EVU) berechnet wird. Der Unterschied zwischen dem Primärenergiebedarf und dem Endenergieverbrauch beträgt somit 35 kWh/Person/Tag. Dies ist der Energieverlust, der unter anderem bei der Raffination von Rohöl zu Benzin und Diesel oder bei der Umwandlung von fossilen Brennstoffen in Strom auftritt, bei der sehr viel nicht nutzbare Wärmeenergie verloren geht. Auch beim Transport des Stroms zu den einzelnen Verbrauchern treten Verluste auf. In dieser Betrachtung sind alle Privathaushalte, Nichtwohngebäude, öffentlichen Gebäude, das Gewerbe und die Industrie berücksichtigt, also alle, die Energie in Form von zum Beispiel Elektrizität, Wärme etwa für Transport und Fertigung benötigen. Es geht dabei um nicht weniger als um den gesamten Energiebedarf in Deutschland pro Einwohner in Kilowattstunden an jedem Tag. In einem Jahr beträgt der Primärenergiebedarf somit (120 · 365 =) 43.800 kWh und der Endenergieverbrauch (85 · 365 =) 31.025 kWh (ca.-Werte) pro Einwohner. Ob das viel oder wenig ist, sehen wir uns gleich an. Es bleibt zu hoffen, dass bei zunehmender Nutzung erneuerbarer Energien der Unterschied zwischen dem Primärenergiebedarf und dem Endenergieverbrauch, also die nicht genutzte Energie, geringer wird.

Ein Blick auf den internationalen Vergleich offenbart Erstaunliches: Deutschland repräsentiert ungefähr 1 % der Weltbevölkerung, produziert jedoch 2 % der globalen CO_2-Emissionen. Dieses Ungleichgewicht macht deutlich, wie wichtig individuelle Beiträge sind. Jeder Einzelne in Deutschland hat die Möglichkeit, im weltweiten Maßstab Einfluss zu nehmen – jeder von uns kann einen Beitrag leisten.

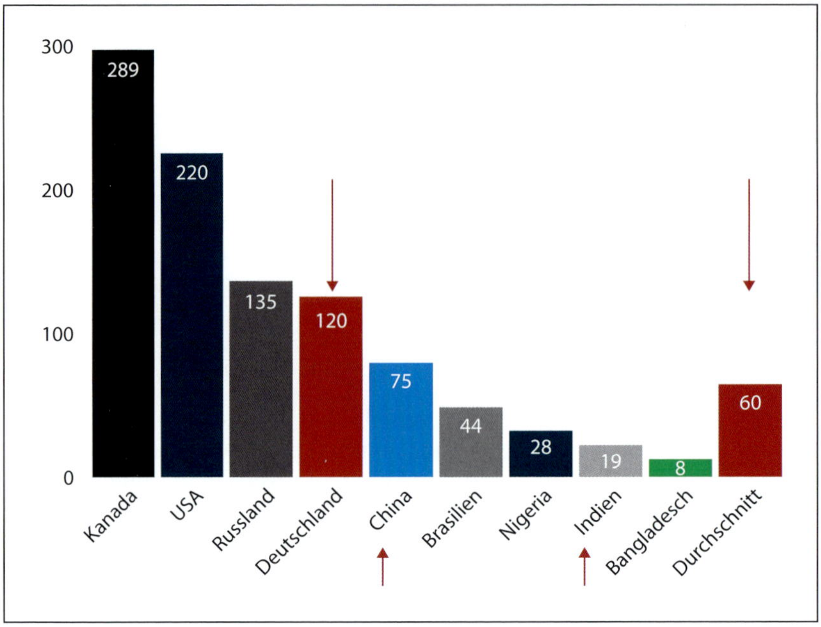

Abb. 1.9: Überblick über die Verbräuche in kWh pro Einwohner und Tag für einige Länder

Wir sind zwar mit Platz 8 in der Energieverbrauchsweltrangliste nicht der absolute Spitzenreiter, aber unser Energiehunger mit einem Primärenergiebedarf von ca. 120 kWh ist doppelt so hoch wie der Weltdurchschnitt, der bei ca. 60 kWh pro Einwohner und Tag liegt. Mit ca. 289 kWh ist Kanada unangefochtener Weltmeister und wird verfolgt vom Vizeweltmeister Norwegen. Dicht dahinter kommt Saudi-Arabien, gefolgt von den USA, Australien, Russland und Österreich, die in ihrem Energieverbrauch knapp vor Deutschland liegen. Mit ca. 75 kWh liegt China zwar etwas über dem Weltdurchschnitt, ist aber dennoch weit von der Weltspitze entfernt. Der durchschnittliche Energieverbrauch korreliert sehr deutlich mit dem Wohlstand der einzelnen Länder. Indien ist mit ca. 19 kWh eher unterdurchschnittlich unterwegs, aber genau wie China auf dem Weg zur Weltspitze, auch was den Energieverbrauch angeht.

Auch wenn uns dank Innovationsschüben ständig effizientere Technologien zur Verfügung stehen, hat sich der Endenergieverbrauch in Deutschland mit ca. 85 kWh pro Einwohner und Tag in den letzten 30 Jahren nicht signifikant reduziert.

Von dem großen Kuchen des Energieverbrauchs beanspruchen die Industrie und das Gewerbe mit 45 % den mit Abstand größten Anteil. Etwas sparsamer sind der Personenverkehr und die Heizung, beide Sektoren benötigen aber trotzdem 20 % unserer Endenergie. Und der Transport schneidet sich 10 % dieses Kuchens ab und ist damit auch kein Kostverächter. Der private Stromverbrauch beträgt dagegen nur 5 %.

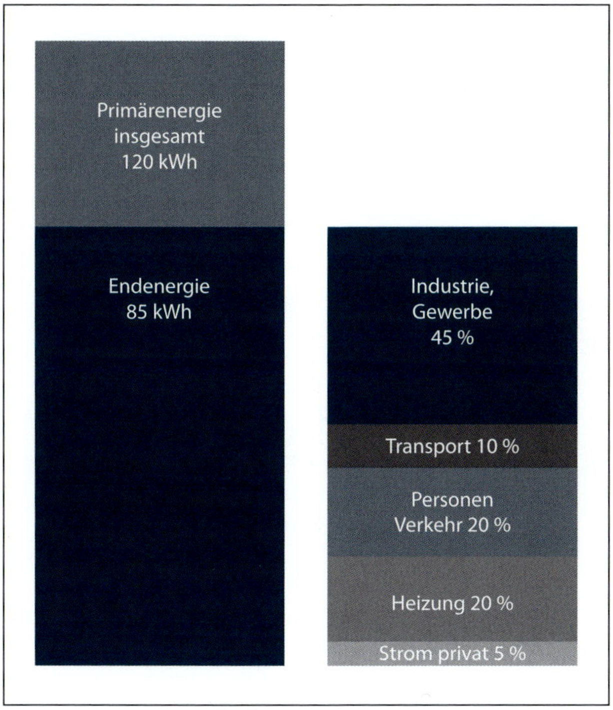

Abb. 1.10: Aufteilung der Energieverbräuche in Deutschland

Können wir uns auf Dauer diesen Energiehunger leisten und ihn im besten Fall komplett mit regenerativen Energien stillen?

Übrigens: Der gesamte Stromverbrauch in Deutschland, inklusive Gewerbe und Industrie, betrug im Jahr 2020 ca. 17 kWh pro Person und Tag. Im selben Zeitraum haben wir 1,7 kWh Photovoltaikstrom erzeugt. Das sind gerade mal 10 %. Etwas, aber nicht viel besser, ist der Anteil aller regenerativen Energien an unserem Gesamtenergiebedarf. Er betrug im Jahr 2020 ca. 18 %.

Wir haben also noch sehr viel Luft nach oben, aber zum Glück auch noch sehr viele freie Dächer zur Verfügung!

2 Komponenten einer PV-Anlage

2.1 Grundlagen

Die Photovoltaik ermöglicht die direkte Umwandlung von Sonnenlicht in elektrischen Strom. Dies geschieht mithilfe von Photovoltaikmodulen, auch Solarzellen genannt, die meist aus Halbleiterschichten bestehen. Mittels des photoelektrischen Effekts wandeln sie Lichtenergie in elektrische Energie um. Der Wirkungsgrad dieser Module, definiert als der Prozentsatz des Sonnenlichts, das in Strom umgewandelt wird, ist in den letzten Jahren gestiegen und liegt aktuell im Durchschnitt bei etwa 20 %. Ein Vorteil von Photovoltaikanlagen ist die Fähigkeit, Sonnenenergie über mehrere Jahrzehnte ohne mechanische Bewegung direkt in elektrische Energie umzuwandeln. Anlagen gibt es in verschiedenen Größen, von tragbaren Solarzellen bis hin zu großen Dachanlagen, Freiflächenanlagen und Solarparks, die ganze Städte mit Energie versorgen können. Allerdings muss berücksichtigt werden, dass auch die Herstellung von Photovoltaikmodulen Energie verbraucht und für die Gewinnung und den Transport der Rohstoffe sogenannte „graue Energie“ benötigt wird. Die Kosten für diese „graue Energie“ amortisieren sich in der Regel innerhalb von ein bis drei Jahren; danach sind Photovoltaikanlagen über einen Zeitraum von 20 bis 30 Jahren energetisch rentabel.

Die Geschichte der Photovoltaik reicht bis ins Jahr 1839 zurück, als der französische Physiker Edmond Becquerel den photoelektrischen Effekt entdeckte. Die erste funktionierende Solarzelle auf der Basis von Silizium wurde 1954 von den Bell Laboratories präsentiert, und 1958 wurde die Photovoltaik erstmals technisch genutzt, als sie den Satelliten Vanguard1 mit Energie versorgte. Die Photovoltaik wurde ursprünglich für den Einsatz in der Raumfahrt entwickelt, wird heute aber auch auf vielen Hausdächern und in großen Freiflächenanlagen genutzt.

Die Energiekrisen und Reaktorunfälle der 1970er-Jahre lösten ein Umdenken aus. Ab Ende der 1980er-Jahre intensivierte sich die Forschung in Ländern wie den USA, Japan und Deutschland. Für die lange Zeit als ineffizient und kostspielig angesehene Photovoltaik, brachten staatliche Förderungen in den 1990er-Jahren den Durchbruch und belebten den Markt.

Photovoltaik ist eine wichtige Technologie für die Erzeugung von erneuerbaren Energien. PV-Anlagen sind im Vergleich zu anderen Anlagen zur Erzeugung erneuerbarer Energien relativ einfach zu installieren und können in vielen Teilen der Welt eingesetzt werden. Sie sind auch kostengünstiger als viele andere Formen der Energieerzeugung, zum Beispiel fossile Brennstoffe oder Kernenergie. Die Photovoltaik hat sich in den letzten Jahren rasant entwickelt und ist heute ein wichtiger Player bei der Gesamterzeugung der erneuerbaren Energien. Sie trägt dazu bei, den Energiemix sauberer und umweltfreundlicher zu gestalten und die Abhängigkeit von fossilen Brennstoffen zu verringern. Da die Photovoltaik eine zukunftsfähige Technologie ist, die eine unerschöpfliche Energiequelle nutzt, ist sie angesichts der aktuellen Lage unverzichtbar.

Eine Photovoltaikanlage besteht aus mehreren Komponenten, die zusammenarbeiten, um Sonnenenergie in elektrischen Strom umzuwandeln. Dazu gehören unter anderem:

Komponenten einer PV-Anlage:

- **Photovoltaikmodule, die das Sonnenlicht in elektrischen Strom umwandeln.**
- **Wechselrichter, die den von den Photovoltaikmodulen erzeugten Gleichstrom in Wechselstrom umwandeln, damit er in das Stromnetz eingespeist werden kann.**
- **Kabel und Stecker, um die Photovoltaikmodule mit dem Wechselrichter und dem Stromnetz zu verbinden.**
- **Unterkonstruktion, die dazu dient, die Photovoltaikmodule sicher an der gewünschten Stelle zu befestigen.**
- **Stromspeicher (z. B. Batterie), der den von der Photovoltaikanlage erzeugten Strom speichern kann, um ihn zu einem späteren Zeitpunkt zu nutzen.**

2.2 PV-Module früher und heute

Die frühen 2000er-Jahre waren für die Photovoltaikindustrie eine Zeit des Wandels und der intensiven Förderung. Diese Phase, die häufig durch hohe Subventionen gekennzeichnet war, beschleunigte die Entwicklung der PV-Technologie und trieb insbesondere die Verbesserung der Module entscheidend voran.

Die Rolle der Einspeisevergütung

Ein Schlüsselelement dieser Zeit war die großzügige Einspeisevergütung. Dank der Vergütungen, die mehr als 0,50 € pro Kilowattstunde betrugen, wurde es besonders lukrativ, Solarstrom ins öffentliche Netz einzuspeisen. Angesichts der damals eher niedrigen Strompreise war es finanziell viel vorteilhafter, den erzeugten Solarstrom zu verkaufen, statt ihn selbst zu nutzen.

Vielfalt und Wandel der PV-Module

Die Vielfalt der unterschiedlichen PV-Module und ihrer Entwicklungen war in dieser Zeit sehr groß. Es gab unter anderem:

- **Monokristalline Module:** Sie galten als die effizientesten und wurden vorrangig für Standard-PV-Anlagen auf Wohnhäusern verwendet. Ihre kompakte Größe machte sie im Vergleich zu anderen Modultypen besonders attraktiv.

- **Polykristalline Module:** Diese dienten oft als Alternative zu monokristallinen Modulen, vor allem wenn Lieferengpässe auftraten. Sie waren bei vergleichbarer Leistung etwas größer als monokristalline Module, aber in der Regel geringfügig günstiger.
- **Dünnschichtmodule:** Mit verschiedenen Arten, etwa amorphem Silizium, Cadmium-Tellurid und CIS/CIGS, waren diese Module dank ihres guten Schwachlichtverhaltens trotz des niedrigeren Wirkungsgrads besonders für Ost-West-Dächer geeignet. Ihre günstigeren Kosten machten teilweise den Effizienznachteil wett, vor allem bei einem großen Platzangebot auf dem Dach.

Technologische und wirtschaftliche Dynamik

In dieser Zeit der hohen Subventionen erlebte die Photovoltaikbranche eine spannende Phase der Entwicklung. Technologische Innovationen und wirtschaftliche Anreize gingen Hand in Hand. Verschiedene Modultypen kamen auf den Markt, jeder mit eigenen Stärken und Schwächen, die ihre Einsatzmöglichkeiten prägten. Diese Zeit führte zur Vorherrschaft der monokristallinen Module, während andere Typen allmählich an Bedeutung verloren.

Diese Periode hat ein bleibendes Erbe hinterlassen, das die PV-Branche noch heute formt. Sie verdeutlicht, wie staatliche Förderung, technologische Fortschritte und Marktmechanismen zusammenspielen können, um die Entwicklung und Verbreitung einer nachhaltigen Technologie wie die der Photovoltaik zu fördern.

Wirtschaftliche Rahmenbedingungen und Marktdynamiken

Die damals recht hohe gewährte Einspeisevergütung beeinflusste maßgeblich sowohl die Wirtschaftlichkeit als auch die Preisgestaltung der PV-Anlagen. Sie war ein entscheidender Treiber, der die Entwicklung und das Angebot in der Photovoltaikindustrie wesentlich prägte.

- **Einspeisevergütung als Preisreferenz:** Die Angebotspreise für PV-Anlagen orientierten sich stark an der Höhe der Einspeisevergütung. Diese Vergütung beeinflusste die Preissetzung, da die Produzenten und Anbieter ihre Preise an die lukrativen Vergütungssätze anpassten. Mit der jährlichen und später unterjährigen Absenkung der Einspeisevergütung passten sich die Preise der PV-Anlagen entsprechend an.
- **Dominanz der Modulpreise:** Die Kosten für Photovoltaikmodule waren damals die Hauptkostentreiber für die gesamten PV-Anlagen. Aufgrund dieser hohen Modulpreise war die Gesamtkalkulation der PV-Anlagen eng an die Einspeisevergütung gebunden.
- **Vergütung versus Strompreis:** Die Einspeisevergütung lag um das 3- bis 4-Fache über dem Preis für eingekauften Haushaltsstrom. Dieses Ungleichgewicht machte es wirtschaftlich unattraktiv, den erzeugten Solarstrom selbst zu nutzen.
- **Volleinspeisung als Norm:** Aufgrund dieser wirtschaftlichen Rahmenbedingungen waren überwiegend Anlagen am Markt, die den gesamten erzeugten Strom ins Netz einspeisten, anstatt einen Teil davon selbst zu nutzen.

Anpassung an Markt- und Förderbedingungen

Die Absenkung der Einspeisevergütung war eng mit dem Zubau von PV-Anlagen verknüpft und hat die Landschaft der Photovoltaikindustrie nachhaltig geprägt. Diese politische Maßnahme trug nicht nur zur Verbreitung von PV-Anlagen bei, sondern motivierte auch die Hersteller, ihre Fertigungseffizienz zu verbessern. Dies führte zu einer fortlaufenden Reduzierung der Modulpreise, sodass PV-Anlagen für einen breiteren Markt zugänglich und erschwinglich wurden.

Mit diesen Veränderungen setzte sich das effizienteste Modul auf dem Markt durch – das *monokristalline* Modul!

Im Vergleich zu polykristallinen und Dünnschichtmodulen zeichnen sich monokristalline Module durch eine überlegene Effizienz und bessere Leistung aus, was zu einem Rückgang der Marktrelevanz von polykristallinen und Dünnschichtmodulen führte. Außerdem wurde die Schwachlichtempfindlichkeit monokristalliner Module im Zuge von Effizienzsteigerungen deutlich verbessert, sodass sie auch bei geringerer Lichtintensität eine hohe Leistung erbringen.

Wandel im Geschäftsmodell: Der Aufstieg des Eigenverbrauchs

Ein weiterer Wendepunkt in der Branche war der Moment, als die Einspeisevergütung unter die Stromeinkaufspreise fiel. Dies war der Beginn einer neuen Ära – der des Eigenverbrauchs des erzeugten Solarstroms. Mit dem Sinken der Einspeisevergütung wurde der Eigenverbrauch des Solarstroms wirtschaftlich attraktiver, was zu einer Verschiebung im Geschäftsmodell führte. Die bisherige Praxis der Volleinspeisung, bei der der gesamte erzeugte Solarstrom ins Netz eingespeist wurde, wurde durch ein Modell abgelöst, bei dem der erzeugte Strom zunehmend selbst vor Ort verbraucht wurde. Damit begann die Ära der Überschusseinspeisung.

Vergleich der Moduleffizienz: früher und heute

Früher: In den frühen 2000er-Jahren hatten polykristalline Module typischerweise eine Größe von etwa 160 cm × 80 cm und erreichten eine Leistung von z. B. 160 Watt Peak (Wp). Dies resultierte in einem Modulwirkungsgrad von ca. 10–12 %. Zudem waren negative Leistungstoleranzen von bis zu –3 % nicht unüblich.

Heute: Moderne monokristalline Module haben sich deutlich weiterentwickelt. Sie sind nun größer, knapp unter 2 m^2, und erzielen höhere Leistungen, beispielsweise über 400 Wp bei Modulen mit einer Größe von ca. 175 cm × 110 cm. Der Modulwirkungsgrad übersteigt dabei oft 20 %. Zudem bieten die meisten Hersteller heute ausschließlich Module mit positiven Leistungstoleranzen, was eine wesentliche Qualitätsverbesserung darstellt.

Diese Entwicklung zeigt die signifikanten Fortschritte in der Modultechnologie, die zu einer erheblichen Steigerung der Effizienz und Leistungsfähigkeit geführt haben.

Monokristalline PV-Module: effiziente und kostengünstige Lösung!

Monokristalline PV-Module heben sich durch ihre optimierte Effizienz hervor und sind somit für eine Vielzahl von Dächern geeignet, selbst wenn diese nicht ideal ausgerichtet oder geneigt sind. Ihre gesteigerte Effizienz und das bessere Schwachlichtverhalten ermöglichen eine effektive Energiegewinnung unter verschiedensten Bedingungen. Ein weiterer entscheidender Vorteil dieser Module ist ihre Wirtschaftlichkeit. Umgerechnet auf den Quadratmeter sind sie oft günstiger als herkömmliche Baumaterialien wie Fassadenplatten, Balkongeländer oder Zaunfüllungen. Dies macht monokristalline PV-Module nicht nur für die traditionelle Energieerzeugung attraktiv, sondern eröffnet auch neue Perspektiven für ihre Verwendung in der Gebäudeintegration und Architektur.

Innerhalb der Kategorie der monokristallinen PV-Module gibt es eine Vielzahl von Bauarten und Zelltechnologien. Diese Diversität führt zu einer komplexeren Situation, sowohl bei der Vorauswahl als auch in der Endkundenberatung.

Auflistung einiger unterschiedlicher Bauarten:

Glas-Folie-Module sind eine Bauart von Photovoltaikmodulen, die sich durch eine Kombination aus einer Glasoberseite und einer Folienrückseite auszeichnet. In Vergleich zu herkömmlichen Glas-Glas-Modulen sind sie etwas leichter, was sie besonders für Anwendungen geeignet macht, bei denen das Gewicht eine große Rolle spielt. Die Konstruktion dieser Module besteht typischerweise aus einem Einscheiben-Sicherheitsglas (ESG) an der Oberseite, einer schützende Einbettungsfolie, monokristallinen Solarzellen und einer Rückseitenfolie aus Ethylenvinylacetat (EVA), in der Regel in einem Aluminiumrahmen, der für die Befestigung und zusätzliche Stabilität hinzugefügt wird.

Glas-Glas-Module sind Photovoltaikmodule, bei denen die Solarzellen zwischen 2 Glasschichten eingeschlossen sind. Diese Bauweise macht sie im Vergleich zu Glas-Folie-Modulen etwas schwerer, bietet jedoch Vorteile in Bezug auf Langlebigkeit und Stabilität. Die typische Konstruktion eines Glas-Glas-Moduls besteht aus Einscheiben-Sicherheitsglas (ESG) auf beiden Seiten, einer Schutzschicht für die Solarzellen, häufig aus Ethylenvinylacetat (EVA), sowie monokristallinen Solarzellen. Optional können Rahmendichtbänder für zusätzliche Stabilität und Widerstandsfähigkeit integriert werden. Diese Module haben auch Vorteile in sehr schnee- und windreichen Gebieten und außerdem eine niedrigere Brandlast als Glas-Folie-Module. Hersteller geben zumeist auch eine längere Garantie auf diese Module.

Bifaziale Module nutzen sowohl direktes Sonnenlicht auf der Vorderseite als auch reflektiertes Licht auf der Rückseite zur Stromerzeugung. Sie bestehen aus Solarzellen, die sehr oft auf beiden Seiten von gehärtetem Glas umgeben sind. Diese Module können deutlich höhere Erträge erzielen und sind besonders für Flachdächer, Freiflächenanlagen sowie Carports und Balkonüberdachungen geeignet. Bifaziale Module können ihre Leistung auf helleren Untergründen wie Schnee, weißen Abdichtungsbahnen auf Flachdächern und anderen reflektierenden Oberflächen maximieren. Diese hellen Untergründe reflektieren das Sonnenlicht effizient und ermöglichen so eine bessere Stromerzeugung mit bifazialen Modulen. Maßgebend für den Ertrag auf der Modulrückseite ist die Albedo des Untergrundes. Die Albedo ist das Maß für die Reflexionsfähigkeit einer Oberfläche, ausgedrückt als das Verhältnis der reflektierten Strahlung zur einfallenden Strahlung.

Halbzellenmodule sind Photovoltaikmodule, die aus halbierten Solarzellen bestehen, wodurch sich die Zellenanzahl verdoppelt, während die Modulgröße gleichbleibt. Diese Module bieten Vorteile wie besseres Schwachlichtverhalten, höhere Erträge bei Verschattung und einen etwas höheren Wirkungsgrad. Die Teilung reflektiert mehr Sonnenlicht an der Rückseite, während Bypass-Dioden Hotspots bei Verschattung verhindern. Halbzellenmodule sind mittlerweile Standard bei den meisten Herstellern.

Die unterschiedlichen Bauarten sind mit unterschiedlichen Zelltechnologien erhältlich

P-Type-Zellen sind Solarzellen, die auf positiv geladenen Siliziumzellen basieren. Sie bestehen aus einer unteren dickeren Schicht aus p-leitendem Silizium und einer oberen dünnen Schicht aus n-leitendem Silizium. Bei der Herstellung werden sie mit Bor dotiert, wodurch sich ein Elektronenloch bildet und die positiven Ladungsträger überwiegen. P-Type-Zellen sind anfällig für den lichtinduzierten Degradationseffekt (LID), der zu einem Leistungsverlust führen kann. Aus heutiger Sicht gelten sie als günstige Standardmodule.

N-Type-Solarzellen basieren auf negativ geladenen Siliziumzellen und weisen im Vergleich zu P-Type-Solarzellen eine höhere Leistungsdichte und längere Lebensdauer auf. Dies wird durch das Einbringen von Fremdatomen wie Phosphor oder Arsen in das Silizium erreicht, wodurch freie Elektronen entstehen. N-Type-Solarzellen zeichnen sich auch durch ein besseres Schwachlichtverhalten und eine höhere Effizienz aus.

Die Multi-Busbar-Technologie (MBB) ist eine Solarzellentechnologie, die mehrere Busbars in den Solarzellen verwendet, um den Stromfluss zu verbessern und die Leistung der Zellen zu steigern. Im Vergleich zu herkömmlichen Solarzellen mit nur 4–6 Busbars bieten MBB-Solarzellen mit 12 oder 16 Busbars eine höhere Ausgangsleistung und größere Zuverlässigkeit. Diese Technologie wird auch in Halbzellenmodulen, sog. Half-Cut-Modulen eingesetzt, um Verschattungseffekte zu minimieren und die Moduleffizienz zu erhöhen.

Die Cello-Technologie zeichnet sich durch die Verwendung von bspw. zwölf dünnen Drähten anstelle von drei Busbars aus, um Elektronen zur Anschlussdose zu leiten. Dieser Ansatz reduziert die Verschattung auf der Vorderseite der Zellen, erhöht die Leistungsabgabe und mindert die Auswirkungen von Mikrorissen. Durch ringförmige Kabel, die Licht effizienter streuen, wird die Lichtabsorption verbessert. Die Cello-Technologie minimiert zudem den Energieverlust, da der Strom über mehrere Drähte verteilt wird.

Heterojunction-Solarzellen sind eine fortschrittliche Art von Solarzellen, die aus 2 verschiedenen Materialien bestehen und miteinander verbunden sind. Diese Technologie kombiniert die Vorteile von kristallinem und amorphem Silizium und ermöglicht eine Herstellung bei niedrigeren Temperaturen als beim herkömmlichen Verfahren. Heterojunction-Zellen zeichnen sich durch eine höhere Leistungsdichte, eine längere Lebensdauer, ein besseres Schwachlichtverhalten und eine höhere Effizienz im Vergleich zu P-Typ-Solarzellen aus.

Moduldatenblätter sind eine unverzichtbare Informationsquelle

Bei der Betrachtung der verschiedenen Bauarten und Zelltechnologien von Photovoltaikmodulen sind die Informationen in den Moduldatenblättern von großer Bedeutung. Diese Datenblätter geben Einblicke in wichtige Leistungsmerkmale, die die Effizienz und Langlebigkeit von Solaranlagen beeinflussen. Nachfolgend einige Schlüsselfaktoren.

Der Modulwirkungsgrad gibt an, welcher Anteil der eingestrahlten Sonnenenergie tatsächlich in elektrische Energie umgewandelt wird. Er wird in % angegeben und spiegelt die Effizienz eines Photovoltaikmoduls bei der Umwandlung von Sonnenlicht in Strom wider. Ein höherer Wirkungsgrad bedeutet, dass das Modul mehr Strom erzeugen kann. Dieser Wert hängt von verschiedenen Faktoren ab, etwa von der Art der Solarzellen, der Qualität der Materialien und der Modultemperatur.

Die Nennleistung unter Standardtestbedingungen (STC) ist ein Referenzwert, der unter festgelegten Bedingungen gemessen wird, um die handelsübliche Leistung von Photovoltaikmodulen in Watt Peak anzugeben. Diese Bedingungen umfassen eine Bestrahlungsstärke von 1.000 W/m^2, eine Zelltemperatur von 25° C und eine Luftmasse von 1,5 AM. Die Nennleistung zeigt an, wie viel Leistung ein Photovoltaikmodul unter diesen standardisierten Bedingungen **theoretisch** erzeugen kann.

Die Nennleistung in Betrieb als Kenngröße gibt an, welche Leistung ein Photovoltaikmodul unter üblichen Betriebsbedingungen erbringen kann. Da die theoretische Leistung unter den Standardtestbedingungen (STC) in der Praxis oft nicht erreicht wird, geben einige Hersteller eine 2. Leistungszahl an, die realistischere Bedingungen berücksichtigt. Zum Beispiel könnte ein Modul bei einer Einstrahlstärke von 800 Wh/m^2 pro Jahr und einer Modultemperatur von 45° C eine Nennleistung von 280 Watt Peak erreichen, obwohl es unter STC-Bedingungen eine Nennleistung von 400 Wp hat. Diese Angabe erlaubt einen praxisrelevanten Einblick in die Leistungsfähigkeit des Moduls unter realistischen Umgebungsbedingungen.

Der Temperaturkoeffizient ist ein Maß für die Veränderung der elektrischen Leistung eines Photovoltaikmoduls als Reaktion auf Temperaturänderungen. Er wird in % pro °C der Temperaturänderung angegeben und beschreibt die relative Änderung der Leistung bei einer gleichzeitigen Veränderung der Temperatur an der Oberfläche des Solarmoduls. Um dies an einem Beispiel zu verdeutlichen: Nehmen wir an, ein Solarmodul hat einen Temperaturkoeffizienten von –0,4 %/°C. Wenn die Einstrahlungsstärke der Sonne 1.000 W beträgt und die Oberflächentemperatur des Moduls um 50 °C über den Standardtestbedingungen liegt (was einer Temperatur von 75 °C entspricht), ergibt sich dann eine Minderleistung von 20 %. Das bedeutet, dass ein 400-W-Modul unter diesen Bedingungen nur noch eine Leistung von 320 W erzielen würde.

Hinweis: Heterojunction-Solarzellen haben zurzeit einen sehr guten Temperaturkoeffizienten.

Die Leistungsgarantie eines Photovoltaikmoduls ist die Zusicherung des Herstellers, dass das Modul über einen festgelegten Zeitraum eine Mindestleistung aufrechterhält. Beispielsweise wird für die ersten 10 Jahre eine Leistung von 90–95 % der Nennleistung garantiert, während für die darauffolgenden 15 bis 20 Jahre 80–85 % zugesichert werden. Dies soll die Zuverlässigkeit und Langzeitstabilität der Module gewährleisten.

Die mechanische Belastbarkeit eines Solarmoduls, ausgedrückt in Pascal (Pa), ist ein Maß für seine Widerstandsfähigkeit gegen äußere Einflüsse wie Schnee, Wind und Hagel. Sie definiert den maximalen Druck oder Sog, den das Modul aushalten kann, ohne beschädigt zu werden. Diese Belastbarkeit hängt wesentlich von der Konstruktion und den Materialien des Moduls ab, insbesondere von Faktoren wie dem Rahmen, der Glasabdeckung und der Einbettung der Solarzellen. Hersteller geben diese Werte im Datenblatt an, um die Zuverlässigkeit und Sicherheit ihrer Produkte zu demonstrieren, besonders in Regionen mit extremen Wetterbedingungen.

Praxistipp *Beim Einstieg in die Welt der Photovoltaikmodule stehen PV-Experten vor ähnlichen Herausforderungen wie bei der Auswahl von Dacheindeckungen und Abdichtungsmaterialien. Die Vielzahl der Optionen und Hersteller kann anfangs überwältigend sein. Entscheidend ist, sich auf bestimmte Hersteller und Qualitätsniveaus zu konzentrieren und ein Angebotsspektrum zu schaffen, das verschiedene Anwendungsbereiche und Budgets abdeckt.*

Das Sortiment könnte idealerweise aus einer Auswahl verschiedener Qualitätsstufen bestehen, wie zum Beispiel Standard Glas-Folien-Module, Module der mittleren Qualität aus Glas-Glas sowie Premium bifaziale Module in elegantem All-Black-Design.

Vertrauen und ein gutes Gefühl spielen bei der Partnerschaft mit Herstellern eine zentrale Rolle. Manche Kunden bevorzugen bekannte Markennamen, während andere Wert auf Regionalität und lokale Hersteller legen.

Ein guter Ansatz ist es, nach dem Prinzip „follow the money" vorzugehen. Die größten und erfolgreichsten Hersteller haben ihren Status nicht ohne Grund erreicht. Sie sind in der Regel vertrauenswürdig und im Fall von Reklamationen solvent genug, um eventuelle Kosten zu übernehmen. Dies ist besonders wichtig, da bei Modulen Fehlproduktionen und die damit verbundenen Kosten ein nicht zu unterschätzender Faktor sind. Es ist ratsam, sich über die Tophersteller von PV-Modulen zu informieren.

Das Pareto-Prinzip gilt auch dabei: Etwa 20 % der Hersteller bedienen 80 % des Marktes. Die Wahl eines renommierten Herstellers erhöht die Wahrscheinlichkeit, dass die Module langfristig sowohl qualitativ hochwertig als auch wirtschaftlich sind. Entscheidend ist, dass sich PV-Experten mit den Produkten identifizieren können und ihren Kunden eine solide und vertrauenswürdige Beratung bieten.

2.3 Unterschiedliche Wechselrichter

Der Wechselrichter ist ein unverzichtbares elektronisches Gerät in jeder Photovoltaikanlage. Seine Hauptfunktion ist die Umwandlung des von Photovoltaikmodulen erzeugten Gleichstroms in Wechselstrom. Dieser umgewandelte Strom kann dann effektiv in das öffentliche Stromnetz eingespeist oder für den Eigenverbrauch genutzt werden. Die Bedeutung des Wechselrichters geht jedoch über diese grundlegende Funktion hinaus.

Schlüsselfaktoren und Varianten von Wechselrichtern

Einfluss auf den Ertrag: Wechselrichter spielen eine entscheidende Rolle bei der Bestimmung des Ertrags einer Photovoltaikanlage. Ihre Effizienz und ihre Zuverlässigkeit haben direkten Einfluss darauf, wie viel der erzeugten Solarenergie tatsächlich genutzt werden kann.

Typen von Wechselrichtern: Es gibt verschiedene Arten von Wechselrichtern, einschließlich zentralisierter und dezentralisierter Modelle. Zentralisierte Wechselrichter verwalten den Strom von mehreren PV-Modulen gemeinsam, während dezentralisierte Wechselrichter, auch als Modulwechselrichter bekannt, direkt an einzelnen PV-Modulen angebracht werden.

Auswahl des richtigen Wechselrichters: Die Wahl des passenden Wechselrichters ist abhängig von mehreren Faktoren. Dazu gehören die Größe der Photovoltaikanlage, der Typ der verwendeten PV-Module und die spezifischen Anwendungsanforderungen. Eine sorgfältige Abwägung dieser Aspekte ist entscheidend, um die optimale Leistung der gesamten Anlage sicherzustellen.

In den folgenden Abschnitten dieses Kapitels werden die verschiedenen Typen von Wechselrichtern, ihre Funktionsweisen und die Kriterien für ihre Auswahl erklärt.

Inselwechselrichter werden in autarken Photovoltaiksystemen benötigt. Sie sind speziell dafür konzipiert, den von Solarmodulen oder Solarbatterien erzeugten Gleichstrom in Wechselstrom umzuwandeln, sodass gängige Stromverbraucher auch ohne Anschluss an das öffentliche Stromnetz betrieben werden können.

Netzgekoppelte Wechselrichter: Bei Wechselrichtern für netzgekoppelte oder auch netzgebundene Photovoltaikanlagen handelt es sich um die klassische Variante bzw. Wechselrichterart. Der netzgekoppelte Wechselrichter wandelt den von Solarmodulen gelieferten Gleichstrom in netzkonformen Wechselstrom um. Der Strom fließt dabei nur in Richtung Hausnetz bzw. öffentliches Netz. Fällt das öffentliche Stromnetz aus, schaltet sich auch der netzgekoppelte PV-Wechselrichter aus. Diese Variante lässt sich auch mit einem Batteriewechselrichter mit Speicher nachrüsten.

Stringwechselrichter sind ein häufig verwendeter Wechselrichtertyp. Sie wandeln den von einem „String“ oder einer Reihe von Solarmodulen erzeugten Gleichstrom in Wechselstrom um. Im Gegensatz zu Mikrowechselrichtern, die an einzelne PV-Module angeschlossen werden, arbeiten String-Wechselrichter mit mehreren Solarmodulen gleichzeitig. Sie sind gedacht für Anlagen, bei denen die Solarmodule eine ähnliche Ausrichtung und Neigung haben und die Verschattung gering ist. In einer PV-Anlage mit String-Wechselrichtern werden mehrere Solarmodule in Reihe geschaltet, um einen String zu bilden. Der Wechselrichter verarbeitet dann den gesamten Strom dieses Strings. Bei größeren Anlagen können mehrere String-Wechselrichter parallelgeschaltet werden, um die Gesamtleistung zu erhöhen. Zu diesem Zweck werden häufig Multistring-Wechselrichter eingesetzt.

Modulwechselrichter: Modulwechselrichter, oft auch als Mikrowechselrichter bezeichnet, sind eine neuere Entwicklung in der Photovoltaik. Ihre Hauptaufgabe besteht darin, den von einem (manchmal auch 2 Solarmodulen) erzeugten Gleichstrom in nutzbaren Wechselstrom umzuwandeln. Von den Stringwechselrichtern, die den Strom mehrerer Solarmodule gleichzeitig umwandeln, unterscheidet sich dieser Wechselrichtertyp durch die individuelle Zuordnung zu einem Modul. Dank dieser Konfiguration ermöglichen Modulwechselrichter eine präzisere und effizientere Energieumwandlung, insbesondere in Anlagen, in denen nicht alle Module die gleichen Bedingungen vorfinden, z. B. bei unterschiedlicher Ausrichtung oder teilweiser Verschattung. Die Möglichkeit, ein Modul pro Wechselrichter zu betreiben, verbessert die Anpassungsfähigkeit der gesamten PV-Anlage.

Mikrowechselrichter ermöglichen eine große Flexibilität bei der Anlagenplanung und -erweiterung. Da die Module in der Regel einzeln oder paarweise angeschlossen werden, können weitere Module leicht hinzugefügt werden, ohne die bestehende Anlagenkonfiguration zu stören.

Sie bieten in der Regel auch umfangreiche Überwachungsfunktionen. Mithilfe von Monitoring-Apps können Anlagenbetreiber die Leistung jedes Moduls in Echtzeit verfolgen und so Einblicke in die Leistung jedes einzelnen Moduls gewinnen. Der Austausch eines Mikrowechselrichters erfolgt in der Regel auf dem Dach, wobei häufig das darüber liegende Solarmodul demontiert werden muss. Dabei sind alle sicherheitsrelevanten Maßnahmen zu beachten.

Fazit: Mikrowechselrichter sind effektiv bei der Reduzierung von Verlusten, die durch Verschattung oder unterschiedliche Ausrichtung entstehen können. Eignung und Effizienz von Mikrowechselrichtern hängen stark von den spezifischen Bedingungen und Anforderungen der jeweiligen Photovoltaikanlage ab.

Kombination von Stringwechselrichtern mit PV-Optimierern

Um bei Teilverschattungen die Leistung von Photovoltaikanlagen zu optimieren, können Stringwechselrichter mit PV-Optimierern kombiniert werden. Ein PV-Optimierer ist ein Steuerelement, das an Solarmodule angeschlossen wird, um deren unabhängigen Betrieb zu gewährleisten. Bei vielen PV-Anlagen sind die Module in Reihe geschaltet, was dazu führen kann, dass die Leistung der Gesamtanlage durch das schwächste Modul begrenzt wird. PV-Optimierer reduzieren diese „Mismatching-Verluste", indem sie die Leistung jedes einzelnen Moduls optimieren. Einige Hersteller bieten PV-Optimierer an, die an jedes Solarmodul angeschlossen werden, oft in Verbindung mit einem bestimmten Wechselrichter desselben Herstellers. Andere Hersteller bieten flexiblere Optimierer an, die nur an ausgewählte Module angeschlossen werden und mit fast jedem Wechselrichter kompatibel sind. PV-Optimierer erhöhen nicht direkt die Leistung einer PV-Anlage, sondern reduzieren die Verluste durch Verschattung. Bei selten verschatteten Anlagen sind PV-Optimierer in der Regel keine wirtschaftliche Investition.

Unterschiede zu Modulwechselrichtern

Der Hauptunterschied zwischen PV-Optimierern und Mikrowechselrichtern liegt in der Art der Stromumwandlung: Mikrowechselrichter wandeln den Gleichstrom direkt am Modul in Wechselstrom um, während PV-Optimierer den Gleichstrom für die Umwandlung in einem zentralen Wechselrichter aufbereiten.

Die folgende Tabelle bietet eine vergleichende Übersicht über wesentliche Merkmale von PV-Optimierern und Modulwechselrichtern in Photovoltaikanlagen.

Tabelle 2.1: Vergleich von PV-Optimierern und Modulwechselrichtern

Merkmale	PV-Optimierer	Modulwechselrichter
Investitionskosten	moderat	etwas höher
Erweiterungsfähigkeit des Systems	herausfordernd	eher unkompliziert
Monitoring auf der Ebene jedes Panels	verfügbar	verfügbar
Anpassungsfähigkeit bei unterschiedlichen Dachneigungen	ausgezeichnet	ausgezeichnet
Effizienz unter Verschattungsbedingungen	ausgezeichnet	ausgezeichnet

Empfohlene Systeme für verschiedene PV-Installationen:

Die Auswahl des geeigneten Wechselrichtersystems hängt stark von den spezifischen Gegebenheiten und Anforderungen einer Photovoltaikinstallation ab:

Praxistipp

Unverschattete Anlagen mit einheitlicher Modulausrichtung: *Bei Installationen, bei denen alle Solarmodule die gleiche Leistung aufweisen und in dieselbe Richtung ausgerichtet sind, ist der Nutzen von Leistungsoptimierern meist gering. In solchen Fällen kann ein Standard-Stringwechselrichter ausreichen, da keine signifikante Leistungsverbesserung durch Optimierer zu erwarten ist.*

Anlagen mit variabler Verschattung: *Installationen, die regelmäßigen Abschattungen durch Objekte wie Schornsteine oder sonstige Dachaufbauten, Bäume oder höher gelegene Nachbargebäude ausgesetzt sind, benötigen entweder Leistungsoptimierer oder Mikrowechselrichter, um effizient zu arbeiten. Verschattete Module können die Leistung der gesamten Anlage deutlich reduzieren, daher ist eine individuelle Moduloptimierung in solchen Fällen empfehlenswert.*

Komplexe Dachlandschaften: *Bei Installationen mit Solarmodulen auf verschiedenen Ebenen, Neigungen und Ausrichtungen kommt es auf die genaue Konfiguration an. Bei Anlagen mit 2 unterschiedlichen Ausrichtungen kann ein Standard-Stringwechsel-richter mit 2 MPP-Trackern ebenso effektiv sein wie ein System mit Optimierern. Bei komplexeren Dachlandschaften mit 3 oder mehr Ausrichtungen sind jedoch in der Regel Moduloptimierer oder Mikrowechselrichter notwendig, um eine optimale Leistung zu erzielen.*

Tabelle 2.2: Vergleichstabelle Einsatzempfehlungen:

Installationstyp	Empfohlenes System
unverschattet, einheitliche Ausrichtung	Standard-Stringwechselrichter oder Leistungsoptimierer oder Mikrowechselrichter
wechselnde Verschattung	Leistungsoptimierer oder Mikrowechselrichter
mehrere Ebenen/Neigungen/ Ausrichtungen	Leistungsoptimierer oder Mikrowechselrichter

Hybridwechselrichter: Während herkömmliche Wechselrichter den erzeugten Gleichstrom nur in Wechselstrom umwandeln, speichern Hybridwechselrichter den Solarstrom zusätzlich in einer internen oder externen Solarbatterie. Dieser Wechselrichtertyp vereint Photovoltaik-Wechselrichter und Batterie-Wechselrichter in einem Gerät. Das bedeutet, dass dieser Wechselrichter nicht nur Gleichstrom in Wechselstrom umwandelt, sondern auch Strom in einer internen oder externen Solarbatterie zwischenspeichern kann. Soll also auf der DC-Seite ein Stromspeicher nachgerüstet werden, muss kein zusätzlicher Batteriewechselrichter installiert werden. Hybridwechselrichter reduzieren die Umwandlungsverluste, da sie den von den Solarmodulen erzeugten Gleichstrom ohne vorherige Umwandlung in Wechselstrom direkt in der Batterie speichern können. Im Gegensatz dazu ist bei Systemen mit separaten Batteriewechselrichtern eine doppelte Umwandlung erforderlich, erst von Gleichstrom in Wechselstrom und dann wieder in Gleichstrom, um die Batterie zu laden. Daher sind Hybridwechselrichter effizienter und verlustärmer bei der Energiespeicherung.

Zentralwechselrichter werden meist in größeren Photovoltaikanlagen installiert, insbesondere im gewerblichen und industriellen Bereich.

Einsatzgebiete und Vorteile: Ideal für große Anlagen. Zentralwechselrichter eignen sich besonders für große PV-Anlagen, wo sie eine zentrale und effiziente Lösung für die Energieumwandlung bieten.

Kosteneffizienz: Der Einsatz eines einzigen Zentralwechselrichters ist oft kostengünstiger als der Einsatz mehrerer kleinerer Stringwechselrichter. Dies kann auch zu einer geringeren Komplexität und Fehleranfälligkeit des Systems beitragen.

Ausfallrisiko: Ein wichtiger Aspekt bei der Verwendung eines Zentralwechselrichters ist das Ausfallrisiko. Da er für die gesamte Anlage verantwortlich ist, kann ein Ausfall des Zentralwechselrichters zum Ausfall der gesamten PV-Anlage führen.

2.4 Speichertechnologie

Um die Solarenergie auch ohne direkte Sonneneinstrahlung optimal nutzen zu können, wird ein zusätzlicher PV-Speicher benötigt. Die Palette der Technologien reicht von klassischen Blei-Säure-Batterien bis hin zu fortschrittlichen Lithium-Ionen-Varianten, die je nach Typ für unterschiedliche Anwendungen prädestiniert sind. Welche Technologie zum Einsatz kommt, sollte sorgfältig auf die spezifischen Bedürfnisse und Ziele der Solaranlage abgestimmt werden.

Blei-Säure-Batterien

- **Älteste Technologie:** Blei-Säure-Batterien sind die älteste Form der Energiespeicherung in PV-Systemen.
- **Kosteneffizienz:** Sie sind in der Regel günstiger als die neueren Technologien, aber dafür im Hinblick auf die Effizienz mittlerweile eher weniger interessant für PV-Anlagen geworden.

Redox-Flow-Batterien

- **Neuere Technologie:** Redox-Flow-Batterien nutzen flüssige Elektrolyte und sind bekannt für ihre Skalierbarkeit und Langlebigkeit.
- **Sicherheit und Effizienz:** Sie gelten als nicht feuergefährlich und behalten ihre Kapazität auch bei Tiefentladungen bei.
- **Kostenfaktor:** Sie sind in der Regel teurer als Blei-Säure-Batterien, aber ihre längere Lebensdauer und höhere Sicherheit können die Investition rechtfertigen.
- **Einsatzgebiete:** Besonders geeignet sind sie für größere Solaranlagen und Anwendungen mit hohem Energiebedarf.

Salzwasserbatterien

- **Umweltfreundliche Option:** Salzwasserbatterien, auch als Aqueous Hybrid Ion Batteries bekannt, verwenden umweltfreundliche flüssige Elektrolyte.
- **Sicherheit:** Sie gelten als nicht brennbar und können ohne Risiko tiefentladen werden.
- **Kosten und Lebensdauer:** Sie sind teurer als Blei-Säure-Batterien, bieten dafür aber eine längere Lebensdauer und sind recycelbar.
- **Anwendungsbeispiele:** Spielen derzeit auf dem Markt praktisch keine Rolle.

Lithium-Ionen-Batterien

- **Aktueller Standard:** Lithium-Ionen-Batterien sind die am weitesten verbreitete Speichertechnologie in heutigen PV-Anlagen.
- **Hohe Energiedichte und Langlebigkeit:** Sie bieten eine hohe Energiedichte und eine deutlich längere Lebensdauer als ältere Technologien.
- **Vielseitigkeit:** Dank ihrer Kompaktheit und Effizienz sind sie für eine Vielzahl von Anwendungen geeignet, von kleinen Wohnanlagen bis hin zu großen gewerblichen Systemen.
- **Kosten-Nutzen-Verhältnis:** Obwohl sie teurer sind als einige ältere Technologien, bieten ihre Langlebigkeit und ihre Effizienz einen langfristigen wirtschaftlichen Vorteil.

Lithium-Ionen-Batterien sind in verschiedenen chemischen Zusammensetzungen erhältlich, die ihre Eigenschaften und Anwendungen beeinflussen:

Lithium-Eisenphosphat ($LiFePO_4$)

- **Eigenschaften:** Sie besitzen den Vorteil einer höheren chemischen und thermischen Stabilität.
- **Einschränkungen:** Die Speicher weisen im Vergleich zu anderen Technologien eine größere Bauweise und ein höheres Gewicht auf.

Lithium-Manganoxid ($LiMn_2O_4$)

- **Eigenschaften:** Sie bieten Sicherheit und eine lange Lebensdauer.
- **Einschränkungen:** Ähnlich wie LiFePO4-Batterien besitzen sie eine geringere Energiedichte und Leistungsdichte.

Lithium-Nickel-Mangan-Cobalt-Oxid ($LiNiMnCoO_2$ oder NMC)

- **Eigenschaften:** Sie sind charakterisiert durch hohe Energiedichte und Leistungsdichte.
- **Einschränkungen:** Sie besitzen eine geringere Lebensdauer, und es bestehen größere Sicherheitsbedenken im Vergleich zu anderen Lithium-Ionen-Technologien.

Lithium-Titanat ($Li_4Ti_5O_{12}$)

- **Eigenschaften:** Sie haben eine hohe Leistungsdichte, eine lange Lebensdauer und eine hohe Sicherheit.
- **Einschränkungen:** Sie besitzen eine geringere Energiedichte als andere Lithium-Ionen-Technologien.

Bewertung der einzelnen Speichertechnologien

Praxistipp *Lithium-Ionen-Batterien sind derzeit die bevorzugte Wahl für Speichersysteme. Ihre Vorteile liegen in der hohen Zahl von Ladezyklen, der nutzbaren Kapazität und der zu erwartenden Langlebigkeit.*

Bei der Auswahl eines Speichersystems ist jedoch zu beachten, dass es aus 2 Hauptkomponenten besteht:

- *der Peripherie (intelligentes Messsystem mit Kommunikationsmodul, Batteriewechselrichter, Batteriemanagementsystem)*
- *und den eigentlichen Batteriezellen.*

Die Peripherie macht derzeit etwa die Hälfte der Gesamtkosten aus.

Der Schlüssel zur Kostenoptimierung und Flexibilität liegt in der Erweiterbarkeit des Batteriepakets. Die Investition in ein System, das später ohne große Zusatzkosten für Peripheriegeräte erweitert werden kann, ist meist eine kluge Entscheidung. So kann die Speicherkapazität an steigende Anforderungen angepasst werden, ohne dass dabei die Kosten überproportional steigen.

2.5 Not-/Ersatzstrom-, USV- und Inselsysteme

Deutschland hat eines der stabilsten Stromnetze weltweit. Im Jahr 2022 betrug die durchschnittliche Unterbrechung der Stromversorgung lediglich etwa zwölf Minuten und 20 Sekunden – eigentlich ein bemerkenswert niedriger Wert. Trotz des zunehmenden Ausbaus erneuerbarer Energien, insbesondere der Photovoltaik, bleibt die Stabilität der Stromversorgung eine konstante Größe, was die Befürchtungen über mögliche Instabilitäten durch erneuerbare Energien entkräftet.

Dennoch wächst das Interesse an Not- und Ersatzstromsystemen in Verbindung mit Photovoltaikanlagen. Diese Systeme bieten eine umweltfreundliche und effiziente Alternative zu herkömmlichen Notstromaggregaten und sind besonders im Kontext der zunehmenden Nutzung erneuerbarer Energiequellen beliebt. Sie bieten nicht nur eine Absicherung gegen Stromausfälle, sondern tragen auch zur Energieunabhängigkeit bei.

Notstromversorgung

Ein zentraler Bestandteil der Notstromversorgung in Photovoltaikanlagen ist der netzgekoppelte Wechselrichter. Dieser Wechselrichter synchronisiert sich mit dem öffentlichen Stromnetz, um erzeugten Solarstrom einzuspeisen. Bei einem Netzausfall stoppt der Wechselrichter jedoch automatisch die Einspeisung. Diese Funktion verhindert, dass während des Netzausfalls Strom in ein spannungsloses Netz eingespeist wird, was eine wichtige Sicherheitsmaßnahme ist. Sie schützt sowohl Wartungspersonal am Netz als auch die PV-Anlage selbst vor möglichen Schäden.

Moderne Notstromsysteme verfügen über eine automatische Umschaltung, die das Hausnetz bei einem Netzausfall vom öffentlichen Netz trennt. Der Wechselrichter spielt dabei eine wichtige Rolle, indem er die Stromproduktion an den tatsächlichen Verbrauch im Haus anpasst und so eine Überlastung des Systems verhindert.

Bei der Planung eines Notstromsystems ist die Auswahl der zu versorgenden Verbraucher von entscheidender Bedeutung. Diese werden an spezielle Steckdosen angeschlossen, die im Notfall prioritär mit Strom versorgt werden. Obwohl es möglich ist, das gesamte Haus zu versorgen, fiele dies in den Bereich der Ersatzstromversorgung und würde eine entsprechend leistungsfähige Anlage erfordern.

Der Batteriespeicher wird während eines Stromausfalls nicht aufgeladen!

Bei der Notstromversorgung geht es darum, die wichtigsten Verbraucher mit Energie zu versorgen, bis das öffentliche Netz wieder zur Verfügung steht.

Ersatzstromsysteme

Sie sind in Photovoltaikanlagen so ausgelegt, dass sie bei einem Stromausfall das gesamte Haus mit Energie versorgen. Dies unterscheidet sie von Notstromsystemen, die nur für einzelne Geräte ausgelegt sind. Einige dieser

Systeme verfügen über eine automatische Umschaltung, die in der Regel zwischen dem Stromzähler und der Hausverteilung installiert wird. Große Drehstromverbraucher können jedoch nicht immer versorgt werden. Eine innovative Funktion einiger Notstromsysteme ist die Phasenkopplung, die bei einem Stromausfall alle drei Phasen parallelschaltet. Dann kann das gesamte Haus mit einphasigen Wechselrichtern betrieben werden.

Ersatzstromsysteme versorgen bei einem Netzausfall automatisch nach dem Ausfall wieder alle Verbraucher. Im Gegensatz zu Notstromsystemen, die eine allpolige Trennung im Zählerschrank erfordern, wird beim Ersatzstrom das gesamte Haus vom öffentlichen Netz getrennt und dieses durch den Wechselrichter ersetzt. Anschließend sorgt der darauf abgestimmte Stromspeicher dafür, dass alle Verbraucher im Haus weiterhin mit Strom versorgt werden. Die Energie wird aus dem Batteriespeicher bezogen, der sich automatisch einschaltet, ohne dass eine manuelle Aktivierung erforderlich ist.

Einige Ersatzstromsysteme sind darüber hinaus schwarzstartfähig. Das bedeutet, dass sie am nächsten Morgen selbstständig wieder starten können, wenn die Sonne ausreichend scheint und der Speicher sich erneut auflädt. Dies ist besonders dann nützlich, wenn der Speichervorrat an Strom über Nacht aufgebraucht ist.

Bei der Planung eines Ersatzstromsystems sollte darauf geachtet werden, dass das System und die Speicherkapazität auf der Grundlage des Leistungsniveaus und der Zahl der Geräte im Haus dimensioniert werden. Insbesondere Geräte mit hohen Anlaufströmen wie Motoren und Pumpen können ein System stark belasten und erfordern eine vorausschauende Planung.

Die Ersatzstromversorgung dient dazu, bei einem Stromausfall das gesamte Hausnetz unabhängig vom öffentlichen Netz mit Energie zu versorgen.

Schwarzstart

Der Begriff „Schwarzstart" stammt aus der konventionellen Kraftwerkstechnik und beschreibt die Inbetriebnahme von Kraftwerken ohne den Einsatz externer Energiequellen. Normalerweise wird die zum Anfahren eines Kraftwerks benötigte Energie aus dem Stromnetz bezogen. Bei einem Stromausfall ist dies jedoch nicht möglich, sodass ein unabhängiger „Schwarzstart" erforderlich ist. Diese Technik wurde auch auf Photovoltaikanlagen übertragen, um eine unabhängige Energieversorgung bei Stromausfall zu ermöglichen.

Unter Schwarzstart versteht man in der Photovoltaik die Möglichkeit, eine Anlage unabhängig vom öffentlichen Stromnetz in Betrieb zu nehmen, insbesondere mittels einer Notstromversorgung mit solarer Nachladung. Diese Funktion erfordert einen Stromspeicher, der mit einem Backup-System zusammenarbeitet. Bei solchen Systemen sorgen die Photovoltaikmodule und die Sonneneinstrahlung dafür, dass die Batterien des Speichers wieder aufgeladen werden. So kann das gesamte Haus zuverlässig mit Notstrom versorgt werden, bis der Strom aus dem öffentlichen Netz wieder zur Verfügung steht.

Der Schwarzstart befähigt die PV-Anlage, nach einem Stromausfall autonom zu starten und mittels solarer Nachladung des Speichers die Energieversorgung aufrechtzuerhalten.

Unterbrechungsfreie Stromversorgung (USV)

Eine USV-Anlage hat die Aufgabe, bei Spannungsschwankungen oder Netzausfall eine unterbrechungsfreie Stromversorgung zu gewährleisten. Dies ist wichtig für kritische Infrastrukturen wie Krankenhäuser, Leitstellen und Rechenzentren. Auch in Wohnhäusern mit PV-Anlagen kann eine USV dazu dienen, wichtige Haushaltsgeräte und Systeme während eines Netzausfalls mit Strom zu versorgen. In diesem Zusammenhang ist die Umschaltzeit des Wechselrichters von entscheidender Bedeutung. Der Wechselrichter muss in der Lage sein, innerhalb von Millisekunden von Netz- auf Inselbetrieb umzuschalten.

Bei der Planung einer USV in Verbindung mit einer PV-Anlage in einem Wohnhaus ist es wichtig, die Kapazität der Speicherbatterie so zu dimensionieren, dass sie den Strombedarf für die gewünschte Dauer eines Netzausfalls decken kann.

Bei einer „batteriegestützten Stromversorgung“ (BSV) geht es darum, die Funktionalität über mehrere Stunden zu gewährleisten, was eine entsprechend größere Batteriekapazität erfordert.

Eine USV gewährleistet bei Netzausfällen die kontinuierliche Stromversorgung, indem sie schnell von Netz- auf Batteriebetrieb umschaltet und so kritische Systeme ununterbrochen mit Energie versorgt.

Inselsysteme

Als Inselsysteme werden Photovoltaikanlagen bezeichnet, die dauerhaft ohne Anschluss an das öffentliche Stromnetz betrieben werden. Sie sind eine technisch anspruchsvolle Lösung für Standorte, an denen ein Netzanschluss nicht möglich oder nicht praktikabel ist. Typische Anwendungsbeispiele für Inselsysteme sind abgelegene Berghütten, Kleingärten, Ferienhäuser oder ähnliche Einrichtungen, die fernab von städtischer Infrastruktur liegen.

Im Gegensatz zu Systemen, die an das öffentliche Netz angeschlossen sind, müssen Inselsysteme völlig autark funktionieren können. Das bedeutet, dass sie nicht nur Energie erzeugen, sondern auch speichern und verwalten müssen, um eine kontinuierliche Versorgung zu gewährleisten. Ein bekanntes Beispiel für ein kleines Inselsystem ist der solarbetriebene Parkautomat, der unabhängig vom öffentlichen Stromnetz funktioniert.

Ein wesentliches Element eines Inselsystems ist der Wechselrichter. In einem Inselsystem ist es nicht möglich, überschüssigen Strom einfach ins Netz einzuspeisen. Vielmehr muss der Wechselrichter ständig den optimalen Arbeitspunkt der Module ermitteln, damit die erzeugte Leistung genau dem aktuellen Verbrauch entspricht. Bei schnellen Lastwechseln ist dies eine besonders große technische Herausforderung, da immer nur so viel Leistung erzeugt werden darf, wie auch direkt abgenommen werden kann.

Inselsysteme bieten eine effiziente Lösung für die Energieversorgung in abgelegenen oder netzunabhängigen Gebieten und tragen damit zur Erweiterung der Reichweite und Nutzung erneuerbarer Energien bei.

2.6 PV-Kabel und -Stecker

Solarkabel sind Spezialkabel, die für den Einsatz in Photovoltaikanlagen entwickelt wurden. Sie bestehen aus einem oder mehreren Leiterdrähten, die von einer Isolierung umgeben sind. Diese Kabel werden verwendet, um die verschiedenen Komponenten einer Photovoltaikanlage wie Solarmodule, Wechselrichter und Batteriespeicher miteinander zu verbinden. Solarkabel werden in der Regel im Freien verlegt und müssen daher besondere Anforderungen hinsichtlich UV-, Temperatur- und Witterungsbeständigkeit erfüllen. Um den unterschiedlichen Leistungsanforderungen von Photovoltaikanlagen gerecht zu werden, sind sie in verschiedenen Kabelquerschnitten erhältlich. Die Kabel werden in der Regel von den Solarmodulen zum Wechselrichter verlegt. Aufgrund der hohen Spannungen in PV-Anlagen müssen die Kabel sicher und sorgfältig verlegt werden. Um die Solarkabel vor mechanischen Beschädigungen zu schützen, sind sie an der Unterkonstruktion zu befestigen und dürfen nicht auf dem Dach aufliegen. Dafür sind spezielle Befestigungen, z. B. dauerhaft UV-beständige Kabelbinder, zu verwenden.

Der korrekte Anschluss von PV-Steckverbindern ist für die Leistung und die Sicherheit einer PV-Anlage von großer Bedeutung. Eine unzureichende Verbindung zwischen Kabel und Stecker kann zu Leistungsverlusten führen, und die Kontaktstelle kann sich stark erhitzen, was wiederum zu einem Brand führen kann. Die Länge der Kabel muss angemessen gewählt werden. Zu kurze Kabel sind ständigen mechanischen Belastungen ausgesetzt, während zu lange Kabel bei Windeinwirkung am Dach scheuern können. Die Geometrie der Kabelwege ist ebenfalls wichtig. Hin- und Rückleiter sollten in geringem Abstand parallel zueinander verlegt werden, um die vom Kabel umschlossene Fläche möglichst klein zu halten. Die in Photovoltaikanlagen am häufigsten verwendeten Kabel haben einen Querschnitt von 4–10 Quadratmillimetern (mm^2). Je größer der Querschnitt ist, desto geringer ist der elektrische Widerstand. Auf der Gleichstromseite genügen meist Querschnitte von 4 oder 6 Quadratmillimetern. In der Regel liegen die Leitungsverluste bei diesen Querschnitten unter 1 %. Bei kleineren Anlagen mit kurzen Leitungswegen kann ein Leitungsquerschnitt von 4 mm^2 ausreichend sein. In der Praxis werden meistens aber 6 mm^2 verwendet.

Die Verkabelung in einer Photovoltaikanlage muss brandschutzgerecht ausgeführt werden und der Norm IEC 60332-1-2 entsprechen. Das bedeutet, dass sich die Kabel auch bei Überhitzung nicht entzünden und nicht als Ausbreitungsweg für ein aus anderen Gründen entstandenes Feuer dienen dürfen. An Kabel in PV-Anlagen werden besondere Anforderungen gestellt, da sie Witterungseinflüssen und Sonneneinstrahlung ausgesetzt sind. Sie sind für die feste und freie Verlegung von PV-Anlagen im Innen- und

Abb. 2.1: Sturmschaden PV-Anlage

Außenbereich auch unter direkter Sonneneinstrahlung geeignet. Es ist jedoch erforderlich, dass die Leitungen an den Anschlussstellen zugentlastet werden, um sowohl die Klemmen als auch die Kabel zu entlasten und Beschädigungen zu vermeiden.

2.7 PV-Unterkonstruktion

Obwohl die Unterkonstruktion oft als eine der weniger beachteten Kostenkomponenten in Photovoltaikanlagen angesehen wird, spielt sie eine entscheidende Rolle für die Stabilität und Langlebigkeit der gesamten Anlage. Diese Bedeutung tritt besonders dann in den Vordergrund, wenn die montierten Module nicht an ihrem vorgesehenen Platz verbleiben.

Die statische Auslegung der Unterkonstruktion ist ein wichtiger Prozess, der individuell auf den Montageort und die spezifische Montagevariante abgestimmt werden muss. Dabei sind Faktoren wie Wind- und Schneelast und die bauliche Beschaffenheit des Montageorts zu berücksichtigen. Eine sorgfältig geplante und fachgerecht installierte Unterkonstruktion gewährleistet, dass die Photovoltaikmodule sicher montiert sind und auch bei wechselnden Witterungsbedingungen ihre Position beibehalten.

Konstruktion und Dimensionierung der Tragsysteme werden im Wesentlichen durch die Wind- und Schneelasten bestimmt.

Bei Aufdachmontagen ist die zusätzliche Belastung durch die gesamte PV-Anlage für das vorhandene Dach zu berücksichtigen!

Bei besonderen chemischen Belastungen, wie sie z. B. in der Nähe von Massentierhaltungsanlagen auftreten können, sind besondere Anforderungen zu berücksichtigen. Für die Indach-, Aufdach-, Freiland-, Flachdach- und Schrägdachmontage stehen verschiedene, auf die Dacheindeckung abgestimmte Tragsysteme zur Befestigung der Module zur Verfügung. Diese Unterkonstruktionen sind in der Regel als Ganzes geprüft und vom Hersteller für einen bestimmten Verwendungszweck vorgesehen. Die entsprechenden Verwendungshinweise sind bei der Montage zu beachten.

Praxistipp *Die **Tragsysteme einer Photovoltaikanlage** müssen an die projektspezifischen Gegebenheiten und insbesondere an die Tragfähigkeit der vorhandenen Dachkonstruktion angepasst werden. Dabei ist das zusätzliche Gewicht der Module oft eine Herausforderung, da jedes Dach für eine bestimmte Schneelast ausgelegt wurde, die zum Zeitpunkt der Errichtung zugrunde zu legen war.*

In der Zwischenzeit kann sich die für eine Region vorgeschriebene Schneelast geändert haben, was einerseits Spielraum für zusätzliche Lasten wie eine PV-Anlage schaffen kann oder andererseits bestehende Dachkonstruktionen bereits ohne die zusätzliche Last einer PV-Anlage an ihre Grenzen bringt.

***Hinweis:** Vertiefende Informationen zur Statik und insbesondere zur Überprüfung der Dachkonstruktion finden Sie in den nachfolgenden Kapiteln „Statik" und „Überprüfung der Dachkonstruktion".*

Die Module sind jedoch auch Windlasten ausgesetzt, die Zugkräfte auf die am Dach befestigten Unterkonstruktionen ausüben. Diese Kräfte sind am Dachrand größer als in der Dachmitte und hängen auch von der Neigung der Module zur Dachfläche ab. In jedem Fall müssen die Unterkonstruktionen so dimensioniert werden, dass sie diese Kräfte aufnehmen können. Die Dachkonstruktion muss für diese Zugkräfte ausgelegt sein, und die Montage der Unterkonstruktion muss entsprechend den Herstellerangaben und den gültigen Normen erfolgen. Die Photovoltaikmodule sind an den Trägersystemen zu befestigen. Die kraftschlüssige Verbindung erfolgt in der Regel durch vorkonfektionierte Modulklemmen mit Schrauben. Tragsysteme für Photovoltaikanlagen müssen nicht nur in der Lage sein, die Lasten aus den Modulen aufzunehmen, sondern auch ausreichend stabil sein, um Verformungen, die durch diese Lasten entstehen können, zu vermeiden. Nur wenn die Tragsysteme ausreichend verwindungssteif sind, können die Modullasten in die Dachkonstruktion eingeleitet werden. Die Tragsysteme müssen also den Belastungen durch die Module, ihr Eigengewicht, Schnee, Wind und Schwingungen standhalten.

Sie müssen witterungs- und korrosionsbeständig sein.

Die Unterkonstruktion einer Photovoltaikanlage hat mehrere wichtige Aufgaben:

- Die Unterkonstruktion muss stabil und tragfähig genug sein, um die Module zu tragen und vor Wind und Wetter zu schützen.
- Die Unterkonstruktion bietet den nötigen Abstand zwischen den Modulen, um ausreichend Luftzirkulation und damit ausreichend Kühlung zu gewährleisten.
- Die Unterkonstruktion ist auch für die Befestigung von Solarkabeln und Wechselrichtern verantwortlich. Sie muss somit auch die erforderlichen Halterungen und Befestigungspunkte bereitstellen.
- Die Unterkonstruktion sollte zudem leicht zugänglich und wartungsfreundlich sein, um Reparaturen und Wartungsarbeiten zu ermöglichen.

Die Unterkonstruktion einer Photovoltaikanlage kann aus einer Vielzahl von Komponenten bestehen, je nachdem, welches Dachmaterial vorhanden ist und wie die Anlage montiert werden soll. Folgende Komponenten können dazugehören:

- Dachhaken: Diese werden an der Dachkonstruktion befestigt und dienen als Befestigungspunkt für die Trägerprofile.
- Universal- oder Systemsolarmodulhalter: Sie werden anstelle der Dachhaken für einen optimierten Dachanschluss verwendet.
- Klemmen und Schrauben: Sie werden verwendet, um die Photovoltaikmodule an der Unterkonstruktion zu befestigen.
- Winkelelemente: Sie werden verwendet, um die Photovoltaikmodule in der gewünschten Neigung zu montieren.
- Flachdachkonsolen oder Wannen: Sie werden verwendet, um die Unterkonstruktion auf Flachdächern zu verlegen.

Die Arbeiten auf dem Dach sind nach den Fachregeln des deutschen Dachdeckerhandwerks auszuführen!

Praxistipp *Bei der Auswahl von Herstellern für Unterkonstruktionen in Photovoltaikanlagen ist es aus praktischer Sicht ratsam, das Vertrauen nicht zu vielen verschiedenen Anbietern zu schenken. Stattdessen empfiehlt es sich, sich auf einen oder zumindest eine begrenzte Zahl von Anbietern zu konzentrieren.*

Dieser Ansatz bietet mehrere Vorteile:

1. Vermeidung von Kompatibilitätsproblemen: Die Verwendung von Komponenten unterschiedlicher Hersteller in einer Anlage kann zu einem „Wildwuchs“ führen, der möglicherweise Kompatibilitätsprobleme nach sich zieht. Ein einheitliches System gewährleistet, dass alle Teile nahtlos zusammenarbeiten und das Risiko von technischen Schwierigkeiten minimiert wird.

2. Erleichterte Handhabung durch Routine: Die wiederholte Verwendung des gleichen Systems oder von Komponenten vom selben Herstellers führt zu Routine und Gewohnheiten, die die Montagearbeiten erleichtern. Mitarbeiter können sich schneller und effizienter mit einem System vertraut machen, was zu Zeitersparnissen und einer höheren Qualität der Installation führt.

3. Effizienz bei der Planung und statischen Berechnung: Die Erfahrung zeigt, dass es effizienter ist, mit einem oder wenigen Planungstools zu arbeiten. Einheitliche Berechnungstools ermöglichen eine schnellere und präzisere Planung, da die Nutzer mit der Bedienung vertraut sind und die Software speziell auf die Produkte eines bestimmten Herstellers abgestimmt ist.

4. Zusätzliche Faktoren bei der Auswahl des Herstellers: Neben dem Preis sind auch andere Faktoren wie die Verfügbarkeit der Produkte, die Schnelligkeit der Lieferung, die Benutzerfreundlichkeit der Montage- und Berechnungstools sowie die Kooperationsbereitschaft des Herstellers im Reklamationsfall wichtige Entscheidungskriterien. Diese Aspekte tragen wesentlich zur Gesamtzufriedenheit und Effizienz des Projekts bei.

Zusammenfassend lässt sich sagen, dass die Wahl eines oder weniger Unterkonstruktionshersteller nicht nur eine Frage der Kosten, sondern auch eine strategische Entscheidung ist, die den Installationsprozess, die Wartungsfreundlichkeit und die langfristige Zuverlässigkeit der Photovoltaikanlage erheblich beeinflussen kann.

3 Planung, Dimensionierung und Umsetzung

3.1 Energie und Leistung – kWh & kWp

Die Einheit Kilowattstunde (kWh) ist bereits bekannt. Nun kommt eine weitere wichtige Einheit hinzu: Kilowattpeak (kWp). Diese Einheit soll zum besseren Verständnis näher erläutert werden.

Kilowattpeak bezieht sich auf den Stromertrag einer Photovoltaikanlage, da die Leistung in kWp angegeben wird. Das „p" in kWp steht für „Peak" (Spitze), und Kilowatt ist die Maßeinheit für die Leistung. kWp gibt also die Spitzenleistung einer Photovoltaikanlage oder eines Moduls an.

Die Hauptaufgabe einer Photovoltaikanlage ist die Umwandlung von Sonnenstrahlen in elektrische Energie. Die verfügbare Sonnenenergie variiert jedoch je nach Standort des Gebäudes, Dachausrichtung sowie Jahres- und Tageszeit.

Da die Leistung der Module je nach Ort und Zeit variieren kann, wurden die Standard-Testbedingungen (STC) entwickelt, um die elektrische Spitzenleistung der Module ortsunabhängig vergleichen zu können. Daher erfolgt die Bestimmung der Leistungswerte der Module mit diesen Standard-Testbedingungen anhand der nachfolgend aufgeführten Kriterien:

- **Simulierte Sonnenlichteinstrahlung von 1.000 W/m^2 auf die Module.**
- **Temperatur der einzelnen Modulzellen von 25 °C mit einer Toleranz von ± 2 °C.**
- **Air Mass 1,5, das heißt, die Sonnenstrahlung durchläuft die Erdatmosphäre in einem Zenithwinkel von ca. 48° und trifft so auf die PV-Module.**

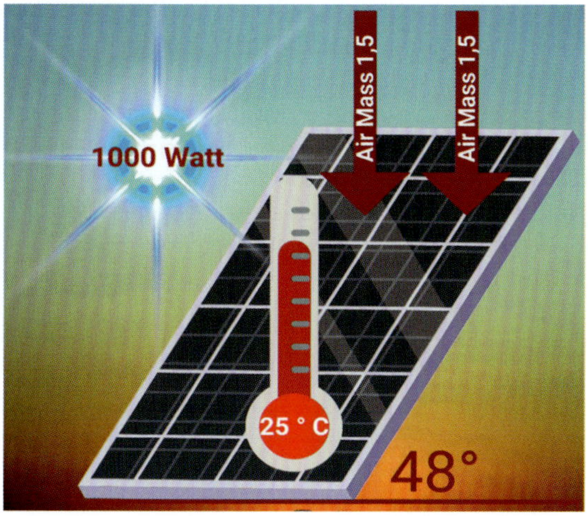

Abb. 3.1: Standard-Testbedingungen (STC)

Abb. 3.2: Theorie und Praxis

Diese standardisierten Testbedingungen sind in der Praxis kaum anzutreffen, ermöglichen jedoch eine standortunabhängige Klassifizierung der Größe von PV-Anlagen. Das Maß für die Größe von PV-Anlagen ist immer die Leistung der Module. Zum Beispiel beträgt die Größe einer PV-Anlage mit 20 Modulen mit einer Leistung von 400 Wp pro Modul insgesamt 8 kWp. Die Leistung einer solchen PV-Anlage variiert jedoch je nach Standort. Neben den Gebäudeparametern ist die technisch nutzbare Globalstrahlung der Sonne entscheidend für den Ertrag der Anlage. In Deutschland beträgt die Globalstrahlung ca. 950–1.250 kWh/m^2 bei einer Leistung von ca. 85–110 W/m^2. In unseren Breitengraden wird jedoch nur 1/3 der Energiemenge durch die „direkte" Sonneneinstrahlung erzeugt. Die restlichen 2/3 werden durch indirekte diffuse Strahlung erzeugt, die durch Reflexion und Brechung entsteht.

Der Begriff „Spitzenleistung" unter Standard-Testbedingungen macht seinem Namen insofern alle Ehre, als die Leistung der Module bei einer Temperatur von 25 °C und einer gleichzeitigen Bestrahlungsstärke von 1.000 W/m^2 ermittelt wird. Bei diesen 1.000 W/m^2 Sonneneinstrahlung sind in der Praxis jedoch Temperaturen von über 65–75 °C auf den Modulen keine Seltenheit.

Mit zunehmender Wärmeentwicklung sinkt jedoch gleichzeitig der Wirkungsgrad und damit die Leistungsbereitschaft der Module, teilweise bis zu 0,4 % pro Grad Celsius Temperaturerhöhung an der Moduloberfläche. Dies ist auch der Grund, warum die Leistung einer PV-Anlage selten 100 % der Spitzenleistung in kWp erreicht. Die genaue Reduktion bei steigender Temperatur wird in den Temperaturkoeffizienten der Module angegeben. Obwohl die Sonneneinstrahlung für den Ertrag von Solaranlagen sehr wichtig ist, sind lange Hitzeperioden für die Wirtschaftlichkeit eher kontraproduktiv.

Infolge des Klimawandels werden die Sommer immer heißer. Daher gewinnt der Temperaturkoeffizient neben der eigentlichen Modulleistung bei der Kaufentscheidung an Bedeutung. Bei einer Modultemperatur von 70 °C und einem Temperaturkoeffizienten von 0,4 % sinkt der Anlagenwirkungsgrad auf ca. 82 %.

Eine 10-kWp-Anlage würde also unter diesen Bedingungen noch eine Leistung von 8,2 kW erbringen!

Hinzu kommen nicht optimale Einstrahlungswinkel und Teilabschattungen durch Wolken etc. Bei niedrigeren Modultemperaturen verhält es sich genau umgekehrt. Die leistungsstärksten Monate für die Module sind April, Mai, September und Oktober. Bei optimaler Sonneneinstrahlung und kühler Umgebungstemperatur läuft die PV-Anlage zur Höchstform auf. Leider haben wir in diesen Monaten weniger Sonnenstunden, sodass der höchste Ertrag einer PV-Anlage in den Monaten Juni, Juli und August zu erwarten ist.

Durchziehende Wolken sorgen für Verschattung und damit für weniger Stromertrag. Wenn die Sonne nicht mehr scheint, sinkt die Globalstrahlung auf unter 200 W/m^2. Eine 5-kWp-Anlage produziert bei Verschattung ca. 1.000 W, eine 10-kWp-Anlage das Doppelte, also ca. 2.000 W. Größere Verschmutzungen sowie Schnee auf den Modulen reduzieren den Ertrag der Anlage zusätzlich. Aber auch Nachbargebäude, Bäume, Schornsteine und Gauben sowie Antennen und Satellitenschüsseln werfen wie alle großen Ereignisse ihre Schatten voraus und führen zu Ertragseinbußen.

Aber wie viel Strom kann man mit einer PV-Anlage überhaupt erzeugen?

Die Antwort auf diese Frage folgt im nächsten Kapitel.

3.2 Anlagenleistung bestimmen

Bei der Planung einer Photovoltaikanlage ist neben Faktoren wie Ausrichtung, Neigung und möglicher Verschattung auch der Standort entscheidend für den Ertrag der Anlage. Die Globalstrahlung, die von Bundesland zu Bundesland unterschiedlich ist, hat einen nicht unerheblichen Einfluss auf den Ertrag der PV-Anlage. In der Tabelle 2 sind die Globalstrahlungswerte der einzelnen Bundesländer aufgeführt. Diese Werte geben einen Anhaltspunkt für die mögliche Leistung einer Anlage in %. Auf der linken Seite der Tabelle ist das jeweilige Bundesland aufgelistet, auf der rechten Seite der ungefähre Ertrag in kWh pro kWp und Jahr. Um den optimalen regionalen Energieertrag für eine Photovoltaikanlage zu ermitteln, kann das entsprechende Bundesland in der Tabelle ausgewählt und der Ertrag ermittelt werden.

Tabelle 3.1: Globalstrahlung in Deutschland im Jahr 2019

Globalstrahlung in Deutschland mit Angabe der PV-Leistung in kWh/kWp pro Jahr	
Baden-Württemberg	1.070
Bayern	1.060
Berlin	910
Brandenburg	990
Bremen	930
Hamburg	959
Hessen	1.018
Mecklenburg-Vorpommern	1.014
Niedersachsen	985
Nordrhein-Westfalen	987
Rheinland-Pfalz	1.037
Saarland	1.063
Sachsen	1.035
Sachsen-Anhalt	1.004
Schleswig-Holstein	1.002
Thüringen	1.021

Hinweis: *Diese Daten dienen als überschlägige Richtwerte und stammen aus dem Jahr 2019. Nicht berücksichtigt wurden dabei die unterschiedlichen Anlagengrößen und Ausrichtungen.*

Beispiel:

Anlage in Brandenburg mit einer Nennleistung von 5 kWp:

5 kWp · 990 kWh/kWp = 4.950 kWh/Jahr.

Unter optimalen Bedingungen würde diese Anlage an diesem Standort voraussichtlich ca. 5.000 kWh Strom pro Jahr erzeugen.

In der Praxis werden diese Berechnungen mit Simulationsprogrammen oder einem Excel-Tool durchgeführt. Hier geht es jedoch um das Grundverständnis. PV-Anlagen auf Süddächern mit einer Dachneigung zwischen 20° und 50° liefern den besten Stromertrag. Optimal ist eine Ausrichtung von 0° Süd bei einer Dachneigung von 30°. Unter diesen Bedingungen sind die in Tabelle 2 angegebenen Erträge realistisch.

Modulausrichtung

Modulneigung	Süd 0°C	±10°	±20°	Süd-Ost / Süd-West ±30°	±40°	±50°	±60°	±70°	±80°	Ost / West ±90°	±100°	±110°	±120°	Nord-Ost / Nord-West ±130°	±140°	±150°	±160°	±170°	Nord ±180°
0°	90 %	90 %	90 %	90 %	90 %	90 %	90 %	90 %	90 %	90 %	90 %	90 %	90 %	90 %	90 %	90 %	90 %	90 %	90 %
10°	95 %	95 %	95 %	95 %	95 %	95 %	95 %	93 %	90 %	90 %	90 %	90 %	88 %	85 %	85 %	83 %	83 %	80 %	80 %
20°	100 %	100 %	100 %	98 %	95 %	95 %	95 %	93 %	90 %	90 %	88 %	85 %	83 %	83 %	80 %	78 %	75 %	73 %	70 %
30°	100 %	100 %	100 %	100 %	98 %	95 %	95 %	92 %	90 %	85 %	85 %	80 %	75 %	70 %	68 %	65 %	65 %	63 %	60 %
40°	100 %	100 %	100 %	100 %	95 %	95 %	93 %	90 %	85 %	80 %	75 %	70 %	65 %	60 %	58 %	55 %	55 %	53 %	50 %
50°	100 %	100 %	100 %	95 %	95 %	93 %	90 %	90 %	85 %	80 %	70%	60 %	55 %	50 %	48 %	48 %	48 %	45 %	45 %
60°	95 %	95 %	95 %	95 %	90 %	90 %	85 %	80 %	80 %	70 %	60 %	50 %	48 %	48 %	45 %	43 %	43 %	40 %	40 %
70°	90 %	90 %	90 %	90 %	90 %	80 %	80 %	80 %	70 %	70 %	60 %	50 %	48 %	45 %	45 %	43 %	43 %	40 %	40 %
80°	80 %	80 %	80 %	80 %	80 %	80 %	70 %	70 %	65 %	60 %	53 %	48 %	45 %	43 %	43 %	40 %	38 %	35 %	35 %
90°	70 %	70 %	70 %	70 %	70 %	70 %	65 %	60 %	60 %	55 %	48 %	43 %	40 %	38 %	38 %	35 %	33 %	30 %	30 %

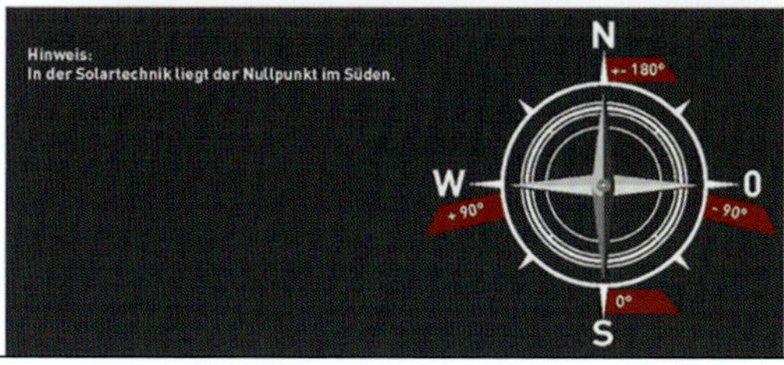

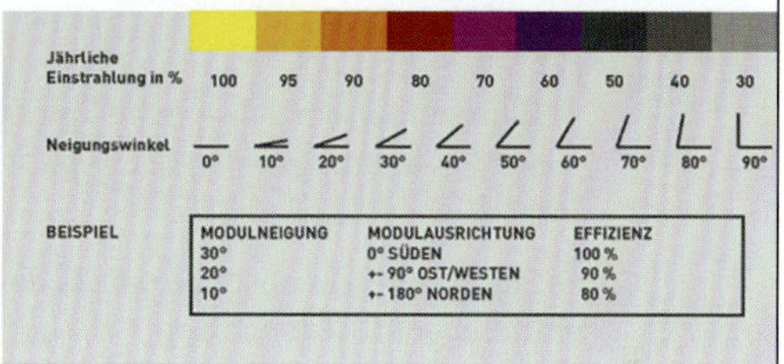

Abb. 3.3: **Überschlägige** Effizienzangabe der Anlage nach Neigung und Ausrichtung (ohne absolute Genauigkeit)

Nicht jedes Dach ist jedoch nach Süden ausgerichtet und hat eine Dachneigung zwischen 20° und 50°. Die Dachlandschaften in Deutschland sind sehr vielfältig. Neigung und Ausrichtung der einzelnen Dächer sind selbst in einer Straße völlig unterschiedlich. Für den Dachbestand gibt es daher keinen Standard. Bei Neubauten könnte das künftig anders werden. In Bebauungsplänen könnten unter anderem die Lage des Firstes und die Dachneigung festgelegt werden. Man könnte also vorausschauend die Dächer für einen optimalen Stromertrag planen. Ob das so geschieht, wird die Zukunft zeigen.

Die Module haben im Vergleich zu früher eine wesentlich bessere Schwachlichtempfindlichkeit, sodass PV-Anlagen auch bei anderen Dachneigungen und -ausrichtungen ausreichend gute Erträge erzielen können.

In der Praxis zeigt sich, dass flach geneigte Ost- und Westdächer nur geringfügig weniger Ertrag bringen als optimal ausgerichtete Süddächer. Auch sehr flach geneigte Norddächer können heute sehr wirtschaftlich mit PV-Anlagen bestückt werden.

Grundsätzlich gilt: Je flacher die Dachneigung ist, desto geringer ist der Ertragsverlust eines weit von Süden abgewandten Moduls im Vergleich zu einem 30° geneigten Süddach!

Bei einem 20° geneigten Dach in Richtung Osten oder Westen beträgt der zu erwartende Ertrag bis zu 90 % vom Optimum. Während bei einer reinen

Südausrichtung die höchste Ausbeute einer PV-Anlage in der Mittagszeit erreicht wird, hat man bei einer Ausrichtung in Richtung Osten und Westen bereits am Morgen einen guten Ertrag, der sich über den ganzen Tag hinweg bis zum Abend zieht.

Ost-West ist der neue Süden im Neubau!

Die Dächer bei Neubauten **könnten** sich verändern. Bis zu 20° geneigte Satteldächer mit einer Nord-Süd-Lage des Firstes besitzen mit der Ost- und Westseite 2 gut nutzbare Dachflächen für die Aufnahme von Solarkraftwerken zur dezentralen Erzeugung von PV-Strom. Das wird auch Auswirkungen auf die Eindeckungen bzw. Abdichtungen haben.

Die berechtigte Frage lautet:

Wird immer eine klassische Eindeckung unter einer PV-Anlage benötigt, wenn die Anlage auch die Regensicherheit gewährleisten soll?

Es ist jetzt schon absehbar, dass dadurch Innovationen in der Bedachungsbranche gefördert werden.

Auch sehr flach geneigte Norddächer sind mittlerweile für Photovoltaik geeignet. Diese Aussage wäre vor 20 Jahren undenkbar gewesen. Bei einem 10° geneigten Dach in Richtung Norden beträgt die Anlagenleistung bis zu ca. 80 % einer optimal ausgerichteten Süddachanlage. Bei Satteldächern gibt es zu einer Nordseite in der Regel auch eine passende Südseite. Gerade bei großflächigen Hallendächern kommen diese flachen Dachneigungen öfters vor.

Grundsätzlich gilt: je größer die PV-Anlage, desto günstiger der Einkaufspreis. Unter diesen Bedingungen ist es möglich, mit besseren Einkaufskonditionen den Minderertrag auf der Nordseite zu kompensieren und trotzdem eine sehr wirtschaftliche PV-Anlage zu errichten.

Wie zu erwarten, bringt eine PV-Anlage über das Jahr verteilt sehr unterschiedliche Leistungen. Januar, Februar, März, Oktober, November und Dezember sind eindeutig sonnenschwache Monate. In dieser Zeit wird aber erfahrungsgemäß der meiste Strom verbraucht, weil die Menschen länger zu Hause sind und zudem auch Wärme für die Heizung benötigt wird. Um auch in diesen Monaten einen angemessenen Solarertrag zu gewährleisten, muss die Anlage entweder eine ausreichende Größe aufweisen oder zusätzlich mit einem Batteriespeicher unterstützt werden. Aber dazu später mehr.

In den Monaten Mai, Juni, Juli August und zum Teil auch im April und im September bringt die PV-Anlage die größte Leistung. Das Ziel muss es auch in dieser Zeit sein, möglichst viel Strom selbst zu verbrauchen und wenig ins öffentliche Netz einzuspeisen. Die klassische Luft-Wasser-Wärmepumpe als Heizung ist in diesen Zeiträumen wenig hilfreich. Warmwasser wird zwar das ganze Jahr über benötigt, die Heizungswärme aber nur im Winter und nicht im Sommer Mit einer Luft-Luft-Wärmepumpe sieht das schon ganz

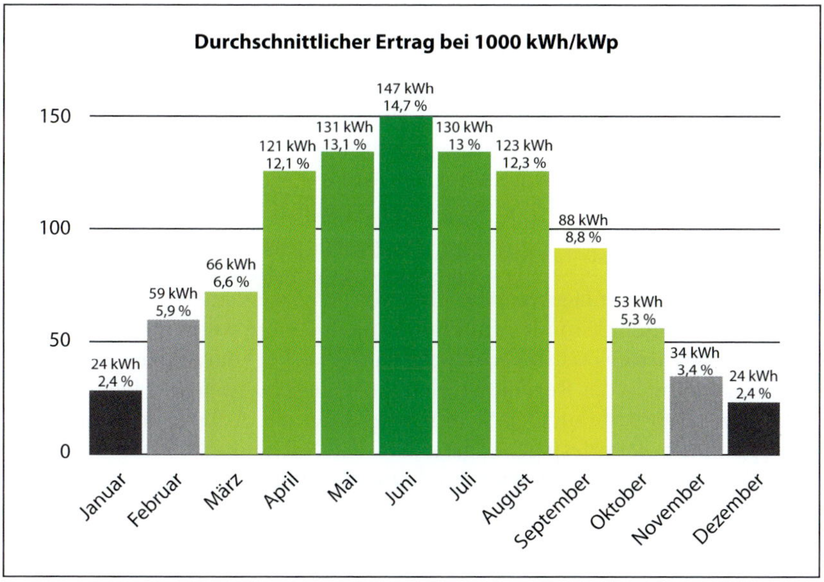

Abb. 3.4: Überschlägige Darstellung des Anlagenertrags über das Jahr verteilt

anders aus. Auch dieses System entzieht, wie alle Wärmepumpenheizungen, Energie aus der Umgebung. Im Gegensatz zur Luft-Wasser-Wärmepumpe überträgt die Luft-Luft-Wärmepumpe die Energie aber nicht über einen Wasserkreislauf, sondern über die Luft. Dabei sind diese Systeme sehr effizient und können auch im Sommer die Gebäude klimatisieren. Viele dieser Split-Geräte können heizen und kühlen und dienen deshalb im Sommer als Klimageräte und bilden mit PV-Anlagen eine optimale Symbiose. Nach aktuellem Stand sind diese Geräte unter bestimmten Bedingungen auch über das BAFA förderfähig.

Praxistipp *Für PV-Experten kann die Zusammenarbeit mit Kollegen aus dem Heizungs- und Klimabereich eine wertvolle Ergänzung sein.*

Durch gegenseitige Empfehlungen entstehen Synergien, die dem Kunden eine umfassendere Beratung und Dienstleistung bieten.

Interessiert sich ein Kunde für eine PV-Anlage, kann der PV-Experte ihn über ergänzende Möglichkeiten der Wärmeerzeugung und Klimatisierung informieren und bei Bedarf den Kontakt zu Heizungs- oder Klimaspezialisten herstellen. Umgekehrt können Heizungs- oder Klimaexperten ihre Kunden auf die Vorteile einer PV-Anlage aufmerksam machen und den Kontakt zum PV-Experten herstellen. Diese Art der Zusammenarbeit schafft einen Mehrwert für den Kunden, da er Zugang zu einem breiteren Spektrum an technischen Lösungen und Fachwissen erhält. In Zeiten zunehmender technischer Komplexität sind solche persönlichen und interdisziplinären Empfehlungen besonders wertvoll.

3.3 Einspeisungsoptionen

Wirtschaftlichkeit, Nachhaltigkeit und größtmögliche Unabhängigkeit sind in der Regel die Ziele zukünftiger PV-Anlagenbesitzer. Als Betreiber ihres eigenen Solarkraftwerks werden sie zu Produzenten und Konsumenten zugleich. Sie sind „Prosumer", weil sie gleichzeitig produzieren und konsumieren. Damit sind sie selbst ihr wichtigster Kunde – viel wichtiger als der Energieversorger. Denn das Ziel ist, den selbst erzeugten Strom im eigenen Haus zu verbrauchen. Nur der Überschuss soll ins Netz eingespeist und verkauft werden. Das ist das Geschäftsmodell der Überschusseinspeisung, bei der der Strom aus der PV-Anlage in erster Linie für den Eigenbedarf produziert wird. Dieses Geschäftsmodell funktioniert jedoch nur, wenn möglichst viel des erzeugten Stroms selbst verbraucht wird. Das liegt daran, dass die Einspeisevergütung in der Regel unter den Stromgestehungskosten liegt. Der Anteil des selbst verbrauchten Stroms wird durch die Anlagengröße und einen optionalen Batteriespeicher gesteuert. Die Nachhaltigkeit ist bei diesem Modell ebenso gegeben wie die Unabhängigkeit vom Stromlieferanten.

Das 2. Geschäftsmodell ist die Volleinspeisung. Wirtschaftlichkeit und Nachhaltigkeit sind auch bei diesem Modell sehr wichtig, aber es besteht kein Wunsch nach Unabhängigkeit vom Energieversorger. Der auf dem Dach erzeugte PV-Strom wird zu 100 % eingespeist und verkauft. Die Einspeisevergütung ist etwas höher als bei der Überschusseinspeisung . Aus diesem Grund ist die Wirtschaftlichkeit gegeben, da bei einer wirtschaftlichen PV-Anlage mit Volleinspeisung die Einspeisevergütung in der Regel über den Stromgestehungskosten liegt. Dies entspricht dem Modell der „Hochförderung" Anfang der 2000er-Jahre. Damals gab es keine Alternative zur Einspeisung des erzeugten Stroms. Die Größe der PV-Anlage hing daher von der Investitionsbereitschaft des Anlagenbetreibers ab und wurde allenfalls durch die verfügbare Dachfläche begrenzt.

Anlagenbetreiber können beide Betriebsarten in einem Gebäude vereinen und unter bestimmten Bedingungen auch zwischen den Betriebsarten wechseln. Häufig ändert sich der Strombedarf z. B. aufgrund einer anderen Heizungstechnik oder der E-Mobilität. Der gewünschte Wechsel muss dem Netzbetreiber jedoch vor Ablauf des jeweiligen Kalenderjahres mitgeteilt werden. Zudem bedeutet jeder Wechsel einen Eingriff in die Elektroinstallation. Je nach Einspeisemodell muss die Hausinstallation mit der PV-Anlage verbunden oder getrennt werden. Auch die Einspeisezähler müssen entweder ausgetauscht oder konfiguriert werden.

Ob sich ein Wechsel von Volleinspeisung auf Überschusseinspeisung oder umgekehrt wirtschaftlich lohnt, hängt also von vielen Faktoren ab, unter anderem auch von der Höhe der zu erwartenden Einspeisevergütung. Diese richtet sich nach dem Zeitpunkt der Inbetriebnahme und gilt dann für die nächsten 20 Jahre zuzüglich der verbleibenden Kalendermonate bis zum Jahresende. Die genauen Regelungen sind im Erneuerbare-Energien-Gesetz (EEG) niedergelegt und gelten bundeseinheitlich für alle Marktteilnehmer, auch für Energieversorgungsunternehmen. Bis zu einer Anlagengröße von 100 kWp beträgt die Marktprämie 0,4 ct/kWh. Betreiber von Photovoltaikanlagen mit mehr als 100 kWp müssen den Solarstrom nach den Vorgaben des EEG direkt vermarkten. Diese Direktvermarktung an der Börse stellt den Anlagenbetreiber vor eine nicht zu unterschätzende Herausforderung. Der

Anlagenbesitzer erhält zum einen den Basisstrompreis und zum anderen eine Marktprämie vom Netzbetreiber. Diese Marktprämie gleicht die Differenz zwischen dem Börsenstrompreis und der regulären EEG-Vergütung aus. Da Kleinanlagen nicht der Direktvermarktung unterliegen, wird die Marktprämie direkt mit der Einspeisevergütung verrechnet und abgezogen.

Nachfolgend die aktuelle Tabelle der Einspeisevergütung mit dem Stand 01.04.2024.

Tabelle 3.2: Einspeisevergütung nach dem GEG

Ab 01.02.2024		
Größe der Anlage	**Überschusseinspeisung**	**Volleinspeisung**
≤ 10 kWp	8,10 ct /kWh	12,90 ct/kWh
10–40 kWp	7,00 ct /kWh	10,80 ct/kWh
40–100 kWp	5,70 ct /kWh	10,80 ct/kWh
Ab 01.08.2024		
≤ 10 kWp	8,00 ct/kWh	12,80 ct/kWh
10–40 kWp	6,90 t/kWh	10,70 ct/kWh
40–100 kWp	5,60 ct/kWh	10,70 ct/kWh
Gemäß § 53 EEG wird bei Anlagen bis 100 kWp die Einspeisevergütung wegen der gleitenden Marktpremiere um 0,4 ct/kWh reduziert (in der Tabelle berücksichtigt).		
Voraussichtlich 1 % Absenkung alle 6 Monate		

Aus dieser Tabelle und den unterschiedlichen Einspeisetarifen werden 2 Dinge deutlich. Zum einen gibt es einen nicht unerheblichen Unterschied zwischen Anlagen mit Volleinspeisung und Anlagen mit Überschusseinspeisung. Die Volleinspeisung wird etwas höher vergütet. Zum anderen sinkt die Einspeisevergütung mit zunehmender Anlagengröße. Die Einspeisevergütung wird für die jeweilige Anlagengröße gezahlt, und nur der Wert, der über die bisherige Größe hinausgeht, erhält die dafür geltende Vergütung erstattet.

Beispiel einer Anlage mit einer Größe von 20 kWp und einer Einspeiseleistung von 18.000 kWh pro Jahr. 10 kWp werden mit 8,10 st/kWh vergütet und die Leistung der restlichen 10 kWp mit 7,00 ct/kWp.

Die Einspeisevergütung beträgt dann:

9.000 kWh · 0,081 € + 9.000 kWh · 0,07 € = 1.359,00 €

Die gleiche Staffelung gilt für die Volleinspeisung. Wie oben beschrieben, ist es auch möglich, beide Systeme gleichzeitig zu betreiben. Bei gleicher Anlagengröße ergibt sich eine Einspeisevergütung von 9.000 kWh · 0,081 € + 9.000 kWh · 0,129 € = 1.890,00 € pro Jahr.

Für ein klassisches Einfamilienhaus mit 4 Personen und einem Energieverbrauch von 4.000 kWh pro Jahr stünde bei diesem Beispiel mit einer neuen kWp-Anlage eine Reserve von 5.000 kWh bspw. für eine Wärmepumpe zur Verfügung. Sollte im Lauf der Zeit die Elektromobilität hinzukommen oder sollten sich die persönlichen Verhältnisse hinsichtlich des Stromverbrauchs ändern, kann die Volleinspeisung in eine Überschusseinspeisung umgewandelt werden. Voraussetzung sind ein Antrag beim EVU und technische Anpassungen im Bereich des Einspeisezählers und der Einbindung der Hausinstallation.

Die unterschiedlichen Einspeisevergütungen sind auch deshalb gerechtfertigt, weil bei einer Überschusseinspeisung der Vorteil des günstigeren Stroms für den Eigenverbrauch fehlt. Die Stromgestehungskosten sind in der Regel höher als die Einspeisevergütung für die Überschusseinspeisung. Mit der höheren Einspeisevergütung für die Volleinspeisung soll daher ein Anreiz und Ausgleich geschaffen werden, die Anlagengröße auch über den tatsächlichen Bedarf hinaus auszulegen.

3.4 Anlagengröße bestimmen

Nach der Vorstellung der unterschiedlichen Vergütungsmodelle der Überschuss- und Volleinspeisung wird im Folgenden nur noch auf die Überschusseinspeisung eingegangen. Dies ist das klassische Geschäftsmodell der Anlagenbetreiber von Ein- und Mehrfamilienhäusern. Im Gegensatz zur Volleinspeisung geht es bei der Überschusseinspeisung in erster Linie um ein günstiges Verhältnis zwischen Stromverbrauch und der Nutzung des erzeugten Stroms von der PV-Anlage. Dabei ist es auch wichtig, einen Blick in die Zukunft zu werfen und bei der PV-Planung von Anfang an Elektromobilität und den zukünftigen Wärmebedarf der Heizung mitzudenken.

Der durchschnittliche Stromverbrauch eines 4-köpfigen Familienhaushalts in Deutschland liegt bei ca. 4.000 bis 4.500 kWh pro Jahr für „normalen“ Komfortstrom. Für die Zukunft ist davon auszugehen, dass der Energiebedarf aufgrund der Sektoren E-Mobilität und Wärme um mindestens den Faktor 2–3 zunehmen wird. Aus diesem Grund geht der Trend bei Wohngebäuden immer mehr in Richtung Dachflächenausnutzung. Eine PV-Anlage mit 15 kWp und mehr ist heute eine durchaus wirtschaftliche Größe für ein Einfamilienhaus. Je nach Ausrichtung, Dachneigung und Verschattung können Anlagen dieser Größenordnung ca. 14.000 bis 15.000 kWh Strom pro Jahr erzeugen.

Die Berücksichtigung aller relevanten Energieverbraucher im Haushalt ist für die zukunftsfähige Planung einer Photovoltaikanlage unerlässlich. Der übliche Komfortstromverbrauch eines 4-Personen-Haushalts liegt bei ca. 4.000 kWh pro Jahr. Dieser Wert erhöht sich deutlich, wenn zusätzlich eine Wärmepumpenheizung und die Mobilität mit einem Elektroauto berücksichtigt werden.

Der Energiebedarf einer Wärmepumpe variiert je nach Wohnfläche, Gebäudedämmung, Heizungsvorlauftemperatur und Wärmeabgabesystem. Bei einer Wohnfläche von ca. 150 m^2 und einem Wärmebedarf von 30 kWh/m^2 ergibt sich ein jährlicher Strombedarf von ca. 4.500 kWh. Damit erhöht sich der gesamte Haushaltsstrombedarf auf ca. 8.500 kWh pro Jahr. Unter Berücksichtigung eines Sicherheitspuffers und ausgehend vom oberen Mittelwert des Haushaltsstroms von 4.500 kWh zuzüglich der 4.500 kWh für die Wärmepumpe ergibt sich eine Zwischensumme von 9.000 kWh.

Hinzu kommt der Bedarf für die Elektromobilität. Ein durchschnittliches Elektroauto verbraucht ca. 20 kWh pro 100 km. Bei einer jährlichen Fahrleistung von 20.000 km ergeben sich weitere 4.000 kWh, sodass der gesamte Strombedarf bei 13.000 kWh liegt. Dieser Wert erscheint auf den ersten Blick hoch, jedoch ist zu berücksichtigen, dass die Stromproduktion einer PV-Anlage von der Sonneneinstrahlung abhängt und nicht konstant über das Jahr verteilt ist. Strom wird zu verschiedenen Tages- und Jahreszeiten benötigt, auch wenn die Sonne nicht scheint. Denn der Stromverbrauch orientiert sich nicht an der Energieproduktion der Anlage, die wiederum nur dann Strom erzeugt, wenn die Sonne scheint. Der Strom wird jedoch auch am frühen Morgen und späten Abend sowie im Winter benötigt.

Empfehlung: Bei Wohnhäusern das Dach mit PV-Modulen so weit wie möglich vollmachen!

Wie groß sollte eine PV-Anlage mindestens sein?

In dem weiteren Gedankenexperiment werden die Wärmepumpe und das Elektroauto einfach ausgeblendet, da diese beiden Sektoren in diesem Beispiel nicht benötigt werden.

Es geht also ausschließlich um den Komfortstrom und weiterhin um die unterstellten 4.500 kWh Strombedarf pro Jahr.

Nachfolgend ein Vorschlag zur Ermittlung der Mindestgröße einer PV-Anlage:

Praxistipp

$$\text{Anlagengröße} = \frac{\text{Jahresstromverbrauch} \cdot \text{Faktor } 1{,}5}{\text{spezifischer Anlagenertrag im Jahr}}$$

Der Faktor 1,5 berücksichtigt, dass der Strombedarf nicht immer mit den Spitzenzeiten der Solarstromerzeugung zusammenfällt. Dieser Richtwert basiert auf praktischen Erfahrungen und sollte als Empfehlung idealerweise über dem oft genannten Wert von 1,2 liegen, insbesondere wenn kein Batteriespeicher vorhanden ist. Unter diesen Bedingungen erreichen Photovoltaikanlagen typischerweise einen Autarkiegrad zwischen 20 und 30 %.

Der spezifische Anlagenertrag wird bestimmt durch den Standort der Anlage, die Ausrichtung und die Dachneigung. Im Beispiel für ein Gebäude in Berlin ergibt sich aus der Globalstrahlung ein Wert von 910 kWh/kWp. Bei einer Dachneigung von 20° und Ostausrichtung kann laut Ertragsanalyse mit ca. 90 % des Maximalertrags gerechnet werden.

Mögliche Teilverschattungen können den Ertrag noch beeinflussen. Während größere Verschattungen bereits in der Planungsphase berücksichtigt werden sollten, können kleinere Verschattungen den Ertrag geringfügig reduzieren. Erfahrungsgemäß führen solche Einflüsse zu Ertragsminderungen von 1–5 %. Für dieses Beispiel wird eine Ertragsminderung von 2 % angenommen.

Daraus ergibt sich folgender spezifischer Anlagenertrag im Jahr:

910 kWh/kWp/Jahr (für den Standort Berlin) · (90 % (Reduktion von Ausrichtung und Dachneigung) – 2 % (Einbuße durch Verschattungen))
≙ **800 kWh/kWp**

Die empfohlene Anlagengröße errechnet sich nach dieser Vorgehensweise wie folgt:

$$\text{Anlagengröße} = \frac{\text{Jahresstromverbrauch 4.500 kWh} \cdot \text{Faktor 1,5}}{\text{Spezifischer Anlagenertrag 800 } \frac{kWh}{kWp}} \triangleq \mathbf{8{,}4\ kWp}$$

Bei dieser Anlagenkonfiguration beträgt der Autarkiegrad ca. 30 % bei einem Eigenverbrauchsanteil von ca. 18 %.

Praxistipp *Bei einer Modulleistung von 400 Wp werden insgesamt 21 Module benötigt. Standardmäßig werden auf Hausdächern Solarmodule mit knapp unter 2 m² verwendet. Die benötigte Dachfläche beträgt somit:* ***21 Module · 2 m² = 42 m²****. Zurückgerechnet ergibt das einen Platzbedarf von ca. 5 m²/kWp.*

3.5 Speicherdimensionierung

Infolge des Wunsches nach mehr Unabhängigkeit von Energieversorgern sind die Speichersysteme für PV-Anlagen immer beliebter geworden. Für Privathaushalte werden sehr oft Batteriespeicher in Größenordnungen zwischen 2 und 20 kWh eingesetzt. Ökologisch gesehen sind die Speichersysteme für Photovoltaikanlagen jedoch nicht immer zu empfehlen. Ein Batteriespeicher für PV-Anlagen kann keine Energie erzeugen, sondern diese nur speichern und bei Bedarf zur Verfügung stellen. Für den 100%igen Strommix aus erneuerbaren Energien brauchen wir jedoch mehr Einspeisung von Solarstrom für unser Stromnetz. Die Speicherung von Solarstrom in Privathaushalten macht ökologisch nur dann Sinn, wenn unser Strommix zu 100 % aus erneuerbaren Energien besteht. Dann können diese Speicher eventuelle Lastspitzen abpuffern und das Netz stabilisieren.

Aber auch unter Berücksichtigung der zukünftigen Elektrifizierung des Wärmebedarfs und der Mobilität ist es in den meisten Fällen ökonomischer, in die Anlagengröße als in einen zusätzlichen Speicher zu investieren. Ausgenommen davon sind selbstverständlich die Situationen, in denen durch kommunale oder regionale Förderungen die Speichertechnik wirtschaftlich unterstützt wird. Aus diesem Grunde ist es unerlässlich, dass wir uns als Anbieter von PV-Anlagen ständig über die aktuellen Förderungen in unserem Umkreis informieren.

Wie bereits im vorherigen Kapitel erörtert, sollte nicht nur der aktuelle Stromverbrauch der Maßstab für die Anlagengröße sein, sondern die zur Verfügung stehende Dachfläche ausgenutzt werden. D. h., die Anlagengröße wird durch Traufe, First und Ortgänge bestimmt. Sollte bei Ausnutzung dieser Fläche und der daraus resultierenden Anlagengröße noch zusätzliches Investitionsvolumen zur Verfügung stehen, kann dieses Kapital selbstverständlich in die Speichertechnik fließen. Unabhängig von ökologischen und ökonomischen Grundgedanken ist für viele Anlagenbetreiber auch die Unabhängigkeit von Energieversorgern und zukünftigen Strompreisentwicklungen ein wichtiges Kriterium für die Kaufentscheidung. Diese Tatsache sollte man als Anbieter von PV-Systemen in jedem Fall berücksichtigen und sich für Kundenberatungen grundsätzlich merken:

Die Größe des Batteriespeichers sollte sich nicht wie die Größe der PV-Anlage an dem maximal Machbaren orientieren, sondern an dem tatsächlichen Stromverbrauch.

Die Hauptfunktion eines Batteriespeichers in einer Photovoltaikanlage besteht darin, den Eigenverbrauch des selbst erzeugten Solarstroms zu maximieren und den Autarkiegrad zu erhöhen. Dabei spielt die Tageszeit eine entscheidende Rolle, da während der Sonnenstunden gleichzeitig Strom verbraucht wird. Durch den Einsatz eines effektiven Energiemanagementsystems kann die Nutzung von Haushaltsgeräten wie Waschmaschine, Trockner und Geschirrspüler gezielt in diese Zeiten verlagert werden. Ziel ist es, den Strom möglichst direkt zum Zeitpunkt seiner Erzeugung zu nutzen, was wiederum die Möglichkeit bietet, den Speicher kleiner zu dimensionieren als zur Deckung des durchschnittlichen Tagesstromverbrauchs erforderlich.

Die Wirtschaftlichkeit eines Batteriespeichers wird durch seine Lebensdauer und die Zahl der Ladezyklen bestimmt, also wie oft die Batterie vollständig aufgeladen und wieder entladen wird. Bei Angaben zur Lebensdauer von Batteriespeichern ist Vorsicht geboten. Diese Werte basieren häufig auf idealen Laborbedingungen und spiegeln nicht unbedingt die tatsächlichen Bedingungen im Alltagsbetrieb wider. Teilweise wird eine sehr große Spanne angegeben, z. B. von 4.000 bis 7.000 Ladezyklen. Die Zahl der jährlichen Ladezyklen hängt stark von der Batteriegröße ab. Kleinere Batterien sind günstiger in der Anschaffung und können häufiger geladen werden, während größere Batterien aufgrund ihrer höheren Kapazität seltener geladen werden müssen, was sich positiv auf die Lebensdauer auswirkt. In der Praxis kann in Deutschland mit ca. 150 bis 250 Ladezyklen pro Jahr gerechnet werden, da es insbesondere im Winter oft nicht möglich ist, die Batterie täglich vollständig aufzuladen. Die Dimensionierung des Stromspeichers sollte auf der Basis des Stromverbrauchs, des Anlagenertrags sowie des gewünschten Autarkiegrads und der angestrebten Wirtschaftlichkeit erfolgen.

Grundsätzlich dient der Speicher dazu, den Eigenanteil am erzeugten Solarstrom und den Autarkiegrad zu erhöhen. Eine strategische Überlegung muss jedoch auch berücksichtigen, dass tagsüber, wenn die Sonne scheint, auch Strom verbraucht wird. Mit einem geeigneten Energiemanagementsystem sollten beispielsweise Stromverbraucher wie Waschmaschine, Trockner, Spülmaschine und sonstige stromverbrauchende Geräte tagsüber und mit

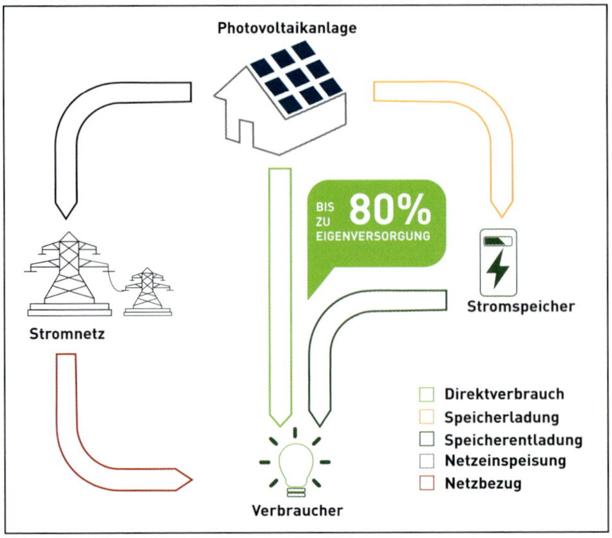

Abb. 3.5: Eigenversorgung mit einem Batteriespeicher

Unterstützung eines Energiemanagers betrieben werden. Das primäre Ziel ist ohnehin, den Strom direkt zu verbrauchen, wenn er erzeugt wird. Aus diesem Grund kann der Speicher kleiner dimensioniert werden als zur Deckung des durchschnittlichen Tagesstromverbrauchs erforderlich.

Je nach Anlagengröße und Stromverbrauch kann ohne Batteriespeicher der normale Strombezug vom Energieversorger um bis zu ca. 20–30 % reduziert werden. In Kombination mit einem gut organisierten Energiemanagementsystem und einem Stromspeicher kann die Reduktion bis zu 70–80 % betragen. Eine 100%ige Unabhängigkeit ist mit normalen Mitteln in der Praxis wirtschaftlich nicht erreichbar.

Für die bedarfsgerechte Auslegung eines Batteriespeichers gibt es sehr umfangreiche Berechnungsverfahren, die durch Simulationsprogramme unterstützt werden.

Praxistipp *Eine brauchbare Faustformel für Beratungsgespräche orientiert sich an der Praxis und berücksichtigt bei der Ermittlung der richtigen Speichergröße den Stromverbrauch/Jahr: die Zahl der Tage/Jahr · 50 oder 60 %.*

Beispiel: 4.000 (kWh/a) : 365 (Tage/a) · 60 % ≙ einer Speichergröße von ca. 6,5 kWh

Bei der Analyse des Batteriespeicherbedarfs für PV-Anlagen ist es wichtig, den täglichen und den jährlichen Gesamtstromverbrauch zu berücksichtigen. Ausgehend von einem Jahresverbrauch von 4.000 kWh ergibt sich ein durchschnittlicher Tagesverbrauch von ca. 11 kWh. Unter der Annahme, dass 40 % des Tagesverbrauchs direkt durch die PV-Anlage gedeckt werden können, verbleibt ein Speicherbedarf von ca. 60 % für Zeiten ohne Solarstromproduktion. Bei dieser Betrachtungsweise gehen wir von einer gerundeten Speichergröße von 6,5 kWh aus.

Für eine wirtschaftliche Abschätzung des benötigten Batteriespeichers gilt weiterhin zu beachten, dass nicht die gesamte Kapazität des Speichers nutzbar ist. Die nutzbare Kapazität ist begrenzt durch die maximal zulässige Entladetiefe der Batterie, da eine vollständige Entladung schädlich sein kann. Unter der Annahme, dass der Hersteller die nutzbare Nettokapazität angibt, und unter Berücksichtigung von 10 % Systemverlusten kann bei einer Kapazität von 6,5 kWh von einer Nettoverfügbarkeit von ca. 5,85 kWh ausgegangen werden. Bei 200 Ladezyklen pro Jahr ergibt dies eine jährliche Gesamtleistung von 1.170 kWh.

Die Ersparnis durch den Batteriespeicher ergibt sich aus der Reduzierung des Strombezugs vom Energieversorger, in dieser Berechnung angenommen mit 0,35 €/kWh, was zu einer jährlichen Ersparnis von 409,50 € führt. Würde der Strom stattdessen ins Netz eingespeist (Vergütung 0,08 €/kWh), ergäbe sich eine Einspeisevergütung von ca. 94,77 €/Jahr. Diese mögliche Einspeisevergütung muss korrekterweise von der Einsparung durch den Speicher abgezogen werden. Die Nettoeinsparung durch den Batteriespeicher beträgt somit ca. 314,73 € pro Jahr.

Zur Berechnung der Amortisationszeit wird der Anschaffungspreis des Batteriespeichers durch die jährliche Einsparung geteilt. Bei einem angenommenen Preis von 5.000 € ergibt sich eine Amortisationszeit von knapp 16 Jahren, basierend auf 3.200 Ladezyklen über die gesamte Nutzungsdauer.

Tabelle 3.3: Wirtschaftlichkeit Batteriespeicher

Batteriespeicher	6,50 kWh
Nutzbare Kapazität (90 %)	5,85 kWh
Ladezyklen/Jahr	200
Ersparnis/Jahr	200 · 5,85 = 1.170 kWh/ Jahr · 0,35 €/kWh = 409,50 €/Jahr
Einspeisevergütung	Abzug 1.170 kWh · 0,08 €/kWh = 94,77 €/Jahr
Gesamtersparnis: Einsparung bei Eigenverbrauch abzgl. Einspeisevergütung	= 314,73 €/Jahr
Anschaffungspreis: 5.000 €	**Einsparung/Jahr: 313,56 € Amortisation: ca. 16 Jahre**

Unter idealen Bedingungen könnte (zumindest theoretisch) ein Batteriespeicher sogar über die errechnete Amortisationszeit von 16 Jahren hinaus noch ein paar weitere Jahre effizient genutzt werden. Dabei ist zu beachten, dass in dieser Betrachtung mögliche Strompreissteigerungen noch nicht berücksichtigt sind.

Eine alternative Berechnung zur Ermittlung der Wirtschaftlichkeit eines Batteriespeichers basiert auf den Anschaffungskosten, der Nettokapazität des Speichers und der Differenz zwischen Strompreis und Einspeisevergütung. Bei einem Anschaffungspreis von 5.000 €, einer Nettokapazität von 5,85 kWh und einer Differenz von 0,27 € pro kWh (0,35 € – 0,08 €) ergibt sich folgende Rechnung:

5.000 € : 5,85 kWh : 0,27 € = 3.166 Ladezyklen.

Dies bedeutet, dass sich der Batteriespeicher nach ca. 3.200 Ladezyklen amortisiert hat.

Es ist wichtig zu betonen, dass die Investition in einen Batteriespeicher unter bestimmten Bedingungen wirtschaftlich sinnvoll sein kann. Dabei muss jedoch berücksichtigt werden, dass Batterien im Gegensatz zu PV-Modulen keine Energie erzeugen, sondern zusätzliche Energieverluste verursachen. Außerdem ist die Herstellung von Batteriespeichern oft umweltschädlicher als die Herstellung von PV-Modulen. Bei begrenztem Budget kann die Investition in zusätzliche Module und Wechselrichter wirtschaftlicher sein als die Anschaffung eines Batteriespeichers. Jede Kilowattstunde Solarstrom, die ins Netz eingespeist wird, trägt schließlich dazu bei, den Bedarf an Strom aus Kernkraft oder fossilen Brennstoffen zu reduzieren.

Die HTW Berlin bietet ergänzende Faustformeln zur Auslegung von PV-Batteriesystemen, die dazu beitragen, eine technisch sinnvolle Speicherkapazität ohne Überdimensionierung zu gewährleisten. Laut HTW sollte ein Batteriespeicher nur bei ausreichendem Solarstromüberschuss installiert werden. Die PV-Leistung soll mindestens 0,5 kW pro 1000 kWh/a Stromverbrauch sein. Die nutzbare Speicherkapazität sollte maximal 1,5 kWh je 1 kW PV-Leistung nicht überschreiten, und die Speichergröße muss an den Stromverbrauch angepasst sein, mit einer Obergrenze von 1,5 kWh pro 1000 kWh/a. Diese Empfehlungen können helfen, die optimale Batteriegröße zu bestimmen und eine Überdimensionierung zu verhindern.

Tabelle 3.4: Sinnvolle Obergrenze der nutzbaren Speicherkapazität

PV-Generatorleistung in kW \ Stromverbrauch in kWh/a	2000	3000	4000	5000	6000	7000	8000
≥ 10	3,0 kWh	4,5 kWh	6,0 kWh	7,5 kWh	9,0 kWh	10,5 kWh	12,0 kWh
9	3,0 kWh	4,5 kWh	6,0 kWh	7,5 kWh	9,0 kWh	10,5 kWh	12,0 kWh
8	3,0 kWh	4,5 kWh	6,0 kWh	7,5 kWh	9,0 kWh	10,5 kWh	12,0 kWh
7	3,0 kWh	4,5 kWh	6,0 kWh	7,5 kWh	9,0 kWh	10,5 kWh	10,5 kWh
6	3,0 kWh	4,5 kWh	6,0 kWh	7,5 kWh	9,0 kWh	9,0 kWh	9,0 kWh
5	3,0 kWh	4,5 kWh	6,0 kWh	7,5 kWh	7,5 kWh	7,5 kWh	7,5 kWh
4	3,0 kWh	4,5 kWh	6,0 kWh	6,0 kWh	6,0 kWh	6,0 kWh	6,0 kWh

Beide Methoden ergänzen sich, indem sie unterschiedliche Aspekte der Speicherauslegung betrachten. Bei der endgültigen Auswahl sollte jedoch zusätzlich der individuelle Bedarf und mögliche zukünftige Anforderungen wie Wärmepumpen oder Elektrofahrzeuge berücksichtigt werden, um eine angemessene und zukunftssichere Investition zu gewährleisten.

Praxistipp *Die im letzten Kapitel skizzierte Dimensionierung der PV-Anlage und die in diesem Kapitel behandelte Auslegung des Speichers dienen in erster Linie dazu, ein Grundverständnis zu vermitteln. Sie sind keinesfalls als Ersatz für eine detaillierte Planung mit professionellen Auslegungsprogrammen zu verstehen.*

In Beratungsgesprächen werden Kunden häufig nach grundlegenden Informationen zu Anlagen- und Speichergrößen gefragt. Für solche Gespräche kann die hier vorgestellte Faustformel hilfreich sein, um erste Anhaltspunkte zu geben.

Weder die Anlagenauslegung noch die Wirtschaftlichkeitsberechnung sollte ausschließlich auf dieser Basis erfolgen. Für eine umfassende und exakte Anlagenplanung stehen anwenderfreundliche Softwarelösungen zur Verfügung, auf die in jedem Fall im weiteren Verlauf dieses Buchs näher eingegangen wird.

3.6 Eigenverbrauch optimieren

Ein durchschnittlicher 4-Personen-Haushalt in Deutschland verbraucht ca. 4.000 bis 5.000 kWh Strom pro Jahr. Theoretisch könnte sich die Anlagengröße am Stromverbrauch orientieren – aber eben nur theoretisch, denn PV-Strom wird nur dann erzeugt, wenn die Sonne scheint. Ohne technische Hilfsmittel ist es nicht möglich, den PV-Strom vom Tag in die Nacht zu transportieren. Ziel der Anlagenbetreiber ist es aber, möglichst unabhängig vom öffentlichen Stromnetz zu sein. Sehr oft werden in diesem Zusammenhang die beiden Begriffe Autarkie und Eigenverbrauch genannt und verwechselt.

Hier eine Erklärung zu den Unterschieden:

Eigenverbrauch beschreibt den Anteil des verbrauchten Solarstroms am *erzeugten Solarstrom.*

Autarkie beschreibt den Anteil des verbrauchten Solarstroms am *gesamten Stromverbrauch.*

Die beiden Begriffe unterscheiden sich also stark in ihrer Bedeutung. Der Eigenverbrauch ist der Quotient aus verbrauchtem Solarstrom und erzeugtem Strom. Dabei spielt es keine Rolle, ob der Strom direkt oder zeitversetzt verbraucht wird. Eine konsequente Nutzung des Stroms am Tag und eine intelligente Steuerung können den Eigenverbrauch erhöhen. Auch der Einsatz eines Batteriespeichers erhöht den Eigenanteil. Bei einer Vergrößerung der PV-Anlage wird mehr Strom produziert und damit in der Regel auch mehr Strom in das öffentliche Netz eingespeist, was wiederum zu einer Verringerung des Eigenverbrauchs führt.

Eine hohe Autarkie bedeutet gleichzeitig eine große Unabhängigkeit vom öffentlichen Stromnetz. Die Autarkie ist der Quotient aus verbrauchtem Solarstrom und gesamtem Stromverbrauch. Ähnlich wie bei der Erhöhung des Eigenverbrauchs ist für einen hohen Autarkiegrad eine konsequente Stromnutzung am Tag in Verbindung mit einer intelligenten Steuerung notwendig.

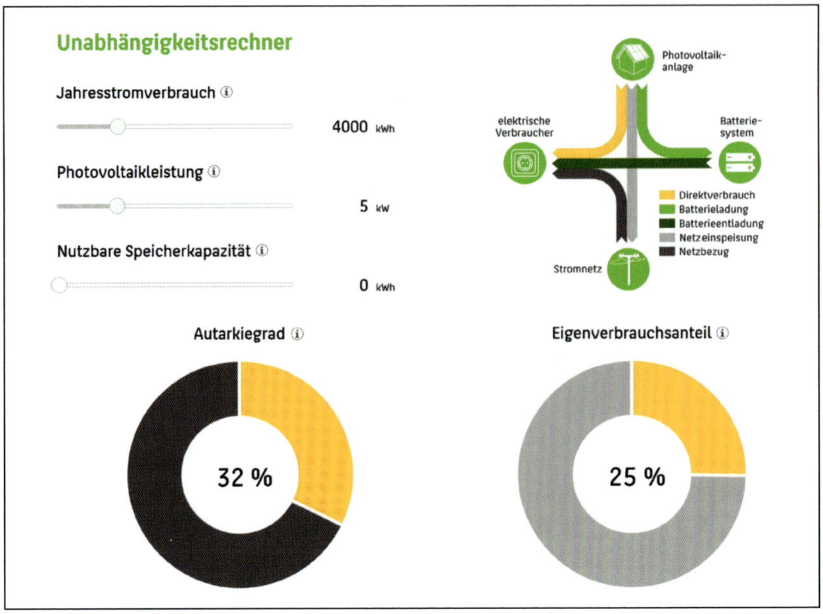

Abb. 3.6: Betrachtung ohne Speicher

Im Gegensatz zum Eigenverbrauch führt jedoch eine Vergrößerung der PV-Anlage zu einer Erhöhung des Autarkiegrads. 100 % Autarkie bedeuten 100 % Unabhängigkeit vom Stromnetz und wären das Ergebnis einer überdimensionierten PV-Anlage und eines überdimensionierten Batteriespeichers. Ein sehr theoretischer und unwirtschaftlicher Ansatz.

Beispiel:

Anlagengröße: 7,5 kWp mit einem spezifischen Ertrag von 1.000 kWh/kWp
5.000 kWh Strombedarf im Jahr.
7.500 kWh Ertrag durch die PV-Anlage.
1.500 kWh selbstverbrauchter Strom.
Autarkiegrad: 1.500 : 5.000 · 100 = 30 %
Eigenverbrauch: 1.500 : 7.500 · 100 = 20 %

Eine Erhöhung des selbst genutzten Stroms von 1.500 auf 3.000 kWh durch einen Speicher verbessert den Autarkiegrad und den Eigenverbrauchsanteil.

Autarkiegrad: 3.000 : 5.000 · 100 = 60 %

Eigenverbrauch: 3.000 : 7.500 · 100 = 40 %

Eine Erhöhung des Eigenverbrauchs wird nur in Verbindung mit einem zusätzlichen Speicher erreicht. Eine Vergrößerung der PV-Anlage führt nur zu einer Erhöhung der Autarkie bei gleichzeitiger Verringerung des Eigenverbrauchsanteils.

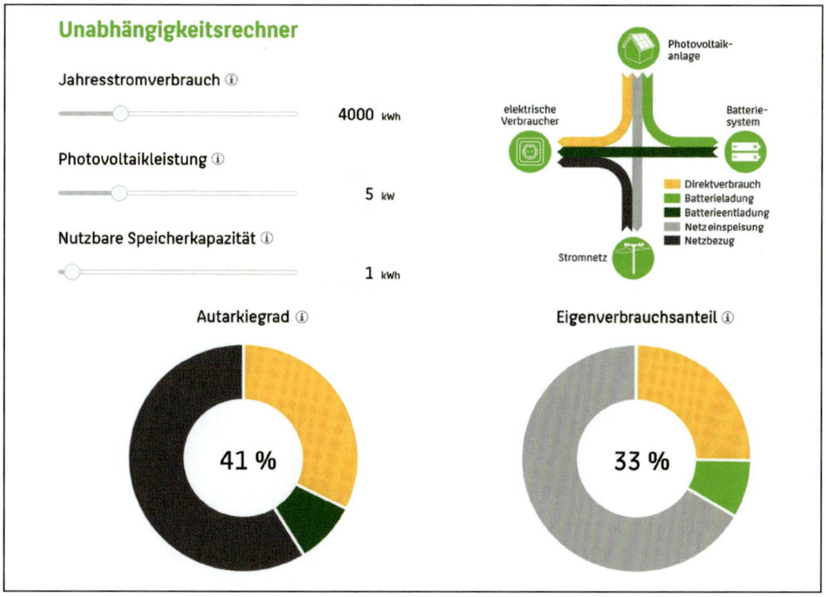

Abb. 3.7: Betrachtung mit einem 1-kWh-Speicher

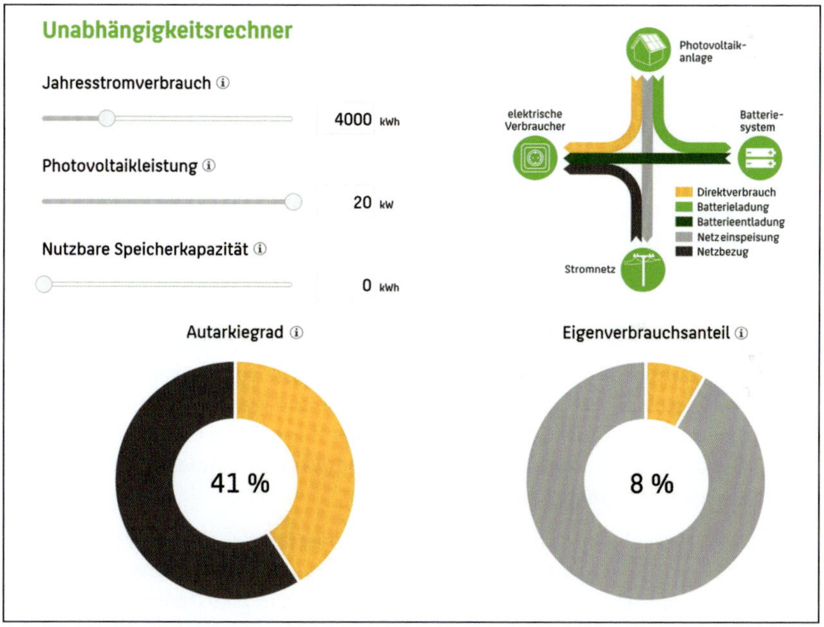

Abb. 3.8: Erweiterung der PV-Anlage auf 20 kWp ohne Speicher

Ein sehr nützliches Werkzeug ist der **Unabhängigkeitsrechner der HTW Berlin**. Mit drei Schlüsselinformationen – dem jährlichen Stromverbrauch, der PV-Leistung und der nutzbaren Speicherkapazität – kann ein umfassendes Bild des Autarkiegrads und des Eigenverbrauchsanteils gewonnen werden (siehe unter: **https://solar.htw-berlin.de/rechner/unabhaengigkeitsrechner/**)

Bei einem Jahresstromverbrauch von 4.000 kWh und einer Anlagengröße von 5 kWp werden ohne Batteriespeicher ein Autarkiegrad von 32 % und ein Eigenverbrauchsanteil von 25 % angezeigt. Wird die Anlage um einen 1-kWh-Speicher erweitert, erhöht sich der Autarkiegrad um 9 % auf 41 %. Insgesamt können 8,2 % aus der Batterie bezogen werden. Der Eigenverbrauchsanteil steigt ebenfalls von 8 % auf 33 %.

Der gleiche Autarkiegrad von 41 % wird bei einer Anlagenerweiterung von 5 kWp auf 20 kWp erreicht.

Allerdings sinkt bei gleichem Autarkiegrad der Eigenverbrauchsanteil von 33 % auf 8 %, d. h., 92 % der Erträge werden in das öffentliche Netz eingespeist.

Aber was ist nun wichtiger, Autarkiegrad oder Eigenverbrauch?

Eine Steigerung des Eigenverbrauchs führt gleichzeitig zu mehr Autarkie. Umgekehrt gilt dies nur in Verbindung mit einem Batteriespeicher. Eine größere Anlage erhöht zwar den Autarkiegrad, senkt aber gleichzeitig den Eigenverbrauchsanteil. Batteriespeicher erzeugen keinen PV-Strom, sondern führen durch Umwandlungsverluste zu zusätzlichem Energieverbrauch. Ohne Batteriespeicher liegt der Eigenverbrauchsanteil in der Regel bei ca. 20–30 %.

Eine pauschale Aussage lässt daher nicht treffen, jede PV-Anlage muss individuell anhand der Bedürfnisse des Betreibers ausgelegt werden!

Jede eingespeiste Kilowattstunde Solarstrom ist für unseren Energiehaushalt sehr wertvoll. Andererseits liegt die Einspeisevergütung für PV-Anlagen von Privathaushalten in der Regel unter den Stromgestehungskosten.

Die Stromgestehungskosten einer Photovoltaikanlage umfassen neben den Anschaffungs- und Installationskosten auch die zu erwartenden laufenden Kosten wie Versicherung, Reparatur und Wartung über einen festgelegten Zeitraum, der häufig 20 Jahre beträgt. Diese Gesamtkosten werden durch die prognostizierte Stromproduktion der Anlage über denselben Zeitraum geteilt.

So erhält man eine realistische Einschätzung der langfristigen Wirtschaftlichkeit der PV-Anlage. Laut einer Studie des Fraunhofer-Instituts für Solare Energiesysteme ISE liegen die Stromgestehungskosten von PV-Anlagen je nach Anlagentyp und Sonneneinstrahlung zwischen 3,12 und 11,01 ct/kWh.

Diese Kosten sind in letzter Zeit allein aufgrund der gestiegenen Anschaffungskosten etwas angestiegen, sodass man von Stromgestehungskosten zwischen 5 und 15 ct/kWh ausgehen kann.

Ein Mittelwert von ca. 10 ct/kWh ist eine realistische Größenordnung für eine Standard-PV-Anlage in Einfamilienhäusern.

Praxistipp *Stehen größere Dachflächen zur Verfügung, ist auch eine Kombination aus Überschuss- und Volleinspeisemodell denkbar.*

Die Einspeisevergütung bei Volleinspeisung ist höher und liegt in der Regel über den Stromgestehungskosten.

Somit sind die Wirtschaftlichkeit und auch die Flexibilität für die Anlagenbetreiber in den meisten Fällen gewährleistet.

3.7 Bestandsdächer und PV

„Mein Name ist Manfred Müller, und ich habe Interesse an einer neuen Photovoltaikanlage. Machen Sie so etwas auch? Falls ja, können Sie mal vorbeikommen und mir ein Angebot machen?"

So oder so ähnlich beginnen viele Erstgespräche mit Interessenten für PV-Anlagen. Seit einiger Zeit häufen sich die Anfragen von privaten und gewerblichen Immobilienbesitzern. Das Interesse an kleinen, mittleren oder großen Solarkraftwerken auf dem eigenen Dach hat stark zugenommen und wird aufgrund der Sektorenkopplung mit Heizung und Elektromobilität weiter wachsen. Dabei geht es nicht mehr wie früher um rein subventionierte Anlagen, die aufgrund der staatlichen Einspeisevergütung sehr hohe Renditen abwarfen, sondern um die Nutzung des dezentral erzeugten Solarstroms auf dem eigenen Dach im eigenen Gebäude. Auch wenn die Renditen in der Hochförderungszeit der Photovoltaik deutlich höher waren, teilweise im 2-stelligen Bereich, hatten die Investoren mit der eigenen PV-Anlage keine Möglichkeit, die Kosten ihres Strombezugs zu verändern. Mit den heute zur Verfügung stehenden Möglichkeiten der Eigennutzung und Überschusseinspeisung stellt sich die Situation völlig anders dar. Anlagenbetreiber können ihren Bezug aus dem öffentlichen Netz proaktiv beeinflussen und mit umsichtigem Verhalten, einem intelligenten Energiemanagementsystem und in Kombination mit einem Batteriespeicher eine Autarkie von bis zu 80 % (in einigen Fällen darüber hinaus) erreichen. Besitzer von Photovoltaikanlagen sind somit nicht mehr der allgemeinen Strompreisentwicklung ausgeliefert und können mit der eigenen Stromproduktion ein großes Maß an Unabhängigkeit erreichen. Unter den häufig genannten Gründen für den Bau von Photovoltaikanlagen ist der Wunsch nach größtmöglicher Unabhängigkeit von Energieversorgern und zukünftigen Energiepreisentwicklungen oft die Triebfeder Nr. 1. Dies erklärt, warum die Zahl der Anfragen in letzter Zeit sehr stark zugenommen hat.

Aber wie geht das vom Interessenten angestoßene „Verkaufsgespräch" sehr oft weiter? Hier ein paar Beispiele aus der Praxis:

„Ja, Herr Müller, PV-Anlagen machen wir auch. Augenblick, ich notiere mir Ihre Anschrift. Haben Sie auch eine Telefonnummer für mich? Wenn ich in der Nähe bin, melde ich mich bei Ihnen und schau mir das einmal an."

Es könnte aber auch so ablaufen:

„Ja, Herr Müller, PV-Anlagen machen wir auch. Augenblick, ich notiere mir Ihre Kontaktdaten. Lassen Sie uns dann am besten einen Termin ausmachen. Ich komme vorbei und schau mir das einmal an."

Wenn Mitarbeiter das Gespräch annehmen, könnte es so aussehen:

„Ja, Herr Müller, PV-Anlagen machen wir auch. Der Chef ist leider nicht da, haben Sie eine Telefonnummer, dann ruft er Sie zurück."

Oder möglicherweise so:

„Ja, Herr Müller, PV-Anlagen machen wir auch. Geben Sie mir bitte mal Ihre Kontaktdaten, und dann machen wir einen Termin aus. Unser Meister kommt vorbei und schaut sich das an".

Selbstverständlich handelt es sich hierbei um eine stark vereinfachte Form des Gesprächsablaufs, die keinen Anspruch auf Vollständigkeit erhebt. Es gibt noch viele andere Varianten der Gesprächsannahme in den einzelnen Betrieben. Grundsätzlich lässt sich jedoch feststellen, dass das Handwerk die Herausforderung annimmt und sich der großen Aufgabe stellt, die Energiewende im Rahmen der zur Verfügung stehenden Möglichkeiten mitzugestalten. Klimahandwerker sind gefragter denn je. Dazu gehören in erster Linie die Dachdecker, die Elektriker und die SHK-Branche. Aber genau diese Gewerke waren schon vorher in Sachen Klimaschutz unterwegs, deshalb sehr gefragt und meist gut ausgelastet. Der PV-Boom kommt also on top zum „normalen Tagesgeschäft".

Was bedeutet das für die Klimahandwerker auf dem Weg zu PV-Experten?

Entweder handelt es sich für Handwerksunternehmen um komplett neues Terrain oder um ein grundsätzlich zwar bekanntes Gebiet, aber mit neuen Spielregeln, zumindest was die Technik rund um Eigenverbrauch und Sektorenkopplung angeht. Einige Unternehmen waren von Anfang an dabei und haben nie den Anschluss verloren. Aber eines haben alle gemeinsam. Auch vor dem sensationellen Comeback der PV-Anlagen hatten die meisten gut zu tun und bestimmt keine Langeweile. Aufgrund der Energiepreisentwicklung und der drohenden Energiekrise wird der Wunsch nach energetischer Freiheit immer größer. Die politischen Rahmenbedingungen wurden weitestgehend angepasst, sodass für die meisten Immobilienbesitzer eine PV-Anlage die einzige Möglichkeit für eine zumindest teilweise wirtschaftliche Unabhängigkeit von Energiepreisexplosionen ist. 83 % der Deutschen unterstützen den Ausbau erneuerbarer Energien. Trotzdem möchte nicht jeder ein Windkraftrad oder eine Biogasanlage auf dem eigenen Grundstück oder in der unmittelbaren Nachbarschaft haben. Bei PV-Anlagen sieht die Akzeptanz bedeutend besser aus. Dachanlagen schneiden bei der Beliebtheit der erneuerbaren Energien mit Abstand am besten ab. Obwohl der Begriff der Solarparks auch positiv besetzt ist, möchte mit ca. 90 % die deutliche Mehrheit der Befragten eine eigene PV-Anlage. Wer die Möglichkeit hat, investiert in seine persönliche Unabhängigkeit mit einem Sonnenkraftwerk auf dem eigenen Dach. Mieter nutzen zudem die Möglichkeit, mit Mini-Balkonkraftwerken ihren eigenen Strom zu erzeugen.

Eine Strategie muss her!

Anfragen für Photovoltaikanlagen auf Steil- und Flachdächern können aus drei unterschiedlichen Richtungen an die auszuführenden Unternehmen herangetragen werden. Eine grundsätzliche Unterscheidung ist die zwischen Bestandsdächern, Neubauten und Dachsanierungen. Auch wenn es sich aus technischer Sicht jeweils um die Montage von Stromgewinnungsanlagen auf Dächern handelt, gibt es doch gravierende Unterschiede in puncto Planung und Montage. Es geht aber auch um die grundsätzliche strategische Ausrichtung und die damit verbundene Wertschöpfung aus diesen Leistungen. Zudem ist das unternehmerische Risiko in Bezug auf diese Systeme jeweils komplett anders zu bewerten.

Die nachträgliche Montage von PV-Anlagen auf Bestandsdächern wird vermutlich der größte Anteil der Kundenanfragen betreffen. Diese Anfragen kommen über die verschiedensten Kanäle zu den Anbietern: schriftlich, telefonisch, per E-Mail, über Anfrageformulare oder auch persönlich. Es gibt Nachfragen von Besitzern, deren Dächer bereits bekannt sind, da das Unternehmen diese selbst erstellt oder in der Vergangenheit repariert und/oder gewartet hat. In diesen Fällen ist eine Einordnung der Qualität der Anfrage deutlich leichter. Schwieriger wird es bei Anfragen, bei denen man weder den Kunden noch das dazugehörige Dach kennt und einschätzen kann. Sehr oft möchten die Hausbesitzer aber erst einmal ein paar Informationen einholen. Dabei geht es zum Beispiel um die grundsätzliche Machbarkeit, Technik, die Wirtschaftlichkeit und die Höhe der Investitionen. Nicht immer soll das Vorhaben direkt umgesetzt werden. Um aber an die benötigten Informationen zu kommen, werden diese Anliegen in konkrete Bedarfsanfragen mit einer gewissen Dringlichkeit verpackt. Anbieter erstellen auf der Basis dieser Anfragen komplexe Anlagenauslegungen, Wirtschaftlichkeitsberechnungen und umfangreiche Angebote und hören dann sehr oft nichts mehr vom Kunden. Selbstverständlich benötigen zukünftige Anlagenbetreiber eine gute Beratung und die richtigen Informationen für ihre Entscheidungsfindung. Dazu gehören auch die erforderlichen Investitionen. Aber auf der anderen Seite binden Handwerker damit zeitliche Ressourcen, die an anderer Stelle viel notwendiger eingesetzt werden müssten. Auf dem Markt der Bestandsdächer ist jetzt schon sehr viel los, und der Andrang wird mit Sicherheit in absehbarer Zeit wachsen. Große Anbieter sind zum Teil schon da oder bereiten sich gerade auf diesen Milliardenmarkt vor. Eine wichtige Frage, die sich jeder Anbieter stellen sollte, lautet:

? Ist das der richtige Markt mit der richtigen Zielgruppe?

Selbst wenn die Zielgruppe grundsätzlich stimmt, muss das nicht zwangsläufig für den gesamten Markt gelten. Vielleicht kann man sich die „Rosinen“ rauspicken oder, anders ausgedrückt, sich nur mit den Anfragen beschäftigen, die technisch Sinn machen und zugleich eine gute Aussicht auf wirtschaftlichen Erfolg haben. Um eine Entscheidung treffen zu können, muss man nicht zwangsläufig vor Ort gewesen sein und das Dach in Augenschein genommen haben. Wichtige Parameter für die Entscheidungsfindung sind unter anderem Alter und Größe des Dachs bzw. der zur Verfügung stehenden Fläche für die PV-Anlage, brandschutztechnische Anforderungen und natürlich die örtlichen Gegebenheiten. Dabei könnten Regeln hilfreich sein, die allen Beteiligten im Unternehmen bekannt sind und die auch ganz offen nach außen kommuniziert werden. Nachfolgend ein paar Beispiele aus der Praxis:

Praxistipp

1. *Die Dacheindeckung einschließlich Zusatzmaßnahme darf höchstens 15 Jahre alt sein.*
2. *Die Dachabdichtung darf höchstens 10 Jahre alt sein.*
3. *Es sollte mindestens eine zusammenhängende Fläche von 25 m² vorhanden sein.*
4. *Bei Reihen- und Doppelhäusern sollte die Trauflänge mindestens 9 m betragen.*

Die erste und die 2. Frage kann der Interessent im Rahmen eines Vorabgespräches oder unter Zuhilfenahme eines Fragebogens beantworten. Gemäß den Fachregeln des deutschen Dachdeckerhandwerks, „Merkblatt Solartechnik für Dach und Wand", ist Folgendes zu beachten: *„Grundsätzlich sind bestehende Dachdeckungen, Dachabdichtungen sowie Außenwandbekleidungen auf Funktionalität, Beständigkeit und Eignung in Bezug auf die zu erwartende Lebensdauer bei aufgeständerten Solaranlagen zu überprüfen."*

Bei der Bewertung der Haltbarkeit des Dachs sind mindestens 20 Jahre, besser 25–30 Jahre anzusetzen. Dabei geht es nicht nur um die Dacheindeckung bzw. die Abdichtung, sondern um die Funktionalität des gesamten Dachaufbaus. Für Standardbahnen aus Kunststoff ist es je nach Qualität grundsätzlich eine Herausforderung, die Lebensdauer einer PV-Anlage mitzugehen. Dächer mit Abdichtungen werden unterschieden in **genutzte** und **nicht genutzte Flächen**. Gemäß der Flachdachrichtlinie des deutschen Dachdeckerhandwerks handelt es sich bei Dächern mit Solaranlagen um genutzte Flächen. Bei diesen Flächen soll die Druckbelastbarkeitsklasse der Wärmedämmung dh entsprechen, und die Dämmstoffe sollen mit dem Anwendungskurzzeichen DAA klassifiziert sein. In Tabelle 3 der Richtlinie sind die Mindestwerte der Druckbelastbarkeit von Dämmstoffen aufgeführt. Diese betragen beispielsweise bei Dämmplatten aus EPS 150 kpa und bei Mineralfaserdämmungen 70 kpa bei 10 % Stauchung.

Auch wenn 0,5 + 0,5 = 1,0 ergibt, kann man die Qualität einer Dacheindeckung nicht anhand einer mathematischen Formel bewerten. Das schwächste Glied bestimmt die Haltbarkeit der Konstruktion. Es bringt nichts, wenn die Zusatzmaßnahme und die Dacheindeckung jeweils noch so halbwegs in Ordnung sind. Nur gemeinsam trotzen sie den Witterungseinflüssen und schützen das Gebäude dauerhaft vor Feuchtigkeit, und zwar von innen und von außen. In der Praxis versagen die „Folien", also die Unterspannbahnen und Unterdeckbahnen, als erstes.

Das Problem der Haltbarkeit des Dachs darf kein unternehmerisches Problem werden!

Bei der dritten Regel geht es um das Verhältnis von Aufwand und Ertrag. Grundlegende organisatorische Aufwendungen entstehen unabhängig von der PV-Anlagengröße. Standardmodule haben in etwa eine Größe von knapp 2 m^2 und Leistungen von 350–450 Wp. Die Wirtschaftlichkeit von Standardanlagen lässt sich in der Regel nur mit einer Mindestzahl von zusammenhängenden Modulen als Generatorfeld erreichen. Einzelne Module um Kamine oder Dachfenster herumzubauen ist in den seltensten Fällen ökonomisch vertretbar. Auch technisch sind diese Lösungen aufgrund unnötiger Durchdringungen und zusätzlicher Leitungen sehr herausfordernd und wenig sinnvoll.

Jede PV-Anlage enthält mindestens ein Generatorfeld mit zwölf zusammenhängenden Modulen.

Bei der 4. Regel geht es um den einzuhaltenden Brandschutz. Der Brandschutz ist grundsätzlich Ländersache, und die meisten Landesbauordnungen der Bundesländer verhindern mit ihren einzuhaltenden Abstandsflächen von 1,25 m zum Nachbarn die wirtschaftlich sinnvolle Montage von PV-Anlagen. Bei einem 6,00 m breiten Reihenhaus fallen damit 2,50 m Aufstandsfläche zugunsten des Brandschutzes weg, sodass rein rechnerisch nur noch 3,50 m für die Anordnung der PV-Anlage übrigbleiben, damit also Platz für maximal drei Standardmodule von ca. 1,10 m. Diese Standardmodule sind zwischen 1,70 m und 1,75 m lang, sodass unter Berücksichtigung von angemessenen Abstandsflächen an Traufe und First bei sehr vielen Wohnhausdächern mit Sparrenlängen von 5,50 bis 6,50 m rein rechnerisch drei Module in der Höhe angeordnet werden können. Theoretisch könnten bei den meisten Reihenhäusern danach neun Module als zusammenhängendes Generatorfeld montiert werden, in der Praxis sind aber sehr oft Kamine oder Gauben im Weg. Außerdem gibt es Einbauteile wie Dachfenster, Laufrostanlagen, Dunstrohre oder Antennen, die genauso wenig in die Sperrflächen des Brandschutzes eingebaut oder umgesetzt werden dürfen.

Nicht alle Reihenhäuser sind (derzeit) für Photovoltaikanlagen geeignet!

Es bleibt zu hoffen, dass der „Flickenteppich" der Landesbauordnungen nicht die ultimative Bremse der Energiewende bleibt und in sie absehbarer Zeit nachgebessert werden. Teilweise geschieht dies bereits. Zu den vorgenannten Herausforderungen kommen bei Bestandsdächern noch statische Anforderungen an die Dachkonstruktionen hinzu. Die zusätzlichen Lasten der Module und der Unterkonstruktionen der PV-Anlagen müssen genauso von der Tragkonstruktion aufgenommen werden wie die entstehenden Zug-, Schub- und Druckkräfte. Die Informationsbeschaffung in Bezug auf die Eignung der vorhandenen Dachkonstruktion obliegt grundsätzlich dem Auftraggeber, sehr oft fehlt es aber an vorhandenen Plänen und Berechnungen. Überdies führen weitere Eingriffe ins Dach in der Regel zu zusätzlichen, erhöhten Anforderungen an die Regensicherheit. Das gilt insbesondere dann, wenn bei aufgeständerten Anlagen für die Eindeckung der Dachanker die Ziegel oder Dachsteine im Überdeckungsbereich bearbeitet und damit geschwächt werden müssen. In diesen Fällen sollte die Minimalanforderung an die Zusatzmaßnahme im Bestand das Vorhandensein einer funktionierenden verschweißten/verklebten Unterdeckung oder einer nahtgesicherten

Unterspannung der Klasse 3 oder 4 gemäß dem „Merkblatt für Unterdächer, Unterdeckungen und Unterspannungen" sein. Dieses Merkblatt ist Bestandteil der Fachregel des deutschen Dachdeckerhandwerks und somit anerkannte Regel der Technik. Wenn die Zusatzmaßnahme nicht die geforderte Qualität aufweist, sollten Solarhalter als Systemteile der originären Eindeckung des Herstellers mit einer formschlüssigen und identisch umlaufenden Verfalzung zur Form der Flächenziegel passend eingedeckt werden, ohne dass dabei eine handwerkliche Anpassung stattfindet.

Die Fachregeln des deutschen Dachdeckerhandwerks gelten für alle Marktbeteiligten!

Bei PV-Anlagen gibt es eine „natürliche Schnittstelle" zwischen der Gleichstrom- und der Wechselstromseite. Auf der DC-Seite wird über die Module Gleichstrom erzeugt, der danach über den Wechselrichter in den haushaltsfähigen Wechselstrom auf der AC-Seite umgewandelt wird. Genau an dieser Stelle findet im Optimalfall die Trennung zwischen den beiden Gewerken Dach- und Elektrotechnik statt. Dank Kooperationen und einer guten Vorbereitung sollte diese Gewerkeschnittstelle nicht zu einer Sollbruchstelle werden. In der Praxis hat die AC-Seite für einige Anbieter und auch Anlagenbetreiber einen vermeintlich höheren Stellenwert. Diese Auffassung wird aber regelmäßig mit teuren Fehlern bei der Montage auf dem Dach bestraft. Beide Bereiche sind gleichberechtigt und verdienen professionelle Planung und Ausführung.

Aber kommen wir noch mal auf den Anfang der Anfrage zurück. Wie war noch mal die Frage?

„Mein Name ist Manfred Müller, und ich habe Interesse an einer neuen Photovoltaikanlage. Machen Sie so etwas auch? Falls ja, können Sie mal vorbeikommen und mir ein Angebot machen?"

„Hallo Herr Müller, vielen Dank für Ihre Anfrage. Sehr gerne installieren wir Sonnenkraftwerke für die Stromerzeugung auf den Dächern unserer Kunden. Und weil wir das auch sehr oft machen, habe ich ein paar Fragen, die ich Ihnen vorab gerne stellen würde. Geben Sie mir doch bitte einmal Ihre Adresse, dann kann ich mir parallel zu unserem Gespräch Ihr Haus auf Google oder im Solarkataster anschauen, um einen ersten Überblick zu bekommen …"

Im weiteren Verlauf dieses Buchs wird anhand von Beispielen gezeigt, wie der Anfrageprozess durch den Einsatz digitaler Lösungen und Werkzeuge effizienter gestaltet werden kann.

Derzeit ist nicht zu erwarten, dass für bestehende Gebäude eine Solarpflicht eingeführt wird. Bei Neubauten hingegen sieht die rechtliche Situation anders aus, was im folgenden Kapitel näher beschrieben wird.

3.8 PV bei Neubauten

Der Wunsch, Ökologie, Ökonomie und Autarkie zu verbinden, ist ein guter Grund für Immobilienbesitzer, sich für eine PV-Anlage auf ihrem Dach zu entscheiden. Eine geeignete Dachfläche, gute Planung und Ausführung vorausgesetzt, ist die Wirtschaftlichkeit innerhalb weniger Jahren gewährleistet. Für viele Hausbesitzer handelt es sich bei der Anschaffung einer PV-Anlage um eine grundsätzlich „überschaubare" Investition, da sie hinsichtlich der Kosten durchaus vergleichbar mit anderen haustechnischen Anlagen ist. Sehr oft sind die wirtschaftlichen Mittel und Reserven vorhanden, und deshalb gehen Interessenten von PV-Anlagen bei Bestandsimmobilien in der Regel freiwillig und ohne gesetzlichen Druck auf PV-Anbieter zu.

Bei den Neubauten kommt zu dem oben genannten Wunsch noch eine grundlegende gesetzliche Verpflichtung hinzu. Die durch Gesetz festgelegten und nicht verhandelbaren Vorschriften sind im Gebäudeenergiegesetz (GEG) verankert. Am 1. November 2020 wurde die damals aktuelle EnEV durch das neue Gebäudeenergiegesetz abgelöst. Aber nicht nur die EnEV wurde in das neue GEG überführt, auch die Anforderungen aus dem Energieeinsparungsgesetz und dem Erneuerbare-Energien-Wärmegesetz sind nun im Gebäudeenergiegesetz enthalten. Während die Anforderungen für energetische Sanierungen an der Gebäudehülle bis heute nicht erhöht wurden, müssen alle Neubauten als Niedrigstenergiegebäude geplant und errichtet werden. Daraus ergibt sich die gesetzliche Verpflichtung, einen gewissen Anteil des Wärme- und Kälteenergiebedarfs durch die Nutzung erneuerbarer Energien abzudecken. Oft ergibt sich deshalb eine andere Motivation, die nur zum Teil aus einem freiwilligen Antrieb beruht.

Für Kunden ist es oft ein Unterschied, ob sie müssen oder können!

Diese Aussage ist frei von jeglicher Wertung. Gerade beim Neubau müssen der Anspruch und das Machbare in ein wirtschaftlich angemessenes Verhältnis gebracht werden. Kurzum: Der Hausbau in Deutschland ist aufgrund der unterschiedlichsten Investitionen und deren Priorisierung sehr kostspielig (geworden). Vor einiger Zeit wurde die Einhaltung energetischer Vorgaben durch die KfW gefördert, heute sind die gleichen Anforderungen über das GEG gesetzlich verpflichtend einzuhalten. Wie so oft wurde aus einer ursprünglichen Förderung eine Forderung. Die geforderte Nutzung erneuerbarer Energien erfolgt i. d. R. entweder mittels innovativer Gebäudetechnik oder der Erzeugung von Solarstrom, sehr oft auch in Kombination mehrerer Komponenten. Einige Bundesländer fordern zusätzlich eine Solarpflicht für den Neubau, sodass davon auszugehen ist, dass auf allen geeigneten Dächern von neu errichteten Gebäuden künftig Solaranlagen montiert werden.

Wie interessant ist der PV-Anlagenmarkt bei Neubauten?

Wenn die PV-Pflicht für Neubauten flächendeckend in Deutschland eingeführt wird, müssen zukünftig auf allen geeigneten Dachflächen von neuen Gebäuden PV-Anlagen installiert werden. Auch wenn die Zahl der Neubauvorhaben in Deutschland zurzeit zurückgeht, kann das ein durchaus interessanter Markt für PV-Anbieter werden. Ähnlich wie bei den Bestandsdächern werden sich große Player positionieren und ihre Leistungen anbieten. Das können z. B. Systemhäuser, Hersteller oder Energieversorgungsunternehmen sein. Gerade die letztgenannten haben in der Regel viele Informationen und

Verbrauchsdaten ihrer Kunden und können ihre Angebote bedarfsgerecht platzieren. Doch unabhängig von den wirtschaftlichen Möglichkeiten haben auch diese größeren Anbieter ein praktisches Umsetzungsproblem auf der Baustelle. Genau wie regionale klimaschützende Handwerksunternehmen benötigen auch diese Konzerne Fachkräfte für die Dachmontage und die Elektroinstallation.

Auch das beste Onlinemarketing bringt keine Module aufs Dach!

Auf dem Neubau tätige Dachdeckerunternehmen sind gut beraten, sich hier zu positionieren und ihren Kunden PV-Anlagen mit anzubieten. Sehr oft wird die Planung der PV-Anlage bauseits vorgegeben. In vielen Fällen wird auch die Materialauswahl von Planern vorbestimmt. Die Schnittstelle zum Elektrohandwerk wird in der Regel bauseits koordiniert, sodass sich das Dachdeckerunternehmen vollkommen auf die ureigene Kernkompetenzen mit der fachgerechten Eindeckung und/oder Integration auf dem Dach konzentrieren kann.

Praxistipp *Bei einer Gewerketrennung zwischen den Dacharbeiten und der Montage der PV-Anlage ist es nach Fertigstellung des Dachs zwingend notwendig, den Ist-Zustand festzustellen und die ordnungsgemäße Ausführung in Form einer Abnahme zu bestätigen.*

Erfahrungsgemäß ist der Dachdecker der erste Ansprechpartner bei Feuchtigkeitsschäden und gerät deshalb schnell unter Generalverdacht. In der Praxis sind es aber öfters unkundige Fremdgewerke, die aufgrund unsachgemäßer Arbeiten die Schäden an der Dacheindeckung oder Abdichtung hervorrufen.

Die gleiche Vorgehensweise, eine Abnahme, empfiehlt sich auch bei einer Zusammenarbeit mit Nachunternehmen.

Selbstverständlich kann ein photovoltaikkundiges und versiertes Handwerksunternehmen auch die Planung und die Materialauswahl der PV-Anlage vornehmen und damit die eigene Wertschöpfung erhöhen.

Im Sinne des „Expertenstatus“ sollte das auch immer das Ziel sein!

3.9 PV bei Dachsanierungen

In den vorangehenden beiden Kapiteln zu Bestandsdächern und Neubauten wurde deutlich, dass PV-Anlagen künftig einen noch größeren Anteil der handwerklichen Dienstleistungen von klimaschützenden Berufen ausmachen werden. Das Interesse an PV-Anlagen innerhalb der Bevölkerung Deutschlands ist bereits jetzt vorhanden und wächst ständig. Unabhängig von der Frage, ob das regionale Handwerk diese Aufgabe allein bewerkstelligen könnte, wird der Markt neue Anbieter und Dienstleister hervorbringen, die nicht aus dem Handwerk kommen. Es zeichnet sich jetzt schon ein doppelter Wettbewerb ab. Es geht dabei nicht nur um Aufträge für PV-Anlagen, sondern auch um verfügbare Fachkräfte und um die Nachwuchsgewinnung. Für einige jugendliche Nachwuchstalente ist das „neue“ Betätigungsfeld der erneuerbaren Energien wichtig und könnte ausschlaggebend für die Berufsauswahl sein.

Dachdecker sind von Anfang an dabei und stecken regional ihre Claims ab!

Die Informationen der beiden Kapitel zu Bestandsdächern und Neubauten ließen bereits erahnen, welches Potenzial im „neuen" PV-Markt steckt. Gleichzeitig wurde aber auch sehr deutlich, dass das regionale Handwerk jetzt schon ernstzunehmende „Mitbewerber" hat und dass vermutlich noch weitere hinzukommen werden. Es entsteht ein in alle Richtungen umkämpfter Markt um neue Kunden und Mitarbeiter.

Die beste Energie ist die gesparte Energie!

Getreu diesem Motto führt das Dachdeckerhandwerk bereits seit vielen Jahren sehr erfolgreich energetische Sanierungen von Steil- und Flachdächern durch. Die notwendige Erhöhung der Sanierungsquote wird automatisch den Sanierungsmarkt weiterhin beflügeln. Bei den aktuellen Energiepreisen sind die Einsparungen aus der Eindämmung der Wärmeverluste durch das Dach so groß, dass sehr oft eine Amortisation der gesamten Dachsanierung innerhalb von 20 Jahren möglich ist. Auch für ein wohngesundes Raumklima unter dem Dach ist eine energetische Sanierung sehr wichtig. Für viele Hausbesitzer ist die Erzeugung von umweltfreundlichem Solarstrom auf dem vorher sanierten Dach eine optimale Kombination. Die Anfragen nach Energieeinsparungen durch die Gebäudehülle nehmen zu, und der gleichzeitige Wunsch nach zusätzlicher Energieerzeugung auf Bestandsgebäuden wächst stetig, während gleichzeitig der Neubausektor stagniert. Das ist zum Teil politisch gesteuert, denn der Gebäudebestand hat das höchste energetische Einsparpotenzial. Gleichzeitig hat man durch das Gebäudeenergiegesetz und die Verknüpfung mit der Erteilung einer Baugenehmigung den größten Hebel für die Einhaltung der energetischen Vorgaben beim Neubau.

Diese Tatsache spielt dem Dachdeckerhandwerk in die Karten!

Zwar steht die Wärmepumpe aufgrund der guten Anlageneffizienz politisch bei der Förderung von energetischen Maßnahmen auf Platz eins, doch kommt danach direkt die energetische Sanierung der Gebäudehülle wegen der damit einhergehenden energieeinsparenden Wirkung. Ein Großteil der gesamten Heizenergie geht durch schlecht gedämmte Dächer verloren. Angesichts der mangelhaften Energiebilanz sehr vieler Häuser in Deutschland hat der Gebäudebestand für die Errichtung von PV-Anlagen die größte Relevanz.

Bei der Kombination von Dachsanierungen mit PV-Anlagen kann das Dachdeckerhandwerk als einer der wichtigsten Klimaschutzberufe seinen Vorteil gegenüber anderen Branchen ausspielen. In der Öffentlichkeit wird die Dachsanierung dem Dachdeckerhandwerk zugeordnet. Bei PV-Anlagen ist das möglicherweise (noch) nicht immer der Fall. Eine zentrale Aufgabe wird es als regional tätiges Dachdeckerunternehmen sein, die Dachkompetenz auf die Montage von PV-Anlagen auszudehnen. Die Berufsorganisation kann das flächendeckend unterstützen.

Finanziell gesehen ist die PV-Anlage der energetischen Dachsanierung untergeordnet.

Das war nicht immer so. In der Hochsubventionszeit Anfang der 2000er-Jahre war die PV-Anlage deutlich teurer als die energetische Dachsanierung eines Einfamilienhauses. Der Dachdeckerbetrieb hat heute also die Chance, als „Generalunternehmen" die Leistungen der energetischen Dachsanierung und der PV-Anlage anzubieten und durchzuführen. Bis zum Wechselrichter kann er die Arbeiten selbst ausführen, und danach erfolgt die Schnittstellenübergabe zu dem konzessionierten Elektrobetrieb.

Regionalen Dachdeckerunternehmen stehen drei unterschiedliche Tätigkeitsbereiche zur Errichtung von PV-Anlagen zur Verfügung. Es handelt sich wie bereits beschrieben um:

- **Bestandsdächer,**
- **Neubauten und**
- **die energetische Dachsanierung.**

Die nachträgliche Montage von PV-Anlagen auf Bestandsdächern wird mit Sicherheit den größten Anteil am PV-Markt haben. Aus dieser Richtung werden die meisten Anfragen kommen. Das wird auch der höchstfrequentierte Markt mit den meisten Anbietern sein. Deshalb empfiehlt es sich, eine Strategie mit entsprechenden Regeln zu entwickeln.

Eine Kooperation mit einem Elektrofachbetrieb ist zwingend notwendig!

Auf den geeigneten Dächern von neu errichteten Gebäuden werden zukünftig noch mehr Photovoltaikanlagen installiert werden. Für alle im Neubau tätigen Dachdeckerunternehmen ist es empfehlenswert, sich zu positionieren und diese handwerkliche Dienstleistung mit anzubieten. Eigene PV-Planungen stärken den Expertenstatus und optimieren damit sehr oft auch die Wirtschaftlichkeit.

Bei einer Gewerketrennung zwischen den Dacharbeiten und der PV-Anlage erspart eine Abnahme des Dachs im Nachhinein viel Ärger.

Die energetische Dachsanierung hat mit Abstand das größte Potenzial für das Dachdeckerhandwerk. Dabei gibt es sehr viele Synergieeffekte bei beiden Dienstleistungen. In einigen Bundesländern gibt es seit 2023 eine PV-Pflicht bei grundlegenden Dachsanierungen. Es ist nicht unwahrscheinlich, dass diese Regelung flächendeckend in ganz Deutschland Einzug halten wird. Allein aus diesem Grund ist es unerlässlich, dass sich zukunftsorientierte Dachdeckerunternehmen die PV-Anlagen-Kompetenz zusätzlich aneignen.

Abb. 3.9: Planung einer PV-Anlage

3.10 Planungsgrundlagen von PV-Anlagen

Photovoltaikanlagen fallen in den Zuständigkeitsbereich der Landesbauordnungen. Diese unterscheiden zwischen Anlagen, die außerhalb der Gebäudehülle errichtet werden, und Anlagen, die in die Gebäudehülle integriert werden. Bei den erstgenannten PV-Systemen wird die Anlage eigenständig auf dem Dach oder an der Fassade befestigt. Die Eigenlasten, ggf. Nutzlasten sowie die zusätzlichen Wind- und Schneelasten werden über das Gebäude abgetragen. Bei den gebäudeintegrierten Systemen ist die PV-Anlage unmittelbarer Bestandteil der Gebäudehülle. Auch bei ihnen werden die Eigenlasten sowie Wind- und Schneelasten aus der integrierten PV-Anlage über die eigentliche Konstruktion in das Gebäude abgetragen. PV-Anlagen werden als Bauprodukte geführt und bestehen aus unterschiedlichsten Materialien, zum Beispiel Glas, Metall und Kunststoffen.

Als Bauprodukt unterliegt eine PV-Anlage dem Bauordnungsrecht, und für den regelkonformen Einsatz wird eine „allgemeine bauaufsichtliche Zulassung“ benötigt.

Bauaufsichtliche Zulassung nach dem DIBt

Das „DIBt“ ist das Deutsche Institut für Bautechnik mit Sitz in Berlin. Es vergibt technische Zulassungen für Bauprodukte und bescheinigt damit, dass nationale Normen eingehalten werden. Das gilt besonders für Produkte, für die es keine allgemein anerkannte Regel der Technik oder DIN-Norm gibt. Mit einem DIBt-Verwendungsnachweis darf ein Bauprodukt in Deutschland vertrieben und betrieben werden.

Anforderungen an die Module

Beim Einsatz von Modulen im Dachbereich mit einer Neigung $\leq 75°$ und einer maximalen Einzelmodulfläche von bis zu 2 m^2 ist kein Verwendbarkeitsnachweis notwendig. Das Gleiche gilt für in Kunststoffbahnen integrierte PV-Module auf Flachdächern und für PV-Fassadenelemente mit $\leq 0{,}4$ m^2 Fläche und ≤ 5 kg Eigenlast bzw. brettformatige Fassadenelemente mit $\leq 0{,}3$ m Breite und Unterstützungsabständen durch die Unterkonstruktion von $\leq 0{,}8$ m.

Das Brandverhalten ist jedoch nachzuweisen, wenn die Anforderung „schwerentflammbar oder nicht brennbar“ besteht.

Anforderungen an die Montagesysteme

Die Hersteller haben für die PV-Montagesysteme die Standsicherheit und die Dauerhaftigkeit durch eine allgemeine bauaufsichtliche Zulassung nachzuweisen. Die Materialien zur Verankerung und Befestigung von PV-Anlagen müssen den technischen Baubestimmungen entsprechen oder die CE-Kennzeichnung gemäß europäischen technischen Spezifikationen tragen. Für alle anderen Verankerungs-, Befestigungs- und Verbindungselemente ist der Verwendbarkeitsnachweis durch eine allgemeine bauaufsichtliche Zulassung zu erbringen.

Anforderungen an die Tragfähigkeit der Unterkonstruktion

Bauliche Anlagen haben Bestandsschutz, auch wenn sie nicht mehr den inzwischen geänderten technischen Baubestimmungen entsprechen. Es sei denn, es wäre Gefahr im Verzug für Leben und Gesundheit. Jedoch wird durch die Montage der Photovoltaikanlage die aufnehmbare Schneelast um das Gewicht der gesamten PV-Anlage reduziert. Die Standsicherheit des Gebäudes wird also gegenüber dem bestandsgeschützten Zustand verändert. Von einer Ertüchtigung des Tragwerks kann (nur) dann abgesehen werden, wenn das vorhandene Tragwerk für die Zusatzlasten aus der PV-Anlage immer noch ausreichend dimensioniert ist. Dazu darf der Nachweis unter Zugrundelegung der ursprünglich geltenden bautechnischen Vorschriften geführt werden. Ist die Lastaufnahme nur mit zusätzlichen Verstärkungen möglich, dann sind diese gemäß den aktuellen technischen Baubestimmungen nachzuweisen.

Anforderungen bei Instandsetzungsmaßnahmen an der Unterkonstruktion

Grundsätzlich dürfen bei Instandsetzungsmaßnahmen Teile baulicher Anlagen identisch ersetzt werden (z. B. Holzbalken in einer Dachkonstruktion). Dieser Grundsatz gilt nicht, wenn ein Schaden infolge einer mittlerweile als unzureichend geltenden, nicht mehr aktuellen Regelung aufgetreten ist oder wenn aufgrund neuer Erkenntnisse Bedenken hinsichtlich der Standsicherheit bestehen (z. B. bei Überkopfverglasungen: Einscheiben-Sicherheitsglas (ESG) wird durch Verbundsicherheitsglas (VSG) ersetzt). In diesen Fällen ist das aktuelle ZVDH-Regelwerk hinsichtlich Bemessung und Ausführung anzuwenden.

Anforderungen an den Brandschutz

PV-Anlagen müssen gemäß § 26 Abs. 1 der MBO mindestens aus normalentflammbaren Baustoffen bestehen. Werden sie in oder an der Gebäudehülle angeordnet, müssen Oberflächen von Außenwänden sowie Außenwandbekleidungen bei Gebäuden der Gebäudeklasse 4 und 5 schwerentflammbar sein (§ 28 Abs. 3 Satz 1 MBO). Bauteile mit brennbaren Baustoffen dürfen nicht über Brandwände hinweggeführt werden (§ 30 Abs. 5 Satz 1 Halbsatz 2, Abs. 7 Sätze 1, 2 MBO). Weitere Anforderungen können sich aus Sonderbauverordnungen und -richtlinien ergeben.

Anforderung „harte Bedachung"

Grundsätzlich müssen Bedachungen gegen eine Brandbeanspruchung von außen durch Flugfeuer und strahlende Wärme ausreichend lange widerstandsfähig sein. Die harte Bedachung umfasst das Bekleidungs- und Abdichtungssystem eines Daches einschließlich etwaiger Wärmedämmschichten oder Dampfsperren, üblicherweise mit der tragenden Unterlage einschließlich des Befestigungsmaterials in Form einer Verklebung oder mechanischen Befestigung. Daher müssen auch in die Bedachung integrierte Solaranlagen den Anforderungen an eine harte Bedachung genügen. Da die harte Bedachung eine Bauart ist, muss der Nachweis der Anwendbarkeit durch ein allgemeines bauaufsichtliches Prüfzeugnis erbracht werden.

3.11 PV-Aufdachanlagen

Das Hauptmerkmal von „PV-Aufdachanlagen" besteht darin, dass diese PV-Anlagen auf eine bestehende bzw. zuvor hergestellte Dacheindeckung oder Dachabdichtung aufgebracht werden. Das heißt, diese Systeme sind nicht dachintegriert. Bei geneigten Dächern gibt es von verschiedenen Herstellern **Montagesysteme für Eindeckungen** mit

- Ziegeln und/oder Dachsteinen,
- Trapezblechen und/oder Sandwichplatten,
- Stehfalz und/oder Rundfalz,
- Wellplatten.

Die Montagesysteme sind Bestandteil der Gesamtanlage. Diese besteht aus den PV-Modulen, den Montagesystemen, die zur Aufnahme der Module dienen, und den Befestigungsmitteln des Montagesystems untereinander und am Bauwerk. Auch wenn PV-Anlagen in der Regel genehmigungsfrei sind, gelten für die Montage trotzdem die **öffentlich-rechtlichen Anforderungen**. Dazu gehören im Besonderen:

- **Standsicherheit**
- **Schutz gegen schädliche Einflüsse**
- **Brandschutz**
- **Wärme -, Schall- und Witterungsschutz**

PV-Aufdachanlagen kommen auf Bestandsdächern, im Neubau sowie auch bei energetischen Dachsanierungen zur Ausführung. Beim Neubau sowie bei energetischen Dachsanierungen kann die Dacheindeckung/Dachabdichtung zumindest teilweise auf die Anforderungen der PV-Anlage abgestimmt werden, bei der nachträglichen Montage einer Photovoltaikanlage auf einem Bestandsdach ist es genau umgekehrt, die PV-Anlage mit Montagesystem muss auf die jeweilige Dacheindeckung/Dachabdichtung abgestimmt sein. Unabhängig davon, ob es sich um ein geneigtes Dach mit einer Eindeckung oder um eine Dachabdichtung handelt, muss die Standsicherheit der Dachkonstruktion bzw. des Gebäudes auch nach der Montage der PV-Anlage gewährleistet sein. Die zusätzliche Last kann aufgrund des Gewichts der Module und des Montagesystems ca. 20 kg/m^2 betragen. Hinzu kommen Wind- und/oder Schneelasten, die ebenfalls zu berücksichtigen sind. Wie

Abb. 3.10: Prinzip einer Aufdachanlage

bereits erwähnt, wird durch die Montage einer Photovoltaikanlage das Gesamtgewicht auf dem Dach erhöht und damit die Gewichtsreserve für die aufnehmbare Schneelast reduziert.

Das Problem des Gebäudes darf nicht das Problem des Verarbeiters werden!

Das Montagesystem mit den Befestigungselementen zur Aufnahme der PV-Module bildet ein in sich geschlossenes statisches System. Dafür gibt es seitens der Hersteller statische Nachweise und bauaufsichtliche Zulassungen. Gemäß den zugrundeliegenden Montageanleitungen werden diese Systeme auf den unterschiedlichsten Dächern montiert. Typenstatik und bauaufsichtliche Zulassung beschränken sich aber lediglich auf das zu verarbeitende Montagesystem und gelten nicht für die vorhandene Dachkonstruktion. Verarbeiter sind gut beraten, die Probleme des Gebäudes nicht zu ihren eigenen zu machen. Dazu gehören auch die statischen Reserven des jeweiligen Dachs. Bereits vor der Detailplanung einer Aufdachanlage ist es ratsam, den Auftraggeber darüber zu informieren und bei Zweifeln an der Tragfähigkeit einen Tragwerksplaner um eine Einschätzung zu bitten.

Neben der Dachneigung und dem Zustand der Dacheindeckung sind für die Planung der PV-Anlage zusätzliche Informationen der Dachkonstruktion wichtig. Dazu gehören in jedem Fall die Dachlatten- und Konterlattenstärke sowie der bauphysikalische und energetische Zustand des Dachs. Maßstab für die Bewertung und Einschätzung sind die Fachregeln des deutschen Dachdeckerhandwerks. Bei Bestandsdächern fehlen sehr oft valide Informationen über den gesamten Dachaufbau, sodass sich in der Praxis stichprobenartige Konstruktionsöffnungen zur Feststellung des Ist-Zustands bewährt haben.

Wesentliche Kriterien für die Auswahl der Montagebefestigung auf dem Dach sind unter anderem die Dachneigung und das qualitative Zusammenspiel zwischen vorhandener Zusatzmaßnahme und Dacheindeckung. PV-Aufdachanlagen stellen zusätzliche Anforderungen an die Regensicherheit vorhandener Dachkonstruktionen und erfordern deshalb auch bei Einhaltung der Regeldachneigung geeignete Zusatzmaßnahmen. Die Minimalan-

Bei diesen Solarträgern handelt es sich um ein Systemteil als Zubehörziegel der originären Eindeckung der Hersteller mit einer formschlüssigen Verbindung ohne eine handwerkliche Anpassung der Dacheindeckung in diesen Bereichen. Daher entsteht keine Beeinträchtigung der Regensicherheit durch die PV-Anlage.

Ausführung bis zur Mindestdachneigung.

Abb. 3.11: Solarträger als Teil der originären Eindeckung als Kategorie 1

Ziegel/Dachstein unabhängiger Universalhalter

Ziegel/Dachstein unabhängige Metalldachplatten

Dachhacken mit Flächenlüfter für Ziegel oder Dachsteine

Abb. 3.12: Universal-Solarträger der Kategorie 2

forderung bei der zusätzlichen Belastung für die Dacheindeckung sollte auch bei Einhaltung der Regeldachneigung eine **verschweißte/verklebte** Unterdeckung oder eine **nahtgesicherte** Unterspannung sein.

Für die direkte Montage auf der Unterkonstruktion gibt es drei unterschiedliche Systeme!

1. Einen vom selben Hersteller wie die Dacheindeckung angebotenen System-Solarträger mit einer formschlüssigen und identisch umlaufenden Verfalzung passend zur Form der Flächeneindeckung, ohne dass dabei eine handwerkliche Anpassung für die Durchführung der Befestigung durch die Eindeckung stattfindet. Da es sich beim Einsatz dieser Solarstützen um einen gleichwertigen Ersatz der Eindeckung handelt, findet keine zusätzliche Beeinträchtigung der Regensicherheit durch die PV-Anlage statt. Falls keine Vorschäden durch eindringendes Regenwasser vorhanden sind, könnten diese Solarträger deshalb unabhängig von der Qualität der Zusatzmaßnahme zum Einsatz kommen. Diese Systemteile können unter Berücksichtigung einer regelkonformen und funktionierenden Zusatzmaßnahme bis zur Mindestdachneigung eingesetzt werden.

2. Von einigen Herstellern werden Universal-Solarträger angeboten, die entweder für verschiedene Eindeckungen mit ähnlicher Größe und ähnlichem Format annähernd formschlüssig passen oder mit einer Unterlage aus Metall in Ziegel- und/oder Dachsteingröße ausgestattet sind. Alternativ kann auch ein Dachhaken/Dachanker unter Zuhilfenahme von Flächenlüftern einge-

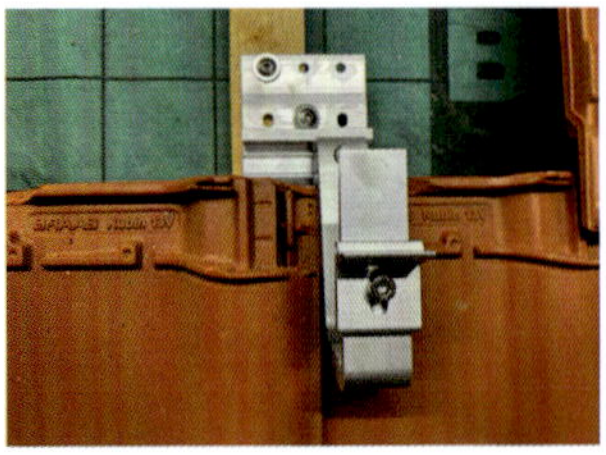

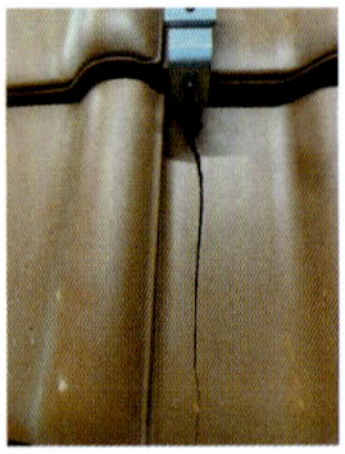

Wie auf dem rechten Bild zu erkennen, kam es aufgrund der Druckeinwirkung des Dachankers zu einer Beschädigung des darunterliegenden Ziegels.

Abb. 3.13: Kategorie 3 mit Standarddachanker

Bei Verwendung von Standarddachankern auf Dachsteinen ist der Dachstein auf der Unterseite in Höhe und Breite des Dachankers zu bearbeiten, sodass es zu keiner Sperrung der darüberliegenden Dacheindeckung kommt. Grundsätzlich stehen 2 unterschiedliche Dachankerankertypen zur Verfügung. Die Dachhaken aus Edelstahl sind etwas „dünner" und bieten deshalb mehr Gestaltungsspielraum bei der Bearbeitung der Dachsteine auf der Unterseite.

Abb. 3.14: Dachanker aus Edelstahl für Dachsteine

baut werden, wenn dieser keine Belastung auf die Eindeckung ausübt und diese dafür auch nicht handwerklich bearbeitet werden muss. Voraussetzung ist jedoch, dass die Öffnungen mit EPDM-Dichtungen oder anderen geeigneten Materialien zusätzlich geschlossen werden. Die Systeme der nachfolgenden Grafiken gelten als gleichwertig und können für Dacheindeckungen mit Ziegeln oder Dachsteinen bis zur eigentlichen Regeldachneigung verwendet werden. Die Kategorie 2 sollte für eine fachgerechte Montage als der Mindeststandard betrachtet werden.

3. Am weitesten verbreitet sind Standarddachanker, sie besitzen aber das größte Schadenspotenzial. Bei der „einfachen" Montage wird 1 Dachanker (Dachhaken) auf der Sparrenkonstruktion befestigt. Dafür muss die Dacheindeckung handwerklich angepasst werden. Bei Ziegeln werden sowohl auf der Ober- als auch auf der Unterseite die Verfalzungen in Breite des Dachhakens eingeschnitten und entfernt. Bei Dachsteinen wird auf der Unterseite die Wirbelkammer in Dachhakenbreite und -höhe abgeschliffen. Je nach Sparrenabständen und Dachneigungen können 3 bis 4 Dachhaken pro Modul notwendig werden. Bei einer 10-kWp-Anlage auf einem Wohnhausdach kommen ca. 75–100 Dachhaken zum Einsatz, und die Dacheindeckung muss teilweise zweifach bearbeitet werden. Das ist ein sehr großer handwerklicher Aufwand und schwächt zudem auch die Gesamtregensicherheit des Dachs. Hinzu kommt, dass die Dachhaken durch die Module verdeckt und eventuelle Schäden im Zuge einer durchzuführenden Wartung nicht auf den ersten Blick erkennbar sind. Beschädigungen der Dachein-

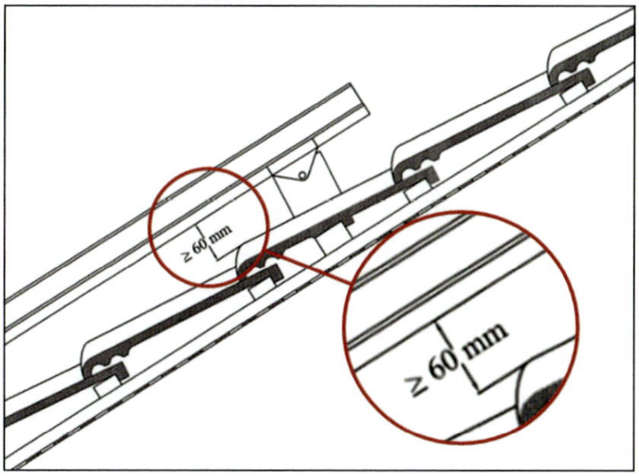

Abb. 3.15: Mindestabstand Oberkante Dachdeckungen und Unterseite Modul

deckung werden daher sehr oft erst nach größeren Feuchtigkeitsschäden an der Konstruktion oder im Inneren des Gebäudes bemerkt.

Praxistipp *Die aktuelle „Fachregel für Dachziegel und Dachsteine" fordert für die Montage von Dachankern lediglich die Regeldachneigung der eigentlichen Dacheindeckung. Es werden keine spezifischen Anforderungen hinsichtlich höherer Dachneigungen gestellt.*

Empfehlung: *Zum Schutz gegen potenzielle Gewährleistungsansprüche und zur Gewährleistung der dauerhaften Regensicherheit des Dachs* ***sollte*** *diese Montagemethode eine Ausnahme bleiben und* ***vorzugsweise*** *erst bei Dachneigungen über 30° angewendet werden.*

Bei Ziegeleindeckungen werden die Ziegel auf der Ober- und auf der Unterseite bearbeitet; es können auch die etwas „dickeren" Dachhaken/-anker aus Aluminium verwendet werden.

Der Mindestabstand zwischen Oberkannte Dacheindeckung und Unterseite der Module ergibt sich gemäß den Herstellerangaben und sollte gemäß dem Merkblatt Solartechnik für Dach und Wand 60 mm nicht unterschreiten.

Die Unterkonstruktion besteht aus verschiedenen Komponenten, die wiederum aus unterschiedlichen Werkstoffen bestehen können. Die Minimalanforderung an den Korrosionsschutz ist eine Feuerverzinkung. Die Befestigungen müssen zumindest korrosionsgeschützt und bei freier Bewitterung korrosionsbeständig sein.

Zusammenfassend kann bei der Montage von Aufdachanlagen festgehalten werden

System-Solarträger der Kategorie 1 können unter Berücksichtigung der jeweils geforderten Zusatzmaßnahme bis zur Mindestdachneigung von 10° eingesetzt werden. Da bei dieser Montageart die Dacheindeckung nicht zusätzlich belastet wird, ergeben sich grundsätzlich keine erhöhten Anforderungen an die Regensicherheit. Bei bestehenden Dächern könnte daher die qualitative Bewertung der Zusatzmaßnahme grundsätzlich vernachlässigt werden, sofern keine Schäden durch eindringendes Regenwasser vorliegen und die Lebensdauer der Dacheindeckung in Verbindung mit der Zusatzmaßnahme einer PV-Anlage korrespondiert. Das heißt, mit diesen Solarträgern wird nichts an der Regensicherheit verändert, weder positiv, noch negativ.

Universal-Solarträger der Kategorie 2 können bei funktionaler Unterdeckung/Unterspannung bis zur Regeldachneigung der vorhandenen Dacheindeckung verwendet werden. Sind die qualitativen Voraussetzungen der Zusatzmaßnahme nicht vorhanden, empfiehlt sich die Verwendung der System-Solarträger der Kategorie 1.

Standarddachanker der Kategorie 3 können bei funktionaler Unterdeckung/Unterspannung grundsätzlich auch ab der Regeldachneigung eingebaut werden. Empfehlenswert ist aber die Montage erst ab einer größeren Dachneigung. Ist die qualitative Voraussetzung der Zusatzmaßnahme nicht vorhanden, wird die Verwendung der System-Solarträger der Kategorie 1 empfohlen.

3.12 PV-Indachanlagen

PV-Indachanlagen gehören zu den gebäudeintegrierten Photovoltaikanlagen. Bei diesen Systemen ersetzen die Module die Eindeckung; sie sind somit integrierter Bestandteil des Dachs und haben infolgedessen auch die Aufgabe, das Gebäude vor Witterungseinflüssen zu schützen. Im Gegensatz zu Aufdachanlagen werden Indachsysteme zumeist nicht auf einem zusätzlichen Montagegestell verlegt, sondern liegen auf der eigentlichen Unterkonstruktion der Dacheindeckung und gehören deshalb zu den bauwerksintegrierten (BIVP) PV-Systemen. Unter ökologischen Gesichtspunkten schneiden die meisten gebäudeintegrierten PV-Systeme besser ab als herkömmliche Bauteile, da sie eine Kombination aus Energiegewinnung und funktionalem Wetterschutz darstellen. PV-Indachsysteme werden sehr gerne auch als architektonisches Gestaltungselement auf Dächern eingesetzt und sind deshalb bei Architekten und Bauherren recht beliebt.

Bei gebäudeintegrierten PV-Anlagen handelt es sich um eine Kombination aus Elektrotechnik und Bauprodukten, sodass diese Systeme den baurechtlichen Anforderungen entsprechen müssen. Bauwerksintegrierte PV-Systeme sind baurechtlich keine geregelten Bauprodukte und deshalb nur auf der Basis einer Zustimmung im Einzelfall oder einer allgemeinen bauaufsichtlichen Zulassung verwendbar. Dabei müssen Standsicherheit, Tragfähigkeit, Dauerhaftigkeit, Materialverträglichkeit sowie bauphysikalische Aspekte des Wärme-, Feuchte- und Brandschutzes beachtet werden. Die im vorherigen Kapitel erwähnten Aufdachanlagen, auch „additive PV-Anlagen (AdPV)" genannt, haben nur die Aufgabe der Stromerzeugung. Diese Aufgabe haben auch Indachsysteme, hinzu kommen Wetterschutz und der Auftrag der elektrochemischen Abschirmung. Da diese dachintegrierten Systeme auch die Funktion der Eindeckung übernehmen, müssen sie ausreichend widerstandsfähig gegen eine Beanspruchung von außen durch Flugfeuer und strahlende Wärme sein. Dabei handelt es sich um die Anforderung einer „Harten Bedachung" nach DIN 4102 oder DIN EN 13501-5. In der im Februar 2011 veröffentlichten Publikation „Brandschutzgerechte Planung, Errichtung und Instandhaltung von PV-Anlagen" ist auf Seite 14 zu lesen:

„Dachintegrierte Anlagen, die den Anforderungen der harten Bedachung entsprechen, können bis an die Auskragung der Brandwand heran gebaut werden." Ungeachtet dieser Aussage sind die Vorgaben der einzelnen Landesbauordnungen in Abhängigkeit von Gebäudeklassen und -abständen zur Grundstücksgrenze oder zu anderen Gebäuden einzuhalten.

Da eine Indach-PV-Anlage aus einer Kombination von Energiegewinnungsfläche und Dacheindeckung besteht, ist das Zusammenspiel mit einer geeigneten Zusatzmaßnahme genauso wichtig wie bei allen anderen Eindeckungsarten. Der klassische „Umdecker" aus vergangenen Zeiten mit „nur" einer neuen Eindeckung aus Ziegeln, Dachsteinen, Schiefer oder Faserzementplatten auf vorhandener Dachlattung oder Schalung findet in der Praxis kaum noch statt. Im Kontext einer neuen Eindeckung werden in der Regel die Zusatzmaßnahmen, Unterdeckung oder Unterspannung mit Konterlattung und Dachlattung erneuert. Sehr oft wird die Erneuerung der Eindeckung auch als energetische Dachsanierung mit neuen Wärmedämmmaßnahmen ausgeführt. Da die vorhandenen Dachlatten auch als Arbeitsplatz auf dem Dach dienen, müssen sie gemäß den Anforderungen der BG Bau einen Mindestquerschnitt von 30 mm × 50 mm und eine CE-Kennzeichnung aufweisen. Diese Qualitätsanforderung ist in der Regel bei älteren Bestandsdächern nicht eingehalten. Bei der Verwendung von Modulen anstelle der handelsüblichen Eindeckungsmaterialien, beispielsweise Ziegeln oder Dachsteinen, sind zudem bauphysikalische Gesichtspunkte zu beachten. Ziegel, Dachsteine sowie Faserzementplatten und auch Schiefer sind in der Lage, eine gewisse Menge von Sekundärtauwasser aufzunehmen, zwischenzuspeichern und wieder abzugeben. Das können weder Metalle noch Kunststoffe oder Glas. D. h., bei einer Taupunktunterschreitung fällt das Kondensat auf der Unterseite der Module direkt aus und gelangt auf die Zusatzmaßnahme. Aus den genannten Gründen empfiehlt es sich nicht, dachintegrierte PV-Anlagen auf älteren Dächern in vorhandene Dacheindeckungen einzubauen. Diese Systeme werden sehr oft in Kombination mit einer neuen Dacheindeckung und der dazugehörigen Zusatzmaßnahme ausgeführt. Von den zuvor aufgeführten Betätigungsfeldern des Dachdeckers verbleiben damit der Neubau und die klassische energetische Dachsanierung.

Gemäß dem „Merkblatt Solartechnik für Dach und Wand" als Bestandteil der Fachregeln des deutschen Dachdeckerhandwerk sind unter Solaranlagen, die die Deckwerkstoffe flächig ersetzen und deren fachregelkonforme Regensicherheit herstellerseitig nicht gegeben ist, wasserdichte Unterdächer anzuordnen.

Dabei handelt es sich um eine flächige Unterlage aus Holz oder Holzwerkstoffen mit einer einlagigen Abdichtung aus Kunststoff oder Bitumen, also Materialien aus der herkömmlichen Flachdachabdichtung. Die Konterlattung wird in die Abdichtung des Unterdachs integriert. Als Alternative zu konventionellen Abdichtungsmaterialien können neuerdings auch nahtgefügte diffusionsoffene Unterdeckbahnen für erweiterte Anwendungen (UDBeA) angesehen werden. Bei diesen UDBeA handelt es sich um eine neue Bauart mit bekannten Produkten, die umgangssprachlich oft als „diffusionsoffene Unterdachbahnen" bezeichnet werden. Die Materialanforde-

Abb. 3.16: Wasserdichtes Unterdach der Klasse 1

Abb. 3.17: UDBeA der Klasse 1

rungen dieser Bahnen müssen dem Produktdatenblatt UDBeA des ZVDH entsprechen und gehören genauso wie das wasserdichte Unterdach in die Klasse 1 der Zusatzmaßnahmen.

Indachanlagen werden von Herstellern als unterschiedliche Systeme angeboten. Bei der Montage ist die jeweils gültige Verlegeanleitung zu beachten. Je nach System werden die Module mit Überdeckung und/oder unter Zuhilfenahme von Metallprofilen auf der zuvor aufgebrachten Dachlattung mit Zusatzmaßnahme verlegt. Sehr oft werden die Übergänge zu der Dacheindeckung mit Eindeckrahmen ähnlich wie bei Dachfenstern hergestellt. Bei der Planung und Ausführung ist grundsätzlich die Regeldachneigung der eigentlichen Dacheindeckung zu berücksichtigen.

Indachlösungen werden in erster Linie im Neubau oder im Zuge von Dachsanierungen eingebaut. Deshalb werden diese Systeme hauptsächlich von Dachdeckern ausgeführt, die mit den Fachregeln des deutschen Dachdeckerhandwerks vertraut sind. Je nach Montagesystem müssen zusätzliche Metallprofile, Dachlatten oder Montagebohlen zur Auflage und Befestigung der Module eingebaut werden. Sehr oft werden dabei Standardmodule verwendet. Deshalb gelten hinsichtlich der Wärmeentwicklung die gleichen Bedingungen wie bei Aufdachanlagen. Mit zunehmender Temperatur sinkt bei beiden Systemen die Leistungsfähigkeit der Module. Wegen der Belüftung wird den dachintegrierten PV-Systemen im Vergleich zu den reinen Aufdachanlagen sehr oft ein niedrigerer Ertrag unterstellt. Deshalb folgen zu diesem Thema ein paar Informationen.

Der größte Teil der Wärme von Photovoltaikmodulen wird über den konvektiven Wärmeübergang an der Moduloberseite abgegeben. Der Luftstrom über der PV-Anlage kühlt die Modulflächen ab. Dank der aufsteigenden warmen Luft in der Dachschräge funktioniert dieser Effekt auch ohne Windeinwirkung. Dieser Kühlungseffekt wird aber bei Wind noch einmal um das Doppelte verstärkt. Die Konterlatte dient innerhalb einer Dachkonstruktion zunächst einmal der Rücktrocknung und ist für einen Feuchtigkeitsabtransport verantwortlich. In Verbindung mit einer PV-Indachanlage ist sie ausreichend zu dimensionieren. Eine stärkere Konterlatte bringt eine Erhöhung des Lüftungsraums zwischen Unterkante Modul und Oberkante Zusatzmaßnahme, sorgt für eine bessere Luftzirkulation und kann damit einem Leistungsabfall der Module infolge Wärme entgegenwirken. Qualitativ hochwertige Module mit einem niedrigen Temperaturkoeffizienten sind für Indachsysteme jedoch wichtiger als 1–2 cm höhere Konterlattungen, deren Höhe 40 mm nicht unterschreiten sollte.

Abb. 3.18: Beispiel einer Indach-PV-Lösung

Abb. 3.19: Eine Indachlösung bietet kaum Angriffsfläche für Windböen.

Sowohl das Material der Unterkonstruktion als auch die Dachneigung sind wichtig für eine konstruktive Kühlung der Module. Metallische Folien unter den Modulen sind nicht nur für den gesamten Dachaufbau bauphysikalisch kontraproduktiv, es kann auch keine Wärmeverteilung zum Dach hin stattfinden. Bei etwas steileren Dächern ab 30° Dachneigung funktioniert der thermische Antrieb als sogenannter Kamineffekt. Bei flacheren Dächern ist es genau umgekehrt: Sowohl die Auftriebswirkung der warmen Luft als auch die Unterstützung durch den Wind nehmen stark ab.

Häufig kommt es zu einem unzulässigen Vergleich – sozusagen zwischen Äpfeln und Birnen –, wenn es um Leistungsminderungen infolge Modulerwärmung geht. Prozentuale Ertragssteigerungen beziehen sich oft auf reine Freiflächenanlagen, bei denen Module von Luft umströmt und daher ertragreicher sind als auf Dächern installierte Anlagen, sei es integriert oder aufgesetzt.

Ein Vorteil von dachintegrierten PV-Anlagen ist die Gewichtsreduktion, da die Module deutlich leichter sind als eine Eindeckung mit Ziegeln oder Dachsteinen.

Bei energetischen Dachsanierungen geht es um die statische Belastbarkeit des Dachs, denn die Montage einer PV-Anlage kann die verfügbare Traglast für Schnee reduzieren. Bestehende Dächer verfügen nicht immer über ausreichend statische Reserven und können mit zusätzlicher Dämmung und neuen Unterkonstruktionen schnell an ihre Grenzen kommen.

Da Indachsysteme in der Ebene der Dacheindeckung liegen, bieten sie, anders als Aufdachanlagen, Windböen keine größere Angriffsfläche.

Zudem liegen die Kabel und Stecker unter den regensichernden Modulen und sind nicht wie bei Aufdachsystemen der Witterung ausgesetzt.

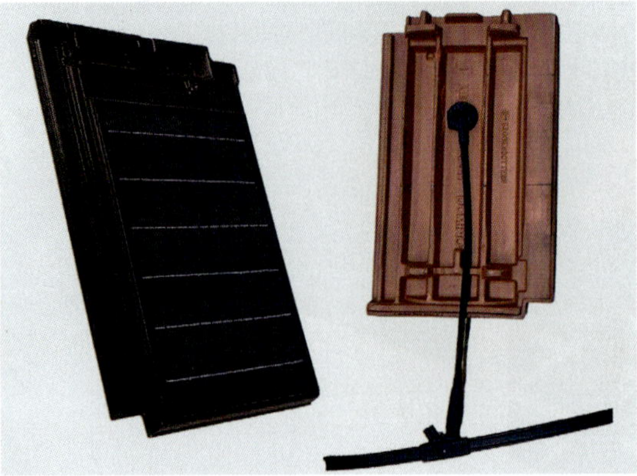

Abb. 3.20: Solarlaminat, auf Tonziegel geklebt

3.13 PV-Solarziegel

Obwohl Solarziegel und Solarpfannen ähnlich wie traditionelle Indachanlagen funktionieren, unterscheiden sie sich in Aufbau und Anwendung. Solarziegel oder -pfannen sind oft genauso groß wie normale Dachziegel und fügen sich ohne zusätzliche Anpassungen in das Dach ein. Die verwendeten Materialien variieren je nach Produkt und Hersteller. Bei einigen Systemen wird ein PV-Laminat auf einen Standardziegel aufgebracht. Die Verkabelung erfolgt durch vorgefertigte Öffnungen im Dachmaterial nach innen, wo die Module miteinander verbunden werden.

Das Gewicht der Solaranlage entspricht der Summe aus der herkömmlichen Dacheindeckung zuzüglich der aufgebrachten PV-Laminate. Die für die Kabeldurchführung vorgesehenen Löcher werden von den PV-Folien abgedeckt, wobei die Qualität der Verklebung über die Langlebigkeit und Dichtigkeit der Dacheindeckung entscheidet.

Andere Hersteller bieten Modulsysteme an, die in Größe und Form an die Eindeckung angepasst sind. Diese bestehen nicht aus herkömmlichem Ton oder Beton, sondern aus anderen Materialien wie Metall, Kunststoff, Keramik, Glas oder aus Verbundmaterialien. Diese kleinformatigen PV-Module integrieren sich durch gleiche Verfalzungen in das Dachbild und sind deutlich leichter als die Eindeckung mit herkömmlichen Ziegeln oder Dachsteinen. Bei diesen Systemen lassen sich alle Standardformteile wie Ortgang- oder Firstziegel sowie gängiges Zubehör wie Strangentlüftung oder Sicherheitselemente weiterhin verwenden. Teilweise ist es möglich, die Module wie Dachsteine zu verschieben, um das Dach während und nach der Deckung besser begehen zu können. Die Module können so auch nachträglich von der Traufe zum First hin installiert werden.

Zusätzlich gibt es Systeme, die aus kleinformatigen, schuppenförmigen Solarplatten aus Glas bestehen, die keine Verfalzungen wie klassische Eindeckungen besitzen, sondern deren regensichernde Verbindungen mittels EPDM-Dichtungen hergestellt werden. In diesem Fall werden die Module in unterschiedlichen Größen, Farben und auch mit glänzenden oder matten Oberflächen angeboten. Der Hersteller wirbt mit einer multifunktionalen

Abb. 3.21: Innovative Solarsysteme

Abb. 3.22: Solarsystem aus Glas mit EPDM-Dichtungen

Indach-PV-Lösung und stellt Zubehör für die Ausbildung der solarfreien Bereiche und der Dachränder zur Verfügung.

Es würde den Rahmen sprengen, alle bereits jetzt angebotenen Systeme hier aufzuführen. Anscheinend kommen jeden Tag neue Produkte auf den Markt, deren tatsächliche dauerhafte Eignung einzuschätzen selbst ausgewiesenen Experten schwerfällt. Denn genau wie bei den Indachanlagen treffen auch bei ihnen Elemente aus Elektrotechnik und Bauprodukt aufeinander.

Deshalb gelten die gleichen baurechtlichen Anforderungen in Bezug auf Standsicherheit, Tragfähigkeit, Dauerhaftigkeit, Materialverträglichkeit und auch alle bauphysikalischen Aspekte in Bezug auf Wärme-, Feuchte- und Brandschutz.

Auch wenn bereits Anfang der 1990er-Jahre erste Solardachziegel auf den Markt kamen, fehlt es dem Dachdeckerhandwerk für die meisten dieser innovativen, dachintegrierten PV-Systeme noch immer an grundlegenden Informationen über ihre dauerhafte Witterungsbeständigkeit und Eignung in der Praxis. Eine Regeldachneigung und die notwendige Zusatzmaßnahme grundlegender Ziegel- bzw. Dachsteinsysteme mit aufgeklebten Solarmodulen könnte man „theoretisch“ auf der Basis vorhandener Erfahrungen den Eindeckungsmaterialien nach den Fachregeln des Deutschen Dachdeckerhandwerks zuordnen. Jedoch lässt sich die Haltbarkeit der Verklebung und somit auch die abdichtende Funktion des Laminats über der Kabeldurchführung aus handwerklicher Sicht nicht einschätzen. Ebenso fehlen Erfahrungen über die zuverlässige Regensicherheit von ziegel- oder dachsteingroßen PV-Modulen, die sich zu Montagezwecken leicht öffnen und wieder schließen lassen. Zudem lassen sich regensichernde EPDM-Dichtungen anstelle von bekannten und bewährten Verfalzungen bei Ziegeln oder Dachsteinen mittels einer reinen Inaugenscheinnahme oder üblicher handwerklicher Tests auf der Baustelle nicht ohne Weiteres überprüfen. Zu den normalen handwerklichen Kenntnissen und der Fähigkeit, eine regensichere Dacheindeckung mit kleinformatigen Materialien herzustellen, kommen bei diesen Systemen noch die Anforderungen mit den Verkabelungen und Anschlüssen aus der Elektrotechnik hinzu. Bei diesen kleinformatigen Eindeckungsmaterialien mit gleichzeitiger Stromerzeugung gibt es teilweise 10–15 einzelne Modulanschlüsse sowie Höhen- und Seitenüberdeckungen pro Quadratmeter. Das macht diese Systeme besonders anspruchsvoll und möglicherweise auch fehleranfälliger in Bezug auf dauerhafte Regensicherheit und funktionale Anlagentechnik.

Es gibt sehr viele „Sollbruchstellen“ innerhalb der einzelnen Systeme. Deshalb kann sich das Dachdeckerhandwerk bei diesen neuartigen dachintegrierten PV-Modulen **nicht** auf die „anerkannten Regeln der Technik“ berufen. Diese sind kurz gefasst

- **theoretisch richtig,**
- **den Beteiligten bekannt**
- **und haben sich in der Praxis bewährt.**

Theoretisch mögen diese Systeme durchaus funktionieren, jedoch sind sie weder durchgängig bekannt noch haben sie sich in der Praxis ausreichend bewährt. Aus diesem Grund brauchen Verarbeiter die Gewissheit, dass diese innovativen Solarsysteme dauerhaft funktionieren oder zumindest derart resilient sind, dass im Fall eines Versagens der Hersteller mit einer beim ZVDH hinterlegten innovativen Materialgarantie die durch einen Materialfehler entstehenden Kosten übernimmt. Basis für diese Materialgarantie ist die ordnungsgemäße Verarbeitung gemäß der vom ZVDH vorgelegten Verlegeanleitung, die zum Zeitpunkt der Verarbeitung gültig war.

In der Regel steht bei diesen innovativen PV-Systemen nicht die Wirtschaftlichkeit, sondern die Optik im Vordergrund. Sehr oft lassen vorhandene Gestaltungsspielräume bei ensemble- oder denkmalgeschützten Gebäuden nur die Verwendung von Solarziegeln oder Ähnlichem zu. Dank der kleinen Formate der Module ist eine Einteilung der zur Verfügung stehenden Dachfläche im Hinblick auf einen optimalen Solarertrag grundsätzlich flexibler umzusetzen, jedoch ist die elektrische Leistung aufgrund der „freien Flächen“ im Überdeckungsbereich pro Quadratmeter kleiner als bei den größeren Indachmodulen oder den Standard-Aufdachanlagen. Bei der Auswahl der Zusatzmaßnahme und der Herstellung der Windsogsicherung gelten die Fachregeln des deutschen Dachdeckerhandwerks unter Berücksichtigung der Verlegevorschrift des Herstellers, insbesondere dann, wenn es um spezielle bauteil- oder materialtypische Anforderungen geht. Aufgrund der Funktionalität einer Eindeckung müssen auch diese dachintegrierten kleinteiligen PV-Module gemäß DIN 4102 oder DIN EN 13501-5 ausreichend widerstandsfähig gegen die Beanspruchung von außen durch Flugfeuer und strahlende Wärme sein.

Durch Vorlage eines allgemeinen bauaufsichtlichen Prüfzeugnisses ist die „Harte Bedachung" nachzuweisen!

Praxistipp *Für die Verarbeitung dieser Systeme auf dem Dach hat der Hersteller einen Nachweis der Regensicherheit für die jeweilige Dachneigung, zum Beispiel durch einen geeigneten Test in einem Prüfinstitut, vorzulegen, ansonsten ist gemäß dem Merkblatt Solartechnik ein wasserdichtes Unterdach oder eine vergleichbare Konstruktion anzuordnen.*

3.14 PV-Flachdachanlagen

PV-Anlagen werden auf verschiedenste Flachdächer von Carports, Garagen, Einfamilien- und Mehrfamilienhäusern, öffentlichen Gebäuden, Landwirtschafts- und Gewerbehallendächern und großen Industriedächern aufgebracht. Die Auswahl der eingesetzten Montagesysteme ist unter anderem abhängig von der Lage des Gebäudes, der Größe des Dachs und nicht zuletzt von der statischen Belastbarkeit der Dachkonstruktion. Aber auch die vorhandene Dachneigung kann eine Rolle spielen. Für die **Lagesicherung von PV-Anlagen auf Flachdächern** kommen folgende Verfahren zum Einsatz:

- **Fixierung mittels Auflast (Ballastierung)**
- **Befestigung an der Dachunterkonstruktion (mit Durchdringungen/ Flachdachstützen)**
- **Aerodynamische Montagesysteme mit oder ohne Zusatzballastierung**
- **Kombination aus Ballastierung und Verspannung**

Ein Vorteil von PV-Anlagen auf Flachdächern ist die Möglichkeit, die Module optimal nach der Sonne auszurichten. Ein Nachteil ist der größere Platzbedarf wegen der Aufständerung der Module. Um die Module nicht gegeneinander zu verschatten, muss ein gewisser Abstand eingehalten werden. Nicht nur bei größeren Anlagen ist eine Detailplanung unerlässlich. Dazu gehören neben der Feststellung der Dachmasse die Lage sowie Anordnung und ggf. Aufständerung der Anlage einschließlich Montagesystem, die Wahl der Befestigung oder Beschwerung und die Verschaltung der einzelnen Modulstrings mit Verlauf der Leitungswege unter Berücksichtigung der vorhandenen Dachaufbauten. Auch die freien Flächen für Wartungswege müs-

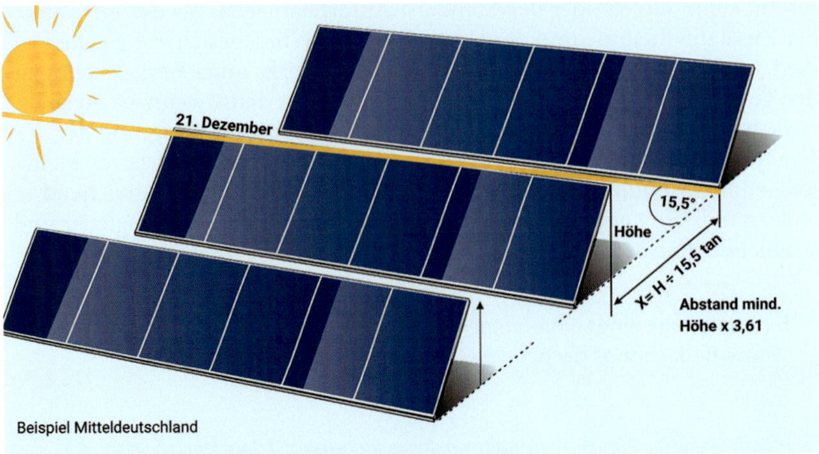

Abb. 3.23: Südausrichtung aufgeständert mit 25–30°

sen berücksichtigt werden. Vorhandene Brandschutzeinrichtungen dürfen durch die PV-Anlagen nicht beeinträchtigt werden. Durchdringungen für die Versorgungsleitungen von PV-Anlagen müssen mindestens mit der Feuerwiderstandsklasse der angrenzenden baulichen Trennung abgeschottet sein. Weiterhin muss die Tragfähigkeit der Dachkonstruktion überprüft werden. Dabei geht es nicht nur um die zusätzliche Belastung der Module und der Unterkonstruktion, sondern auch um die Einleitung der Schnee- und Windlasten. Der Bemessung der Montagesysteme von Solaranlagen ist die DIN EN 1991 1-4 zugrunde zu legen. Der statische Nachweis ist vom Errichter der Solaranlage zu führen. Dabei geht es um den Nachweis der Tragfähigkeit des PV-Generatorfelds einschließlich der Unterkonstruktion bis zur Befestigung im bzw. am Gebäude unter Berücksichtigung des vorhandenen Untergrundes (z. B. Holz, Holzwerkstoffe, Stahlkonstruktion, Stahltrapezblech, Stahlbeton, Holzkonstruktion, Schalung) nach den gültigen Vorschriften. Die Erkenntnisse aus den zur Verfügung stehenden statischen Belastungen fließen sehr oft in der Praxis in die Auswahl des Montagesystems ein. PV-Generatoren mit einer Neigung von ca. 30° und einer Ausrichtung nach Süden erzielen eine optimale Sonnenausbeute. Aufgrund des notwendigen Abstands zwischen den Modulen wird für 1 kWp eine Fläche von ca. 10 m^2 benötigt. Bei einer Ost-West-Aufständerung kann man die notwendige Dachfläche pro kWp auf ca. 5 bis 8 m^2 reduzieren.

Um jedoch eine gegenseitige Verschattung der Module zu verhindern, müssen größere Abstände der Modulreihen untereinander eingeplant werden. Diese Abstände sind abhängig von der Modulhöhe Oberkante der Abdichtung, die sich wiederum aus der Modulgröße und der Modulneigung ergibt. Die reine Südausrichtung war vor wenigen Jahren sehr weit verbreitet. Dabei wurden die optimalen Voraussetzungen vom Steildach auf das Flachdach übertragen. Das lag daran, dass kristalline Standardmodule nicht so schwachlichtempfindlich und leistungsstark waren wie heute. Mittlerweile werden PV-Anlagen entweder flacher in Richtung Süden aufgeständert oder als beidseitige Satteldachkonstruktion mit einer Modulausrichtung nach Osten-Westen verlegt.

Abb. 3.24: Flachgeneigte Ost-West-Konstruktion

Abb. 3.25: Wannensysteme zur Beschwerung

Mit flachen Modulneigungen und einer Ausrichtung nach Osten und Westen sind flachgeneigte Flächen optimal ausnutzbar. Die Lage- und Windsogsicherung der PV-Anlage auf Flachdächern kann mit oder ohne Befestigung erfolgen. Bei der Wahl des Montagesystems ist gemäß Flachdachrichtlinie auf darauf zu achten, dass Anlagen keine horizontalen und vertikalen Schub- oder Scherkräfte oder Druckbeanspruchungen in die Abdichtung einleiten dürfen, die zu Schäden führen können. Die Wahl des Montagesystems ist deshalb stark abhängig von den Lastreserven und der Dachkonstruktion. Die befestigungsfreien Systeme benötigen in der Regel keine Durchdringungen innerhalb der Abdichtungslage, denn die PV-Anlage wird durch zusätzliche ballastierende Gewichte gehalten. Die statische Belastbarkeit der Tragkonstruktion und des Dachaufbaus, was auch die Druckbelastbarkeit der Wärmedämmung einschließt, ist zu beachten. Die Funktionsfähigkeit der unter der Energiegewinnungsfläche liegenden Dachabdichtung muss gewährleistet sein. Bei ungünstigen Lasteinleitungen können sich unzulässige Spannungen und Kräfte ergeben, die die Abdichtung beschädigen und die Wärmedämmung beeinträchtigen können. Einige Systeme liegen komplett auf der Abdichtung auf, und deshalb ist es unter Umständen schwierig, das geforderte Anstauen von Niederschlagswasser zu vermeiden. Dem Vorteil der durchdringungsfreien Verlegung dieser Systeme steht als Nachteil die Einleitung zusätzlicher drückender Lasten in die Konstruktion gegen-

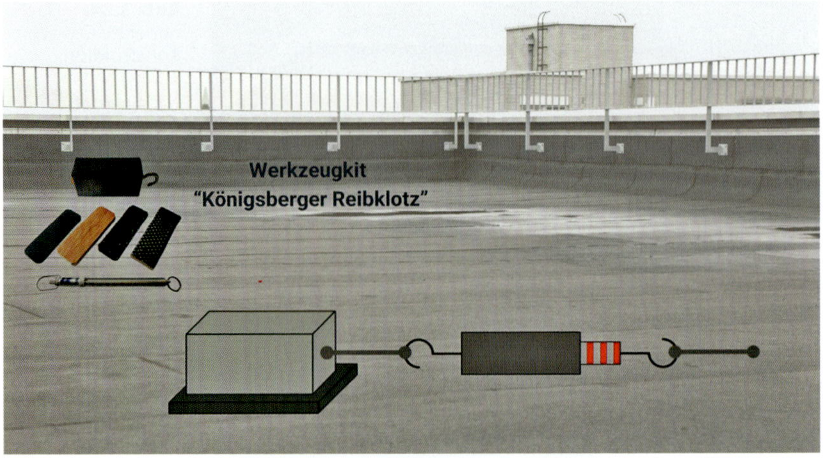

Abb. 3.26: Reibwertermittlung auf dem Dach

Abb. 3.27: Aerodynamisches PV-Montagesystem

über. Es handelt sich dabei um das Eigengewicht der Module und der Unterkonstruktion, das Ballastierungsgewicht der Anlage, die drückenden Windlasten sowie die Schneelasten. Diese Lasten werden über die einzelnen Module zur Unterkonstruktion geführt und konzentriert in die Dachkonstruktion eingeleitet.

Bei der Bestimmung des Reibungskoeffizienten für Flachdachanlagen steht die Sicherheit im Vordergrund. Die Verbindung zwischen Unterkonstruktion und Dach muss ausreichend fest sein, was auf Flachdächern durch Reibung erreicht wird. Der Reibbeiwert, der für die statische Berechnung entscheidend ist, hängt vom Gewicht der gesamten Anlage und den verwendeten Materialien ab. Um diesen zu ermitteln, wird vor Ort der „Königsberger Reibklotz“ eingesetzt. Der Test, der sowohl in nassem als auch in trockenem Zustand durchgeführt werden sollte, bestimmt den niedrigsten Reibungskoeffizienten, der dann in die statische Berechnung einfließt. Dieser Test ist an mehreren repräsentativen Stellen des Dachs durchzuführen.

Die Energiegewinnungsflächen mit PV-Anlagen können auch auf bauseits vorhandene und in die Dachabdichtung eingebundene Sockel oder Stützen montiert werden. Bei freistehenden oder lastverteilenden Unterkonstruktionen sind generell erforderliche Schutzlagen vorzusehen. Ein Flachdach mit einer PV-Anlage ist gemäß Flachdachrichtlinie eine „genutzte Fläche“. Das sind Dachflächen, die für den Aufenthalt von Personen oder die Aufstellung von Anlagen vorgesehen sind. Zu den genutzten Flächen zählen auch intensiv begrünte Dächer, Terrassen, Balkone, Laubengänge und Loggias ebenso wie Dachflächen mit einer Solaranlage. Deshalb muss neben der statischen Belastbarkeit der Tragkonstruktion und des Dachaufbaus auch die Druckfestigkeit der Wärmedämmung beachtet werden. Die Wärmedämmstoffe müssen für die jeweilige Nutzung geeignet sein und dürfen keine schädigenden Einflüsse auf die Abdichtung ausüben. Die Mindestwerte der Druckbelastbarkeit sollen bei genutzten Flächen der Druckbelastbarkeitsklasse „dh" gemäß DIN 4108-10 entsprechen. Wärmedämmstoffe aus expandiertem Polystyrol müssen demnach eine Druckbelastbarkeit von 150 kPA, Dämmstoffe aus extrudiertem Polystyrol von 300 kPA und Wärmedämmstoffe aus Polyurethan von 100 kPA aufweisen. Die Druckbelastbarkeit für Wärmedämmstoffe aus Schaumglas muss 500 kPA entsprechen. Unter einer PV-Anlage muss die Druckfestigkeit bei Wärmedämmstoffen aus Mineralwolle mindestens 70 kPa bei 10 % Stauchung betragen. Oberhalb der Wärmedämmung/Abdichtung muss eine lastverteilende Schicht angeordnet werden, die bereits bei der Montage der PV-Anlage erforderlich ist. Bei aufgeständerten PV-Anlagen muss die Funktionsfähigkeit der darunterliegenden Dachabdichtung gewährleistet sein. Anstauendes Niederschlagswasser hinter den PV-Modulen bzw. der Unterkonstruktion ist zu vermeiden. Weiterhin müssen die An- und Abschlüsse für Wartungs- und Instandsetzungsarbeiten zugänglich sein. Um diese Pflege-, Wartungs- und Instandsetzungsarbeiten vornehmen zu können, sollen bereits bei der Planung Maßnahmen zur Absturzsicherung durch Anschlagspunkte oder Systeme mit Wartungswegen vorgesehen werden. Dabei sind die bauaufsichtlichen Anforderungen der Länder zu berücksichtigen.

3.15 PV auf Metalldächern

Metalleindeckungen werden gemäß den Fachregeln für Metallarbeiten im Dachdeckerhandwerk in **selbsttragende** Metalldeckungen, **nicht selbsttragende** Metalldeckungen sowie in Sonderausführungen und in klein- und großformatige Elemente unterschieden. Kleinformatige Elemente haben eine Größe von ≤ 0,4 m² und ein Gewicht ≤ 5,0 kg.

Selbsttragende Metalldeckungen bestehen aus maschinell vorgefertigten Metallprofilen, die in der Regel keine vollflächige Unterkonstruktion benötigen. Der Abstand der einzelnen Auflagerpunkte ergibt sich aus der Materialeigenschaft, der Materialstärke und der Profilform. Metalldeckungen können je nach Konstruktionsart sichtbar oder unsichtbar befestigt werden. **Beispiele für selbsttragende Metalldeckungen sind:**

- **Trapezbleche**
- **Sandwichplatten**
- **Industrielle Stehfalzdeckungen**

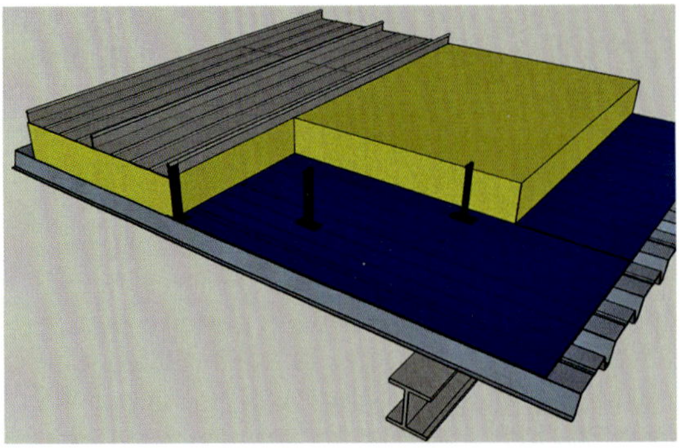

Abb. 3.28: Industrielle Stehfalzeindeckung

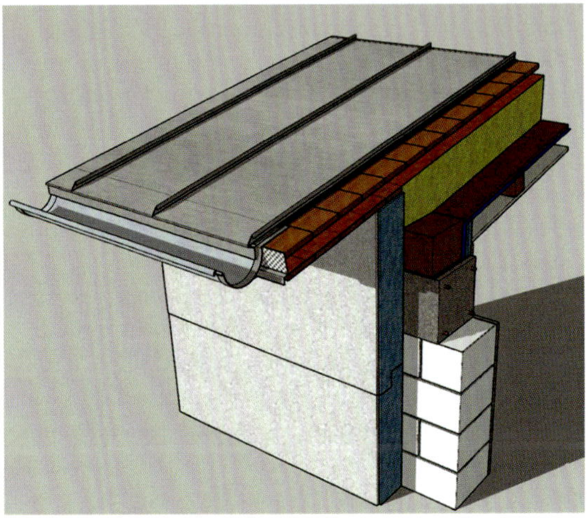

Abb. 3.29: Stehfalz-Doppeldeckung

Die Unterkonstruktion kann aus Holz, Metall oder einer Wärmedämmung bestehen.

Nicht selbsttragende Metalldeckungen sind in der Regel handwerklich hergestellte Deckungen aus Profilblechen und benötigen eine tragfähige flächige Unterlage. **Beispiele sind:**

- **Doppelstehfalzdeckung**
- **Winkelstehfalzdeckung**
- **Leistenfalzdeckung**

Handwerklich hergestellte Dachdeckungen werden meistens für die Lastableitung indirekt mit Haften oder Haltern befestigt. Die Unterkonstruktion für diese Dacheindeckungen besteht in der Regel aus Holz oder Holzwerkstoffen.

Die Hersteller von Montagesystemen bieten verschiedene Befestigungen für Metalldächer an. Bei Trapezblechen oder Sandwichplatten werden sehr oft direkte und sichtbare Befestigungen mittels Stockschrauben, Blechschrauben oder Blechnieten verwendet. Bei Stockschrauben erfolgt die Befestigung

Abb. 3.30: Vorzubereitende Dachfläche

durch den Obergurt der Dacheindeckung in der darunterliegenden Unterkonstruktion. Die Stockschrauben werden mit entsprechenden Dichtungen an die Dacheindeckung angepresst. Bei der Verwendung von Blechschrauben oder Blindnieten wird die Unterkonstruktion der PV-Anlage ausschließlich an der Dacheindeckung befestigt. Bei Stehfalzeindeckungen werden zumeist Falzklemmen verwendet. Auch bei dieser Konstruktionsart wird die PV-Anlagen-Unterkonstruktion nur an der Dacheindeckung befestigt. Sehr oft bleibt bei dieser Befestigungsvariante der Kraftverlauf in die Unterkonstruktion unberücksichtigt. Das führt in der Praxis dann dazu, dass Falze abreißen. Das kann irreparable Schäden verursachen und Undichtheiten der Dacheindeckung hervorrufen. Die Dacheindeckung selbst muss bei dieser Befestigungsart die Kräfte aus Windsog durch die PV-Anlage mit aufnehmen. Das führt sehr oft bei nachträglich montierten PV-Anlagen zu großen Schäden, da die meisten Dacheindeckungen und deren Befestigungen ursprünglich nicht für solche Windsogkräfte bemessen wurden. In den meisten Fällen sind die Haften bei Stehfalzeindeckungen „nur genagelt" und können diese erhöhten Kräfte nachträglich nicht aufnehmen.

Im schlimmsten Fall ist die Lagesicherheit der gesamten Dacheindeckung einschließlich PV-Anlage gefährdet!

Durch die kraftschlüssige Verbindung dieser Falzklemmen wird die ungehinderte Ausdehnung einzelner Scharen derart geändert, dass es zu irreparablen Verformungen und auch zu störenden Knittergeräuschen kommen kann. Bei Bestandsdächern mit Stehfalzeindeckungen können nachträglich **NICHT** die Zahl der Haften und deren Befestigung bestimmt werden. Gleiches gilt auch für die Befestigung der Unterkonstruktion aus Schalung oder Holzwerkstoffen bis hin zur Konterlattung.

Praxistipp *Das Risiko einer nachträglich befestigten PV-Anlage auf einem bestehenden Dach mit Stehfalzeindeckung ist unüberschaubar groß, sodass in diesem Beispiel der nachträgliche Einbau einer Holzbohle zur Aufnahme der PV-Anlagen-Unterkonstruktion gezeigt wird.*

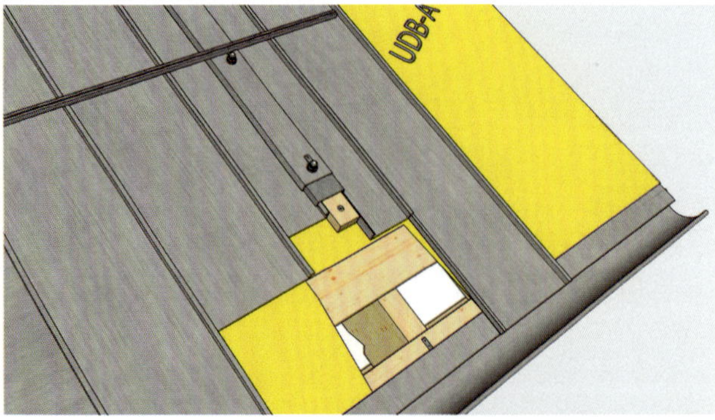

Abb. 3.31: Scharen aufgestellt und Montagebohle mit Abdeckung montiert

Abb. 3.32: Schritt 3, Unterkonstruktion und Abdeckung montieren

Dafür müssen Falzverbindungen in ganzer Länge geöffnet und beidseitig die Profilbleche hochgestellt und zurückgekantet werden. In dem so entstehenden Zwischenraum kann eine Holzbohle als eigene selbsttragende und statisch wirksame Unterkonstruktion mit Holzschrauben befestigt werden.

Nach der Montage durchgehender Vorstoßbleche wird eine Leistenabdeckung montiert und in die Vorstoßbleche eingehängt. Auf die neu hergestellte Unterkonstruktion kann dann eine PV-Befestigung mit Stockschrauben und Dichtungen zur Aufnahme der Schienen und der Module aufgebracht werden.

Typische Fehlerquellen bei der Montage von PV-Anlagen auf Stehfalzdächern sind:

- **unzureichende Bestandsaufnahme**
- **unzureichende Vorleistungskontrolle**
- **keine Berücksichtigung der zusätzlichen Krafteinwirkung bei der nachträglichen Montage**
- **keine Berücksichtigung der thermischen Längenausdehnung**
- **Verwendung falscher Halter – falscher Befestigungssysteme**
- **unzureichende Kabeldurchführung und Durchdringungen innerhalb der Eindeckung**
- **unzureichende Kabeldurchführung und Durchdringungen innerhalb der Zusatzmaßnahmen**
- **keine Berücksichtigung der Statik des Kräfteverlaufs bis in die Tragkonstruktion**

Abb. 3.33: Auszug Montageanleitungen K2

Beispiel bei der thermischen Längenausdehnung:

Eine 10 m lange Titanzinkschare als Eindeckung dehnt sich bei einem Temperaturanstieg von 50 °C um 11 mm vertikal aus (0,022 mm/m·K), während sich eine 5 m lange Aluminiumschiene als UK einer PV-Anlage horizontal um 5,78 mm (0,0231 mm/m·K) bei gleicher Temperaturerhöhung ausweitet. Diese vertikale und horizontale Ausdehnung kombiniert führt zu einer doppelten Belastung, die oft irreparable Schäden an Metalleindeckungen verursacht.

Auch diese Längenausdehnung muss bei der Planung der PV-Anlage berücksichtigt werden.

Bei Trapezblech- und/oder Sandwicheindeckungen wird die Eindeckung standardmäßig direkt mit der Unterkonstruktion verschraubt. Vorzugsweise werden die Bleche auf den Obergurten unter Zuhilfenahme von Kalotten und Dichtscheiben oder Schrauben mit Dichtscheiben und Stützgewinde befestigt. In manchen Fällen erfolgt die Befestigung der Eindeckung in deren Untergurten mit Schrauben und Dichtscheiben. Dabei sind nicht nur die jeweiligen Herstellervorschriften zu beachten, sondern auch dass eine regelmäßige Wartung dieser dichtenden Schraubverbindungen erforderlich ist. Die nachträgliche Montage einer PV-Anlage verhindert eine regelmäßige Wartung. Diese Tatsache sollte im Vorfeld mit dem Auftraggeber geklärt werden.

Bei der Montage von Unterkonstruktionen auf den Hochsicken der Trapezbleche bzw. Sandwichplatten sind die Verlegeanleitungen der Hersteller zu beachten. Teilweise werden Mindestbreiten der Obergurte festgelegt. Bei der ausschließlichen Befestigung der Unterkonstruktion auf der Metalleindeckung müssen die Schrauben bzw. Nieten Teil des Montagesystems sein und auch eine bauaufsichtliche Zulassung besitzen. Sehr oft werden für die Befestigung selbstschneidende Dünnblechschrauben verwendet. Dabei ist jedoch unbedingt darauf zu achten, dass die ursprüngliche Befestigung der Eindeckung die zusätzliche Windlast durch die Module aufnehmen kann. Auch die Materialstärke der Metalleindeckung ist nach den Vorgaben der Verlegeanleitungen der Hersteller zu beachten.

Einige Hersteller bieten Montagesysteme, bei denen die einzelnen Modulreihen ca. 5° steiler als die Dachfläche aufgeständert werden. Dies sorgt gerade bei flacheren Dächern für einen optimierten Einstrahlungswinkel und eine bessere Hinterlüftung der Module. Aber auch dann gilt, dass vor der Montage unbedingt geprüft werden muss, ob dieses System den statischen Anforderungen vor Ort entspricht. Dabei geht es insbesondere darum, dass die bauseitige Tragfähigkeit des Dachs sowie die eigentliche Befestigung der Dacheindeckung gewährleistet sind.

Praxistipp *Auch wenn die nachträgliche Montage einer PV-Anlage auf einem Metalldach auf den ersten Blick einfacher erscheint als beispielsweise auf einem Ziegeldach oder einer Flachdachabdichtung, sind auch dabei einige grundsätzliche Dinge zu beachten. Sehr oft werden Metalleindeckungen aus statischen Gründen ausgeführt. Deshalb ist unbedingt im Vorfeld die nach der Montage der PV-Anlage noch zur Verfügung stehende Schneelast zu überprüfen. Auch die ausschließliche Befestigung der Anlage an der Dacheindeckung geht in den meisten Fällen schief, da die vorhandenen Dächer in der Regel für eine derartige Zusatzbelastung nicht befestigt wurden. Die bauaufsichtliche Zulassung und die daraus resultierende Typenstatik der Befestigungssysteme beziehen sich ausschließlich auf das in sich geschlossene Montagesystem. Gerade bei Leichtdachkonstruktionen empfiehlt es sich, im Zweifel einen Statiker zurate zu ziehen.*

3.16 PV und selbstkompostierende Dächer

Die Installation von Photovoltaiksystemen auf vollsparrengedämmten Dachkonstruktionen aus Holz und Holzwerkstoffen erfordert eine sorgfältige Analyse der Einflüsse auf das Feuchtigkeitsmanagement des Dachs. Solche Dachstrukturen, typischerweise gekennzeichnet durch diffusionshemmende Schichten auf beiden Seiten, sind ein zentraler Gegenstand der aktuellen bauphysikalischen Forschung und Praxis. Häufig werden sie aufgrund ihrer spezifischen Eigenschaften als „selbstkompostierende Dächer“ bezeichnet.

1. Veränderte Strahlungsbilanz aufgrund von PV-Anlagen

Die Montage von PV-Modulen auf diesen Dachkonstruktionen beeinflusst die Strahlungsbilanz erheblich. Wie im WTA-Merkblatt 6-8 beschrieben, reduziert eine PV-Anlage die Fähigkeit der Dachfläche, Wärmestrahlung aufzunehmen, auf etwa 30 % des ursprünglichen Werts. Die resultierende Verschattung vermindert die sommerliche Erwärmung der Dachkonstruktion, was wiederum die natürliche Rücktrocknung einschränkt und den Feuchtegehalt im Winter erhöht.

2. Feuchteprobleme in Holz- und Holzwerkstoffbauteilen

Die durch die Montage der PV-Anlage veränderten hygrothermischen Bedingungen können besonders in Holz- und Holzwerkstoffbauteilen zu schwerwiegenden Feuchteproblemen führen. Diese Probleme äußern sich nicht nur in der Bildung von Schimmelpilzen, sondern haben sehr oft auch irreparable Schäden durch holzzerstörende Pilze zur Folge.

Abb. 3.34: Schaden selbstkompostierendes Flachdach

Solche Schäden können sich in verschiedenen Formen manifestieren. In einigen Fällen ist „lediglich“ die Schalung oder die Holzwerkstoffplatte oberhalb der Sparren betroffen. Sehr oft sind auch einzelne Sparren oder auch die komplette Sparrenlage in Mitleidenschaft gezogen. In den schwersten Fällen können diese Schäden sogar die Tragkonstruktion des Dachs, einschließlich der Pfetten und anderer tragender Elemente, beeinträchtigen. Dies kann die Stabilität des gesamten Gebäudes gefährden und macht umfassende Sanierungsmaßnahmen erforderlich, die oft mit hohen Kosten und einem erheblichen Zeitaufwand verbunden sind.

3. Risiken bei Flach- und Steildachkonstruktionen

Diese Probleme betreffen sowohl Flachdächer mit Abdichtungsbahnen als auch geneigte Dächer mit dampfdichten Metalleindeckungen. In Fachkreisen hat sich mittlerweile herumgesprochen, dass diese Konstruktion sehr risikobehaftet und anfällig für Schäden sind. Deshalb bleibt zu hoffen, dass derartige schadenträchtige Konstruktionen nicht mehr bzw. immer weniger geplant werden. Denn trotz Einhaltung aller normativen Vorgaben bleibt das Risiko für Schäden signifikant hoch.

4. Herausforderungen bei Bestandsdächern

Die Beurteilung von Bestandsdächern wird komplizierter, besonders wenn genaue Informationen zum Dachaufbau fehlen. Selbst Dächer, die jahrelang keine bauphysikalischen Probleme zeigten, können infolge der Hinzufügung einer PV-Anlage plötzlich Feuchteprobleme entwickeln. Dies ist vergleichbar mit dem „berühmten Tropfen“, der das Fass zum Überlaufen bringt: Eine bislang kontrollierbare Situation kann unerwartet in einen ernsthaft bedrohlichen Zustand umschlagen.

5. Überprüfungsmethoden und präventive Maßnahmen

Zur Verringerung des Risikos von Feuchteschäden sind hygrothermische Simulationen sehr nützlich. Methoden wie das WUFI-Verfahren (Wärme und Feuchte instationär) ermöglichen es, Feuchte- und Wärmeübertragung in Bauteilen und Gebäuden genau zu analysieren. Diese Technik berücksichtigt Materialien, Klimabedingungen und Bauweisen, um vorherzusagen, wie Baustoffe und Bauteile sich langfristig unter echten Bedingungen verhalten könnten. So lassen sich Probleme frühzeitig erkennen und vorbeugende Maßnahmen planen.

> **Praxistipp** *Die Montage von PV-Anlagen auf vollsparrengedämmten Holzkonstruktionen kann selbst das bislang zuverlässigste Dach in ein risikoreiches, selbstkompostierendes Dach verwandeln. Das Risiko für Schäden so wie auch das unternehmerische Risiko steigen dadurch beträchtlich an. Eine passende Beratung umfasst zugleich die Empfehlung einer Dachsanierung mit einer Überdämmung der Holzkonstruktion.*

4 Montage

4.1 Unterkonstruktion und Module

Die Montage von Photovoltaikanlagen auf Dächern setzt voraus, dass sowohl die mechanische Festigkeit als auch die Standsicherheit des Bauwerks und der Bauprodukte gewährleistet sind. Dies schließt ein, dass die Belastungswirkungen durch Wind- und Schneelasten auf die PV-Module sowie ihre Befestigungen am Gebäude berücksichtigt werden, um die Sicherheit des Bauwerks und seiner Nutzer zu gewährleisten. Diese Anforderungen sind in den Landesbauordnungen festgehalten und in der Bauregelliste konkretisiert.

Für die Planung und Ausführung von PV-Anlagen auf dem Dach müssen die Fachregeln des deutschen Dachdeckerhandwerks eingehalten werden.

Diese gelten als anerkannte Regeln der Technik und sind daher der Bewertungsmaßstab für Sachverständige und Juristen.

Zusätzlich sind die Montageanleitungen der Hersteller, die bauaufsichtlichen Zulassungen und die statischen Nachweise zu beachten.

Die statischen Programme der Hersteller beziehen sich in der Regel auf die Unterkonstruktion der Anlage und gehen davon aus, dass die Montage auf einem ausreichend tragfähigen und standsicheren Dach erfolgt. Diese Tools berechnen die Systemstatik der UK und nicht die Standsicherheit des gesamten Dachs oder des Gebäudes.

Bei Flachdächern, besonders bei Leichtbaukonstruktionen wie Trapezblechen oder Holzkonstruktionen, ist eine sorgfältige Überprüfung der Statik zwingend notwendig. Zusätzlich muss bei aufgeständerten Systemen auch die Druckbelastbarkeit der Wärmedämmung berücksichtigt werden, vor allem in Bezug auf die verschiedenen Ballastierungszonen. Es versteht sich von selbst, dass bei der Montage auf Flachdächern direkte Befestigungen durch die Dachabdichtung, falls überhaupt erforderlich, nach dem Grundsatz der Minimierung auf das unbedingt Notwendige beschränkt werden sollten. In einigen Fällen kann es jedoch aufgrund bauaufsichtlicher Zulassungen und gemäß den Montageanleitungen der Hersteller ab einer gewissen Neigung notwendig werden, zusätzliche Befestigungspunkte anzubringen, um ein Abrutschen der Unterkonstruktion zu verhindern.

Bei der Installation von Photovoltaikanlagen auf geneigten Dächern mit Dacheindeckungen muss sorgfältig geprüft werden, ob die Verwendung von Dachhaken die beste (und einzige) Befestigungsmethode ist. Es gibt alternative, oft sicherere Befestigungsoptionen, beispielsweise die Original-Solarträger der Ziegelhersteller oder Universal-Solarträger von Systemanbietern. Diese Methoden gewährleisten in der Regel eine regensichere Integration der Befestigungspunkte in die Dacheindeckung und sollten aufgrund des Vorsorgeprinzips bevorzugt eingesetzt werden.

Obwohl die Fachregeln für Dachziegel und Dachsteine die Montage von Dachhaken ab der Regeldachneigung der verwendeten Dacheindeckungen grundsätzlich nicht ausschließen, kann diese Montageart dennoch als risikoreicher und anfälliger für Schäden angesehen werden als der Einsatz von Original- oder Universal-Solarträgern. Ein wesentlicher Nachteil der Dachhakenmontage besteht darin, dass sowohl der obere als auch der untere Ziegel für die Montage des Dachhaken bearbeitet werden muss, was die Regensicherheit und die Materialintegrität der Dachziegel beeinträchtigt.

Ein weiteres Problem ergibt sich aus der Überdeckung dieser Schwachstellen durch die installierten Module, die eine Inspektion und die frühzeitige Erkennung von Schäden erschweren. Folglich bleiben Schadensanzeichen häufig unentdeckt, was später zu umfangreicheren Wasserschäden führen kann.

***Als Empfehlung* sollten deshalb Dachhaken erst bei Dachneigungen über der Regeldachneigung der Dacheindeckung verwendet werden!**

Bei der nachträglichen Installation von Photovoltaikanlagen auf bestehenden Dächern sind nicht nur die Funktionalität und die Haltbarkeit der Dacheindeckung bzw. -abdichtung zu berücksichtigen, sondern auch alle Aspekte des Wärmeschutzes und der Zusatzmaßnahmen. Sämtliche Dachdurchdringungen, die im Rahmen der Installation notwendig werden, müssen gemäß den Fachregeln des deutschen Dachdeckerhandwerks ausgeführt werden. Je nach spezifischem Anwendungsfall ist dabei sicherzustellen, dass diese Durchdringungen entweder wasserdicht oder regensicher und in jedem Fall luftdicht zur Innenseite hin hergestellt werden.

Wenn ein Gebäude über einen äußeren Blitzschutz verfügt, sind die vorgeschriebenen Trennungsabstände einzuhalten, oder in das Blitzschutzsystem zu integrieren. Um Konflikte mit dem Blitzschutzsystem zu vermeiden, findet diese Berücksichtigung direkt in der Planungsphase statt.

Zusätzlich ist das Traggerüst der PV-Module der Schutzklasse II in den Potenzialausgleich einzubeziehen. Dafür ist ein Leiterquerschnitt von mindestens 6 mm^2 erforderlich. Bei der Kennzeichnung der Adern ist darauf zu achten, dass die Farbkombination Grün-Gelb nicht verwendet wird, da diese Farbkennzeichnung speziell für Schutzleiter reserviert ist.

Praxistipp *Zur Vermeidung von Montage- und Bohrfehlern ist die vorher exakt geplante PV-Anlage vor der Montage sorgfältig auf dem Dach einzumessen und nach Markierung der Befestigungspunkte mit den Planungsunterlagen abzugleichen.*

Unterschiedliche Längenausdehnungskoeffizienten der Konstruktionsprofile im Vergleich zur Dachhaut können thermische Schwingungen im Haltesystem sowie an der Dachhaut oder Dachabdichtung verursachen. Um dies zu vermeiden, sollten die Größen der Modulfelder begrenzt und einzelne Modulfelder voneinander getrennt werden. Dabei ist darauf zu achten, dass die Trennungen nicht zwischen den Klemmpunkten der Module liegen.

Der unmittelbaren Witterung ausgesetzte Bauteile sind korrosionsbeständig auszuführen.

Bei der Montage der Module sind die Montagerichtlinien und Verlegeanleitungen der Hersteller zu beachten.

Hier ein paar Auszüge aus den Montagerichtlinien:

- Zur Vermeidung eventueller Beschädigungen dürfen Module nicht betreten werden.
- Der Anschluss der Stringleitung hat mit identischem Steckerhersteller und -typ wie am Modulanschlusskabel zu erfolgen.
- Eine mechanische oder chemische Bearbeitung des Rahmens ist nicht zulässig.
- Ohne Herstellerfreigabe dürfen die Solarmodule nicht an Standorten installiert werden, an denen aggressive Umgebungsbedingungen herrschen.
- Für die Montage werden saubere, fett- und möglichst silikonfreie Handschuhe empfohlen.
- Die Klemmung der Module darf nur an den Längsseiten erfolgen.

Folgende Überlegungen sind bei der Planung und Montage wichtig

Individuelle Planung: Grundsätzlich muss die Planung individuell an die spezifischen Gegebenheiten des Gebäudes angepasst werden. Die Beschaffenheit des Dachs (wie Dachneigung und Tragfähigkeit) sowie externe Faktoren wie Wind- und Schneelastzonen sind dabei zu berücksichtigen.

Sparrenlage und -abstand: Die Lage der Sparren und ihr Abstand sind entscheidend für die Befestigung der Anlage. Nicht alle Überstände am Dachrand sind für die Befestigung von Montagepunkten geeignet. Es ist zu prüfen, ob der äußerste Sparren dafür geeignet ist und in welchem Abstand er zum Dachrand liegt.

Randabstände: Ab dem letzten Sparren sind in Abhängigkeit von Wind- und Schneezonen und der Profilstärke Auskragungen von bis zu 25 bis 30 cm möglich. Einige PV-Experten planen vorsorglich mit einem Randabstand von mindestens 30 cm, um eventuelle Messfehler oder ungeeignete Außensparren auszugleichen.

Richtwerte für Dachränder: Generell dürfen Module nicht über den Dachrand hinausragen. Im Traufbereich dürfen die Module maximal bis zum Ende der Dacheindeckung reichen. Wenn das Dach an öffentlichen Verkehrswegen endet, ist ein Schneefang mit einzuplanen. Entsprechende Abstände an der Traufe sind dann einzuhalten.

Montagerichtlinie Modulhersteller: Die Hersteller geben zu dem Klemmbereich auch die zu klemmende Seite und den maximalen Überstand der Module auf der Unterkonstruktion vor, teilweise auch die Mindestabstände an den Dachrändern. Aus Haftungsgründen sind diese Angaben einzuhalten.

4.2 Leitungsverlegung DC-Seite

Die Verlegung der Gleichstromleitungen auf Dächern wird in der Praxis oft unterschätzt und erfolgt selten nach einer detaillierten Vorplanung. Stattdessen wird häufig vor Ort unter den gegebenen Umständen improvisiert. Trotz dieses flexiblen Ansatzes gibt es einzuhaltende Regeln, um die Effizienz und Sicherheit der Photovoltaikanlage zu gewährleisten.

Bei der Wahl und Installation von Kabeln und Leitungen für Photovoltaikanlagen müssen gemäß DIN VDE 0100-520 mögliche Schäden durch äußere Einflüsse vermieden werden.

Dies gilt sowohl für die Errichtung als auch für den laufenden Betrieb und die Instandhaltung. Entsprechend der DIN VDE 0100-712 ist zudem darauf zu achten, dass Kabel und Leitungen so verlegt werden, dass das Risiko für Erdschlüsse und Kurzschlüsse möglichst gering ist.

- **Die Kabel dürfen gemäß VDE 0100-712 nicht direkt auf dem Dach aufliegen.**
- **Die Stecker und deren Verbindungen dürfen nicht im Wasser liegen.**
- **Die Mindestbiegeradien der Kabel gemäß den Herstellervorgaben sind einzuhalten.**
- **Zu große Leitungsschleifen gilt es zu vermeiden.**
- **Es dürfen nur zugelassene spezielle PV-Kabel verwendet werden.**
- **Die Kabel müssen geschützt gegen äußere Einflüsse wie mechanische Beschädigungen, Regen, Wind, Schnee und Eis verlegt werden.**
- **Die Befestigungsmaterialien müssen witterungsbeständig sein.**
- **Aus Haftungsgründen empfiehlt es sich, die Originalkabelbinder der Hersteller mit integrierter Fixierungsmöglichkeit am Modul oder der Unterkonstruktion zu verwenden.**

Praxistipp ***Steckermontage:*** *Es wird dringend empfohlen, Stecker für Module und Stringkabel vom selben Hersteller zu verwenden. Die Nutzung von Steckern desselben Herstellers gewährleistet nahtlose und effiziente elektrische Verbindungen und vermeidet Installationsprobleme sowie Leistungseinbußen, die durch Inkompatibilität entstehen können, und schützt zudem vor Reklamationen.*

Praxistipp ***Kabelführung durch Kamine:*** *Obwohl es manchmal praktisch erscheint, die PV-Kabel durch vorhandene Kabelkanäle oder ungenutzte Kaminzüge senkrecht zu führen, ist besondere Vorsicht geboten. Es ist zu empfehlen, die maximalen Befestigungsabstände gemäß der DIN EN 50565-1 (VDE 0298-565-1): 2015-02, Tabelle 3, einzuhalten.*

Für Leitungen mit einem Außendurchmesser von ≤ 9 mm sollte der senkrechte Befestigungsabstand von 400 mm nicht überschritten werden.

Diese Vorgabe zielt darauf ab, die Zugbelastung der Kabel zu minimieren.

Die Einhaltung dieser Befestigungsabstände kann jedoch eine Herausforderung sein, insbesondere wenn die Kabel in einem geschlossenen Leerrohr oder Kaminzug nach unten geführt werden. Eine mögliche Kompensationsmaßnahme ist der Einsatz eines Stahlseils oder einer Kette. Diese kann im oberen Bereich befestigt werden, und an ihr werden wiederum die einzelnen Kabel befestigt. Diese Methode ermöglicht es, den gesamten Kabelstrang vorkonfektioniert und unter Einhaltung der erforderlichen Sicherheitsstandards zu montieren.

4.3 Montage Wechselrichter

Bei der Installation von Wechselrichtern sind sowohl die spezifischen Herstellervorgaben als auch die relevanten normativen Bestimmungen zu beachten. Häufige Streitpunkte sind die Auswahl eines unzulässigen Montageorts und die Missachtung der erforderlichen Montageabstände.

Wechselrichter sind elektronische Geräte, die während des Betriebs erhebliche Wärme entwickeln können. Daher sind ausreichende Sicherheitsabstände zu gewährleisten, damit die Wärme effizient abgeleitet werden kann und eventuelle aktive Kühlsysteme wirksam arbeiten können. Eine Platzierung an Orten, die weder zugänglich sind noch den normativen Anforderungen entsprechen, gilt als fehlerhafte Installation.

Wechselrichter sollten in Augenhöhe montiert werden, um sowohl eine einfache visuelle Überwachung als auch einen schnellen Zugriff im Notfall zu ermöglichen, beispielsweise für eine Notabschaltung. Diese Positionierung erleichtert auch die Inspektion und Wartung gemäß den geltenden Vorschriften und macht den Austausch der Geräte einfacher. Moderne Kompaktwechselrichter können ein Gewicht von über 40 kg haben, was bei Installationen in schwierigen Positionen den Einsatz von Montagegerüsten und Hebezeugen erforderlich machen kann.

In feuergefährdeten Betriebsstätten oder Gebäuden mit vergleichbaren Risiken ist die Installation von Wechselrichtern gemäß DIN VDE 0100-712 nicht gestattet, insbesondere wenn die Geräte nicht zur Versorgung des Gebäudes dienen, sondern Strom ins öffentliche Netz einspeisen. Sollte Eigenstromverbrauch vorgesehen sein, sind spezielle Anforderungen bei der Montage der Geräte zu beachten. In Mehrfamilienhäusern und Gewerbebetrieben dürfen Wechselrichter und Schaltgeräte aus Brandschutzgründen nicht in Fluren oder Treppenhäusern installiert werden, sofern diese als Fluchtwege dienen.

5 Brandschutz

5.1 Brandschutz-Grundlagen

Sind Photovoltaikanlagen auf Dächern brandgefährliche und unkontrollierbare Zündquellen?

Im Rahmen eines sehr umfangreichen Forschungsprojekts unter Beteiligung der Verbundpartner TÜV Rheinland und des Fraunhofer-Instituts für Solare Energiesysteme ISE und weiterer Projektpartner, zu denen unter anderem auch die DGS – Deutsche Gesellschaft für Sonnenenergie e. V. und die Berufsfeuerwehr gehörten, wurde diese These untersuch, und die Ergebnisse wurden im Jahr 2015 veröffentlicht. Entstanden ist daraus ein über 300 Seiten umfassender Leitfaden mit dem Titel „Bewertung des Brandrisikos in Photovoltaik-Anlagen und Erstellung von Sicherheitskonzepten zur Risikominimierung". In Kapitel 7 wurden die Ergebnisse von mehr als drei Jahren Forschungsarbeit noch einmal zusammengefasst und mit einem kleinen Ausblick in die Zukunft abgerundet. Im Rahmen der sehr umfangreichen Recherche in Verbindung mit einer zusätzlichen Onlineumfrage und einer Abfrage bei den Berufsfeuerwehren und PV-Versicherern konnten insgesamt 430 Fälle von Brand- bzw. Hitzeschäden ermittelt werden. Jedoch war von diesen gemeldeten Schäden nur ca. die Hälfte durch PV-Anlagen verursacht worden. Schadensursächlich waren davon zu ca. einem Drittel die PV-Komponenten selbst, zu einem Drittel die fehlerhafte Planung und schließlich zu einem Drittel eine unsachgemäße Ausführung. Fehlerhafte bzw. vorgeschädigte PV-Komponenten versagten überproportional häufig bei starker Einstrahlung und der damit einhergehenden Strombelastung in den Sommermonaten, und zwar in der Mittagszeit bzw. am frühen Nachmittag. Die ca. 213 Schadensfälle mit Schadensursachen in der PV-Anlage wurden weiter ausgewertet.

Abbildung 5.1 zeigt die Verteilung der Schäden in Bezug auf das Ausmaß mit Angabe der Zahl der Schäden.

Abbildung 5.2 schlüsselt die Schadenshöhe der einzelnen Fälle in % auf.

Sehr interessant ist die Aufteilung der einzelnen Schäden nach den Anlagentypen. Unterschieden wurden dabei Aufdachanlagen bei geneigten Dächern, dachintegrierte PV-Anlagen und PV-Anlagen auf Flachdächern (vgl. Abbildung 5.3).

Die Schadensverteilung bei Schadensfällen mit beschädigten Gebäuden der Kategorie „Indach" umfasst auch fassadenintegrierte PV-Anlagen (Basis 57 Schäden).

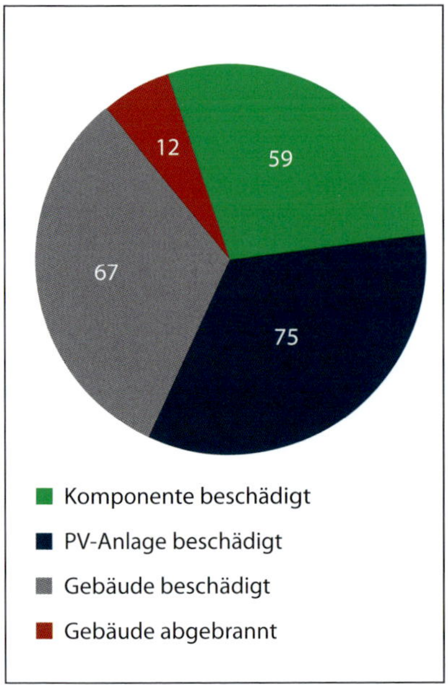

Abb. 5.1: Schadensausmaß der untersuchten Fälle

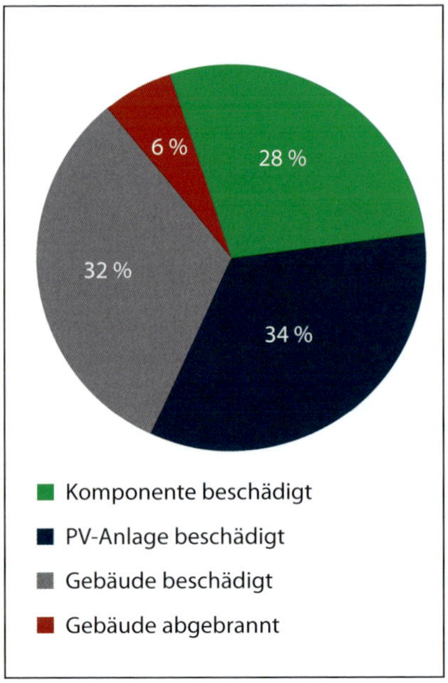

Abb. 5.2: Schadenshöhe in%

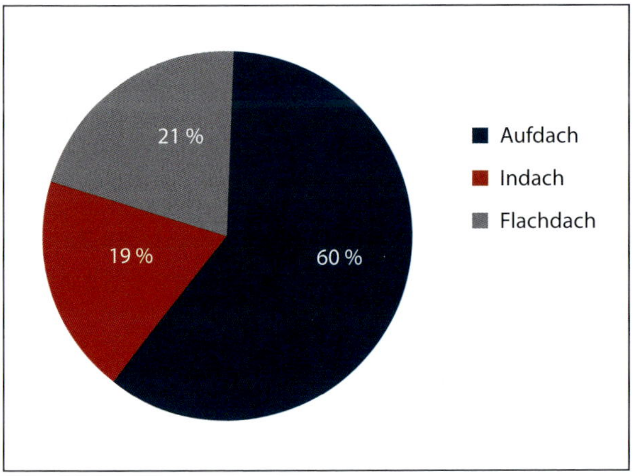

Abb. 5.3: Schadensfälle nach Anlagentypen

Bei einem BIPV-Anteil von geschätzt ca. 1 % an der installierten PV-Kapazität beträgt der Anteil der durch PV verursachten Brände mit beschädigten Gebäuden bei diesen Anlagen etwa 20 %. Daraus lässt sich ableiten, dass bei dachintegrierten PV-Anlagen öfters die Schutzwirkung der „Harten Bedachung“ der typischen Eindeckungen fehlt. Im Fall einer Überhitzung oder eines Lichtbogens innerhalb der PV-Anlage ist die Zündquelle bei Indach-PV-Anlagen bereits innerhalb des Gebäudes.

Dachintegrierte PV-Anlagen müssen mit besonderer Sorgfalt geplant und ausgeführt werden!

Von einem Expertengremium wurde mit den Erkenntnissen aus Recherchen und Laborversuchen eine Fehlermöglichkeit- und Einflussanalyse durchgeführt. Als hauptsächliche Fehlerquelle ergab sich dabei der „Faktor Mensch", denn sowohl Planung als auch Ausführung waren überproportional schadensursächlich. Daher wurden zusätzliche Empfehlung im Bereich der Qualitätssicherung sowohl bei den PV-Komponenten als auch bei der Planung und Ausführung formuliert. Obwohl die damalige Produktionsqualität schon auf einem recht hohen Niveau war, wurden für die Normung zusätzliche verstärkte Qualitätssicherungsmaßnahmen in der Produktion empfohlen. Weiterhin wurden auch regelmäßige Prüfungen der Anlagen durch unabhängige Dritte als sehr sinnvoll erachtet. Zwar können zusätzliche Sicherheitskomponenten das Risiko weiter reduzieren, aber in erster Linie geht es um eine fachmännische Planung und Ausführung der Anlagen mit hochwertigen Bauteilen. Bei PV-Anlagen handelt es sich um elektrotechnische Anlagen, bei denen trotz aller qualitätssichernden Maßnahmen eine Überhitzung oder ein Lichtbogen nicht zu 100 % ausgeschlossen werden kann. Ein Lichtbogen kann entstehen, wenn ein Fehlerstrom auftritt und eine elektrische Spannung zwischen 2 Teilen der Anlage entsteht, die ausreicht, um das Gas zwischen ihnen zu ionisieren und damit leitfähig zu machen. Ein Fehlerstrom wiederum kann beispielsweise durch beschädigte Kabel, Stecker oder fehlerhafte Verbindungen verursacht werden. Ein Lichtbogen entsteht also durch die Ionisation eines Gases zwischen 2 Elektroden und ermöglicht bei bestimmten Strom- und Spannungswerten den Stromfluss. In Gleichstromsystemen erlischt der Lichtbogen nicht von selbst, da der Strom in eine Richtung fließt. Im Gegensatz dazu ändert der Stromfluss in Wechselstromsystemen periodisch seine Richtung, sodass der Lichtbogen in der Regel nicht aufrechterhalten werden kann. Dies bedeutet jedoch nicht, dass in Wechselstromsystemen keine Lichtbogen- und Brandgefahr besteht, die Gefahr ist jedoch auf der DC-Seite größer.

PV-Anlagen stehen praktisch immer unter Spannung, auch bei trübem Wetter. Der Trend zu immer größeren Anlagen bewirkt, dass inzwischen Gleichspannungen von 1.000 V und darüber hinaus erreicht werden können. Dem Berührungsschutz und insbesondere dem Schutz vor Lichtbögen kommt damit wachsende Bedeutung zu. Aus diesem Grund können Lichtbogendetektoren mit großer Detektionssicherheit bei geringer Fehlerauslösung für zusätzliche Sicherheit sorgen.

Ein immer wieder heiß diskutiertes Thema ist die Einsatzsicherheit der Feuerwehr bei einem Brandeinsatz. Die Gefahren für die Feuerwehr gehen vor allem von der im Generatorfeld erzeugten Gleichspannung aus, die auch nach dem Trennen der Anlage vom Netzanschluss auf der Gleichspannungsseite anliegt, solange Licht auf die Module fällt. Ein grundlegender Baustein für die Einsatzsicherheit der Feuerwehr ist die Information über das Vorhandensein einer PV-Anlage auf dem Gebäude. Dabei können einfache Warnschilder mit Kennzeichnung im Eingangsbereich oder des Hausanschlussraums aushelfen.

Abb. 5.4: PV-Hinweisschild in Anlehnung an VDE-AR2100-712

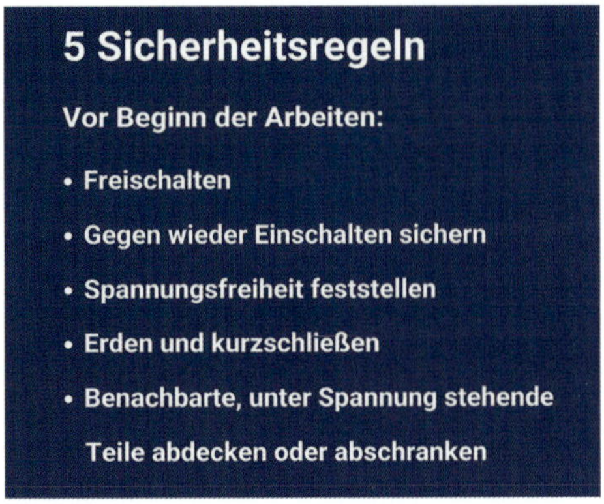

Abb. 5.5: Die 5 Sicherheitsregeln bei der Brandbekämpfung

Aber auch bei vorhandener Abschalteinrichtung (das ist ein Feuerwehrschalter, der die Module von der Gleichstrominstallation trennt) ist davon auszugehen, dass die Anlage selbst bei Einhaltung der 5 Sicherheitsregeln nicht komplett spannungsfrei ist. Das ist auch den Rettungskräften im Einsatz bewusst, die sich unter Anspannung und Zeitdruck an erster Stelle um die Personenrettung kümmern. Untersuchungen haben ergeben, dass bei Einhaltung der vorgegebenen Mindestabstände, 5 m bei Vollstrahl und 1 m bei Sprühstrahl, die Gefährdungen durch gefährliche Ströme über den Löschwasserstrahl signifikant reduziert werden. Dennoch wurde in diesen Untersuchungen weiterhin deutlich, dass nasse Einsatzkleidung praktisch keine isolierende Schutzwirkung mehr besitzt. Durch die Einhaltung eines Mindestabstandes von 1 m, wie er bei elektrischen Anlagen allgemein empfohlen wird, kann dieser Gefahr begegnet, sie kann aber nicht vollständig ausgeschlossen werden.

Zusammenfassend kann gesagt werden, dass PV-Anlagen bei Einhaltung der Sicherheitsabstände, wie bei anderen unter Spannung stehenden elektrischen Anlagen auch, eine durchaus kalkulierbare Gefahr für die Einsatzkräfte der Feuerwehr sind.

Eine elementare und wirksame Schutzmaßnahme für die Feuerwehr ist die gut sichtbare Kennzeichnung, aus der hervorgeht, dass eine PV-Anlage auf dem Gebäude installiert ist. Die Hinweisschilder sollten gut sichtbar angebracht, formstabil und lichtbeständig sein.

Wenn ein Brandschutzkonzept als Bauvorlage zu einem Bauantrag mit eingereicht wurde, ist darin die PV-Anlage mit den für die Feuerwehr relevanten Angaben zu beschreiben.

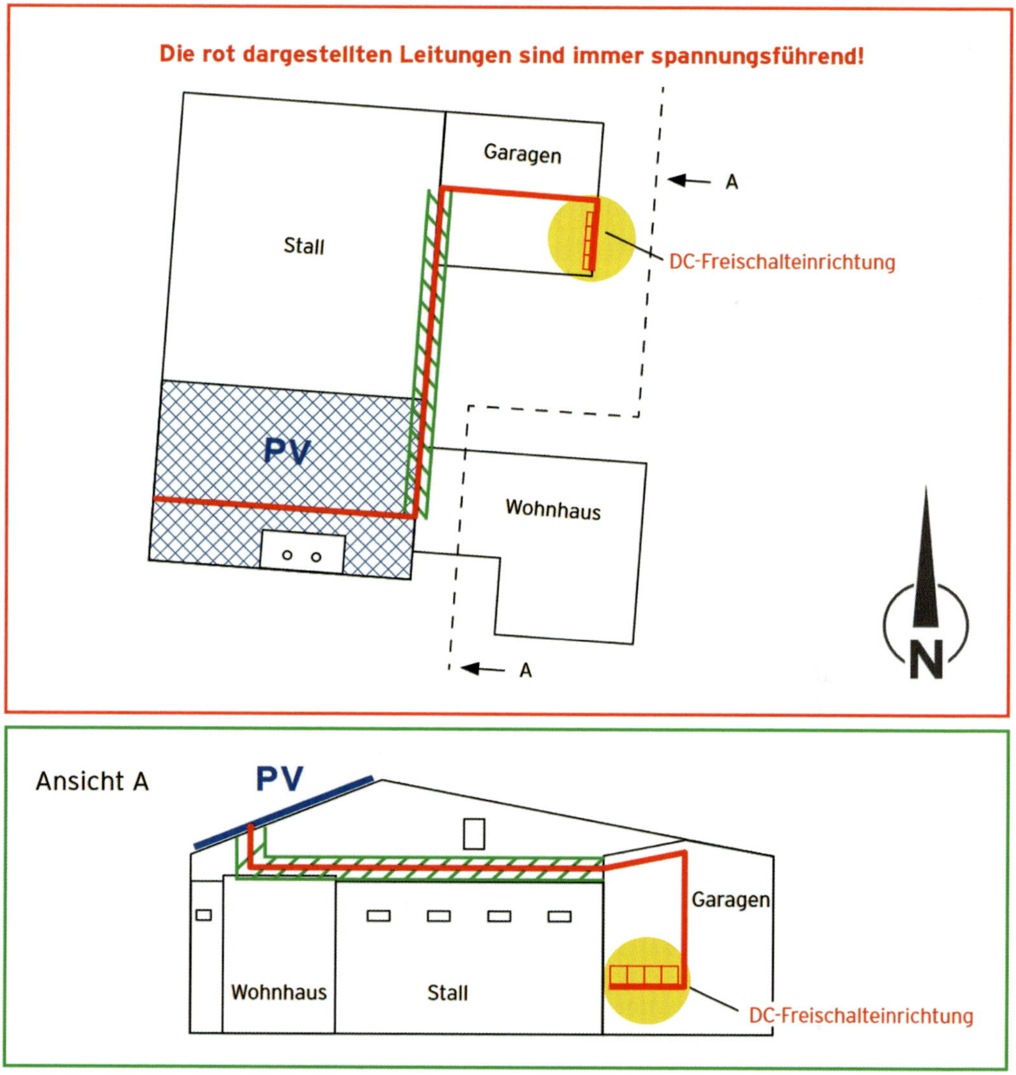

Datum: Datum der Erstellung	**Übersicht:** Luftbild des Gebäudes	**Projekt:** Projekt-Nummer	**Aufstellort der PV-Anlage:** Adresse
Legende: spannungsführende Leitung; spannungsführende Leitung (feuerfest verlegt); PV-Generator; Position der DC-Freischalteinrichtung		**Kunde:** Name und Mobilfunknummer	
		Inhalt: PV-Anlage Übersichtsplan für Einsatzkräfte	**Erstellt durch:** Komplette Adresse und Telefonnummer des Anlagenherstellers
		Notfallnummer: Name und Mobilfunknummer	

Abb. 5.6: Beispiel eines Übersichtsplans für die Einsatzkräfte nach VDE-AR-2100-712

5.2 Normen und technische Regeln

Im Bereich der Photovoltaik gibt es sowohl allgemein gültige Normen als auch speziell für PV-Anlagen geltende Normen. Die Normenreihe für Niederspannungsanlagen im Allgemeinen ist die DIN VDE 0100, die auf der europäischen Niederspannungsrichtlinie basiert. Die meisten speziell auf PV-Systeme bezogenen Normen sind in der Normenreihe DIN VDE 0126 enthalten. Neben den Normen gibt es auch Anwendungsrichtlinien des VDE, die Richtlinien des BDEW und die Unfallverhütungsvorschriften der Berufsgenossenschaften.

Das DIBt veröffentlicht regelmäßig die Bauregelliste und interpretiert die Europäische Bauproduktenverordnung (EU-BauPVO) für Deutschland. Daraus ergeben sich Anforderungen für PV-Anlagen und deren Komponenten, die in der Informationsschrift „Hinweise für die Herstellung, Planung und Ausführung von Solaranlagen“ beschrieben sind.

Der Branchenverband BSW und der Fachverband DGS haben eine Regel für die brandschutzgerechte Planung, Errichtung und Instandhaltung von PV-Anlagen entwickelt. Erstellt wurde dieses Kompendium mit Unterstützung durch die Bundesvereinigung der Fachplaner und Sachverständigen Brandschutzes e. V., die Berufsfeuerwehr München und den Zentralverband der Deutschen Elektro- und Informationstechnischen Handwerke (ZVEH).

Die beiden genannten Regelwerke sind zwar etwas in die Jahre gekommen, haben aber dennoch nichts an Relevanz verloren. Das liegt unter anderem daran, dass trotz der technologischen Fortschritte und Entwicklungen im Bereich der Photovoltaik bisher keine vergleichbaren Veröffentlichungen erschienen sind, die diese Regelwerke ersetzen könnten oder aktualisieren würden.

Aus diesem Grund kann weiterhin davon ausgegangen werden, dass diese Publikationen den „Stand der Technik“ repräsentieren.

Technischen Anforderungen und gesetzliche Vorschriften im Bereich der Photovoltaik können sich im Lauf der Jahre verändern.

Daher ist es enorm wichtig, dass sich Fachleute regelmäßig über die neuesten Entwicklungen, Normen und Regelwerke informieren, um stets auf dem aktuellen Stand zu sein.

Nachfolgend eine Auflistung von Normen und technischen Regeln für Photovoltaikanlagen, jedoch ohne Anspruch auf Vollständigkeit:

- DIN EN 62446-1 VDE 0126-23-1:2019-04 Photovoltaik(PV)-Systeme – Anforderungen an Prüfung, Dokumentation und Instandhaltung Teil 1: Netzgekoppelte Systeme – Dokumentation, Inbetriebnahmeprüfung und Prüfanforderungen
- DIN EN 62305-3 VDE 0185-305-3 Beiblatt 5:2014-02 Blitzschutz Teil 3: Schutz von baulichen Anlagen und Personen – Beiblatt 5: Blitz- und Überspannungsschutz für PV-Stromversorgungssysteme

- VDI 2883 Blatt 1:2020-01 Instandhaltung von PV-Anlagen (Fotovoltaikanlagen) – Grundlagen
- DIN 4102-1:1998-05 Brandverhalten von Baustoffen und Bauteilen – Teil 1: Baustoffe; Begriffe, Anforderungen und Prüfungen
- DIN 4102-7:2018-11 Brandverhalten von Baustoffen und Bauteilen – Teil 7: Bedachungen – Anforderungen und Prüfungen
- DIN VDE 0100-712 VDE 0100-712:2016-10 Errichten von Niederspannungsanlagen Teil 7-712: Anforderungen für Betriebsstätten, Räume und Anlagen besonderer Art – Photovoltaik-(PV)-Stromversorgungssysteme
- Normenreihe DIN VDE 0100 Errichten von Niederspannungsanlagen

Der Brandschutz ist sowohl bei der Planung als auch bei der Ausführung einer PV-Anlage ein sehr komplexes Thema und mit den vorangegangenen Informationen bei Weitem nicht erschöpfend behandelt worden. Einige zusätzliche Informationen:

Es gibt PV-Anlagen in Freiflächenanlagen und Gebäudeanlagen. Die Gebäudeanlagen lassen sich in dachparallele Aufdachanlagen auf Schrägdächern, aufgeständerte Anlagen auf Flachdächern, dachintegrierte Anlagen und PV-Vorhangfassaden sowie fassadenintegrierte Anlagen unterteilen. Dachparallele Anlagen weisen häufig die größten zusammenhängenden Modulfelder auf und können daher die Brandbekämpfung am stärksten behindern.

Für eine Verbrennung sind diese 3 Kriterien erforderlich:
- **brennbare Stoffe**
- **ausreichend hohe Temperatur**
- **ausreichend Sauerstoff**

Bei der brandschutztechnischen Bemessung wird davon ausgegangen, dass alle drei Bedingungen ständig erfüllt sind. Daher ist es wichtig, bei der Planung und Ausführung von baulichen Anlagen und technischen Systemen darauf zu achten, dass diese Kriterien beherrscht werden, um eine sichere Nutzung und Funktion zu gewährleisten.

Im Bereich der Photovoltaikanlagen geht es darum, die brandtechnischen Eigenschaften der verwendeten Materialien und Komponenten zu berücksichtigen, um das Brandrisiko zu minimieren. Die brandschutztechnische Bemessung von Photovoltaikanlagen hängt von verschiedenen Faktoren ab, z. B. der Art der Anlage, der Größe des Gebäudes und den verwendeten Materialien. Von besonderer Bedeutung sind auch die Abstände zwischen Gebäuden und Photovoltaikanlagen, da diese die brandschutztechnische Beurteilung beeinflussen.

5.3 Brandschutz und öffentliches Baurecht

Das öffentliche Baurecht regelt die Bebauung und Nutzung von Grundstücken im Interesse der Allgemeinheit und gliedert sich in 2 Hauptbereiche: **das Bauplanungsrecht und das Bauordnungsrecht.**

Bauplanungsrecht: Dieser Rechtsbereich steuert und regelt die städtebauliche Entwicklung und Ordnung. Mit Instrumenten wie Flächennutzungs- und Bebauungsplänen wird festgelegt, welche Art von Bebauung auf einem bestimmten Grundstück zulässig ist. Es spielt auch eine wichtige Rolle beim Schutz der Umwelt und der Erhaltung des Landschaftsbildes.

Bauordnungsrecht: Dieser Bereich des öffentlichen Baurechts befasst sich mit den Anforderungen an einzelne Bauwerke. Das Bauordnungsrecht umfasst Vorschriften zur Sicherheit und Standsicherheit von Gebäuden, einschließlich wichtiger Aspekte wie Brandschutz. Es legt Standards und Anforderungen fest, die sicherstellen sollen, dass Gebäude so errichtet und unterhalten werden, dass die Sicherheit der Menschen, die sie nutzen oder in ihnen wohnen, gewährleistet ist. Das öffentliche Baurecht, insbesondere das Bauordnungsrecht, dient in erster Linie dem Schutz Dritter sowie dem geordneten Zusammenleben und der nachhaltigen Entwicklung von Städten und Gemeinden. Es sorgt dafür, dass Gebäude und andere bauliche Anlagen sicher sind, um das Wohl und die Sicherheit der Allgemeinheit zu gewährleisten. Das Bauordnungsrecht spielt für den Brandschutz eine zentrale Rolle. Beim baurechtlichen Brandschutz geht es nicht in erster Linie darum, den Eigentümer vor wirtschaftlichen Schäden zu schützen. Vielmehr soll verhindert werden, dass Brände auf Nachbargrundstücke oder öffentliche Bereiche übergreifen und dann Dritte gefährden oder schädigen. Bauvorschriften und Brandschutzanforderungen zielen darauf ab, die Ausbreitung von Feuer und Rauch innerhalb eines Gebäudes zu kontrollieren und zu begrenzen. Dazu gehören Vorschriften über die Bildung von Brandabschnitten, über Brandschutzeinrichtungen und -anlagen sowie über die Verwendung von Baustoffen und Bauarten, die dazu beitragen, die Ausbreitung eines Brandes zu verhindern oder zu verzögern. Darüber hinaus sorgen diese Vorschriften dafür, dass im Brandfall sichere und leistungsfähige Flucht- und Rettungswege für die Bewohner und Nutzer des Gebäudes sowie für die Einsatzkräfte der Feuerwehr gewährleistet sind. Es ist daher Aufgabe des öffentlichen Baurechts und der Bauaufsichtsbehörden, durch entsprechende Vorschriften und Kontrollen ein hohes Maß an Sicherheit für die Allgemeinheit zu gewährleisten und das Risiko von Personenschäden sowie Schäden an benachbarten Gebäuden und Grundstücken zu minimieren.

Die Umsetzung dieser Aufgaben erfolgt mittels verschiedener Gesetze und Verordnungen, insbesondere des Baugesetzbuchs (BauGB), der Landesbauordnungen (LBO) und verschiedener technischer Normen und Richtlinien. Die Bauordnungen in Deutschland sind Teil des öffentlichen Baurechts und legen rechtsverbindliche Mindestanforderungen für das Planen, Bauen und Sanieren von Gebäuden fest. Sie sind in den Landesbauordnungen (LBO) der einzelnen Bundesländer geregelt und können daher regional unterschiedlich sein. Neben diesen gesetzlichen Anforderungen gibt es die sogenannten „anerkannten Regeln der Technik". Darunter versteht man technische Normen, die von der Fachwelt als geeignet anerkannt sind, ein bestimmtes Ziel zu erreichen – in diesem Fall, ein Gebäude sicher, gesundheitlich unbedenklich und gebrauchstauglich zu errichten oder zu sanieren. Die anerkannten Regeln der Technik sind oft in technischen Normen und Richtlinien festgelegt, z. B. in handwerklichen Regelwerken oder DIN-Normen. Wichtig ist, dass die Einhaltung der anerkannten Regeln der Technik nicht nur empfohlen wird, sondern in vielen Fällen zur Erfüllung der gesetzlichen Anforderungen erforderlich ist. Werden sie eingehalten, wird vermutet, dass die gesetzlichen Anforderungen erfüllt sind. Nicht nur im Schadensfall spielt die Einhaltung der anerkannten Regeln der Technik eine wichtige Rolle, um nachzuweisen, dass die Sorgfaltspflicht ausreichend erfüllt wurde. Im Zusammenhang mit dem Brandschutz und der Installation von PV-Anlagen bedeutet dies, dass sowohl die Anforderungen der jeweiligen Landesbauordnung als auch die anerkannten Regeln der Technik eingehalten werden müssen, um ein sicheres und rechts- und regelkonformes Ergebnis zu erzielen.

Die Errichtung von Photovoltaikanlagen ist in vielen Fällen baugenehmigungsfrei. Dies bedeutet jedoch nicht, dass sie von den allgemeinen baubehördlichen Anforderungen befreit sind. Die Einhaltung aller relevanten baubehördlichen Auflagen, insbesondere im Zusammenhang mit dem Brandschutz und der Standsicherheit, ist unabhängig von der Notwendigkeit einer Baugenehmigung unabdingbar. Im speziellen Kontext von Doppel- und Reihenhäusern sind die brandschutztechnischen Auflagen von besonderer Bedeutung. Dort spielen insbesondere die Abstandsregelungen und die Feuerbeständigkeit der Dacheindeckung eine entscheidende Rolle. Sie sollen sicherstellen, dass im Brandfall das Feuer nicht auf die Nachbargebäude übergreifen kann und dass die Feuerwehr ausreichend Platz für eine wirksame Brandbekämpfung hat. Die Abstandsflächen sind in den Landesbauordnungen (LBO) der einzelnen Bundesländer geregelt. Obwohl die Musterbauordnung (MBO) als Vorlage für die LBO dient, gibt es keine bundeseinheitliche Regelung für diese Abstandsflächen. Das bedeutet, dass die genauen Anforderungen von Bundesland zu Bundesland unterschiedlich sein können bzw. auch tatsächlich sind.

Die Musterbauordnung (MBO) hat in Deutschland die Aufgabe, als Vorlage oder Richtlinie für die Landesbauordnungen der einzelnen Bundesländer zu dienen. Sie soll eine gewisse Vereinheitlichung der Bauordnungen in den einzelnen Bundesländern ermöglichen und damit dazu beitragen, dass das Bauen in Deutschland trotz der föderalen Struktur und der Zuständigkeit der Länder für das Bauordnungsrecht einheitlicher und übersichtlicher wird. Die MBO enthält Vorschriften zu verschiedenen Aspekten des Bauens, z. B. zum Brandschutz, zur Barrierefreiheit, zur Standsicherheit, zum Gesundheitsschutz und zur Nutzungssicherheit. Sie legt auch die grundlegenden Verfahren für Baugenehmigungen und andere baurechtliche Verfahren fest. Wichtig ist jedoch, dass die MBO **selbst nicht rechtsverbindlich ist**. Die konkrete Ausgestaltung des Baurechts obliegt den einzelnen Bundesländern, die eigene Landesbauordnungen erlassen. Diese können von der MBO abweichen, orientieren sich aber in der Regel an ihr.

Die MBO kann als eine Art „Leitfaden" für das Baurecht angesehen werden. Sie ist jedoch nicht rechtsverbindlich, und die einzelnen LBO weichen teilweise von ihr ab!

5.4 Abstand der PV-Anlage zum Nachbarn

Die Integration erneuerbarer Energien in den Alltag ist nicht nur eine Herausforderung, sondern auch eine Chance, unser Zusammenleben nachhaltiger zu gestalten. Dabei stoßen wir immer wieder auf Fragen, die auf den ersten Blick einfach erscheinen, bei näherer Betrachtung jedoch in ein Labyrinth aus baurechtlichen Anforderungen und technischen Details führen. So taucht bei der Sanierung von Gebäuden, insbesondere von Doppel- und Reihenhäusern, oft eine Frage auf, die zunächst einfach erscheint, sich aber als komplex erweist:

Welchen Abstand muss eine Photovoltaikanlage zu Brandmauern oder Nachbardächern einhalten?

Die Beantwortung dieser Frage erfordert eine sorgfältige und fachkundige Beurteilung. Die Komplexität ergibt sich unter anderem aus der föderalen Struktur des deutschen Baurechts, das in den Verantwortung der einzelnen Bundesländer liegt und daher je nach Standort unterschiedliche Anforderungen stellen kann. Die Musterbauordnung bietet zwar eine Orientierung, die konkreten Regelungen können jedoch von Bundesland zu Bundesland variieren.

Um sich einen klaren Überblick über die baurechtlichen Anforderungen und technischen Details im Zusammenhang mit der Installation von Photovoltaikanlagen zu verschaffen, ist es hilfreich, mit einer grundlegenden Einteilung von Gebäuden zu beginnen.

Das Baurecht in Deutschland teilt Gebäude generell in 5 Klassen ein:

- **Gebäudeklasse 1:** Freistehende Wohnhäuser mit maximal 2 Wohneinheiten und bis zu sieben Metern Höhe und einer Nutzfläche von bis zu 400 m^2 insgesamt. **Beispiel:** Freistehendes Einfamilienhaus, maximal mit einer Einliegerwohnung.
- **Gebäudeklasse 1b:** Freistehende Gebäude, die land- oder forstwirtschaftlich genutzt werden.
- **Gebäudeklasse 2:** Wohnhäuser mit bis zu maximal 2 Wohneinheiten und bis zu sieben Metern Höhe und einer Nutzfläche von bis zu 400 m2 insgesamt. **Beispiel:** Reihenhaus mit maximal einer Einliegerwohnung oder ein Doppelhaus.
- **Gebäudeklasse 3:** Gebäude mit mehr als 2 Wohneinheiten und mit einer Höhe von bis zu sieben Metern ohne Begrenzung der Nutzfläche. **Beispiel:** Mehrfamilienhaus.
- **Gebäudeklasse 4:** Gebäude mit einer Höhe von bis zu 13 Metern und einer Nutzfläche von bis zu 400 m2 pro Wohneinheit und maximal 13 Metern Höhe. **Beispiel:** Hochhaus mit Büros oder Wohnungen.
- **Gebäudeklasse 5:** Gebäude mit einer Höhe von mehr als 22 Metern und ohne Begrenzung der Nutzflächen. **Beispiel:** Wolkenkratzer.

Diese Einteilung stammt aus der Musterbauordnung und wurde in die einzelnen Landesbauordnungen oft ohne wertmäßige Änderungen übernommen. Ein weiterer wichtiger Aspekt ist der Brandschutz über die Dacheindeckung und damit die Verwendung einer harten Bedachung mit der

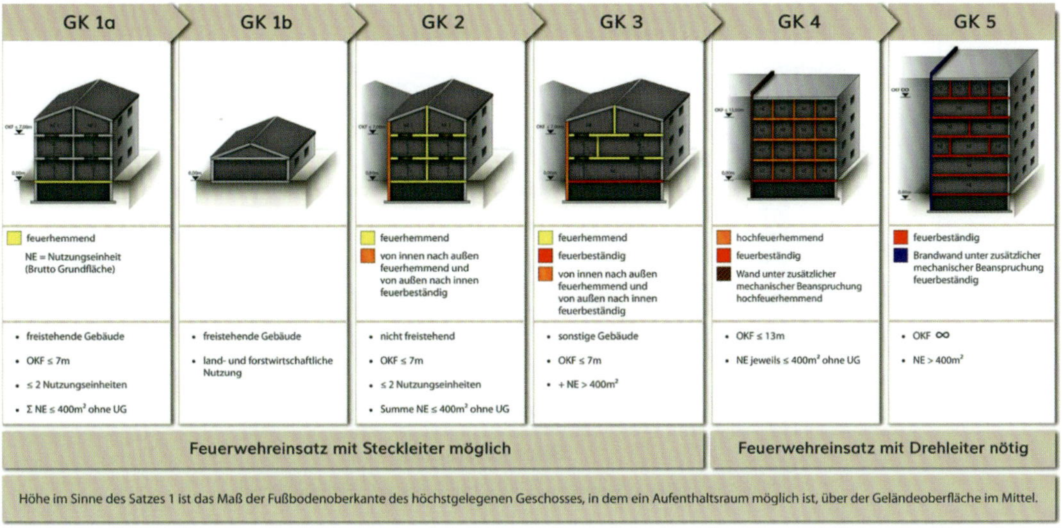

Abb. 5.7: Einteilung der Gebäudeklassen

Klassifizierung B_{ROOF} (t1) nach DIN EN 13501-5. Eine solche Bedachung ist besonders feuerhemmend und verringert das Risiko, dass Brände auf dem Dach entstehen oder sich ausbreiten können. B_{ROOF} (t1) steht für eine Bedachung, die im Brandfall nicht tropft, kein brennendes Abtropfen oder Herabfallen von Funken bewirkt und einen nachgewiesenen Widerstand gegen das Durchdringen von brennenden Gegenständen besitzt. Die DIN EN 13501-5 legt die Klassifizierung von Bauprodukten und Bauarten hinsichtlich ihres Brandverhaltens fest. Die Klassifizierung von Bedachungen bei Beanspruchung durch Feuer von außen erfolgt nach den 4 Prüfverfahren der ENV 1187. Die bauaufsichtliche Anforderung „widerstandsfähig gegen Flugfeuer und strahlende Wärme" (harte Bedachung) entspricht der Klasse B_{ROOF} (t1), wobei t1 für das erste Prüfverfahren nach DIN V ENV 1187 steht. Die DIN EN 13501-5 ist seit Dezember 2005 gültig und steht gleichwertig neben der DIN 4102-7.

Gemäß DIN 4102 Teil 4 gelten als harte Bedachung auch ohne bauaufsichtlichen Nachweis zum Beispiel

- Eindeckungen aus künstlichen und natürlichen Materialien wie Dachsteine und Tonziegel, Faserzement und Schiefer,
- Eindeckungen mit mindestens 0,5 mm starkem Metallblech, beispielsweise bei Kernverbundelementen nach DIN 52390 (auch kunststoffbeschichtet),
- Stahlblech- oder sonstige Metalleindeckungen ohne oberseitige brennbare Wärmedämmung und Deckschichten der Baustoffklasse B1 (schwerentflammbar) mit unterseitig angeordneten Dämmschichten aus mindestens schwer entflammbaren Baustoffen.

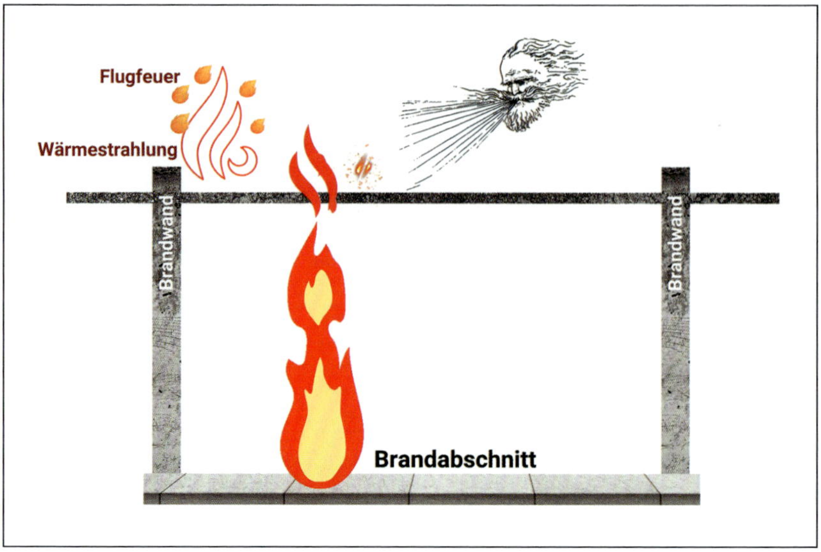

Abb. 5.8: Übersicht über Flugfeuer und Wärmestrahlung

Ordnungsgemäß aufgebrachte Abdichtungen auf tragenden Konstruktionen mit mindestens normal entflammbaren Baustoffen B2:

- Bitumenbahnen gemäß DIN 52128,
- Bitumendichtungsbahnen gemäß DIN 52130,
- Bitumenschweißbahnen gemäß DIN 52131,
- Glasvlies-Bitumendachbahnen gemäß DIN 52143

mit mindestens 2-lagiger Abdichtung.

Bei Polystyrol-Hartschaumdämmungen muss zumindest eine Bahn eine Trägereinlage aus Glasvlies oder Glasgewebe aufweisen. Bei dieser Aufzählung handelt es sich nur um einige Beispiele aus der DIN 4102-Teil 4 ohne Anspruch auf Vollständigkeit.

„Widerstandsfähigkeit gegen Flugfeuer und strahlende Wärme" bezieht sich auf die Fähigkeit eines Gebäudes oder einer Dachkonstruktion, Feuer und Wärme von außen zu widerstehen. Als Flugfeuer werden brennende Partikel und Funken bezeichnet, die durch Wind auf benachbarte Gebäude oder Dächer übertragen werden können. Strahlungswärme entsteht durch den Brand benachbarter Dächer oder anderer brennender Objekte in der Umgebung und kann das Dach in Brand setzen oder beschädigen.

Ein „flugfeuer- und strahlungshitzebeständiges" Dach kann diesen Einflüssen für eine gewisse Zeit widerstehen, wodurch es die Ausbreitung von Bränden auf dem Dach verhindert oder zumindest verzögert, um den Einsatz von Brandbekämpfungsmaßnahmen zu ermöglichen.

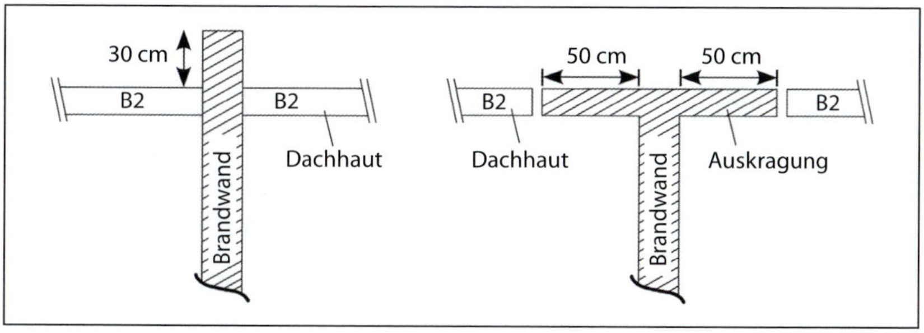

Abb. 5.9: Anforderungen an Brandwände gemäß MBO

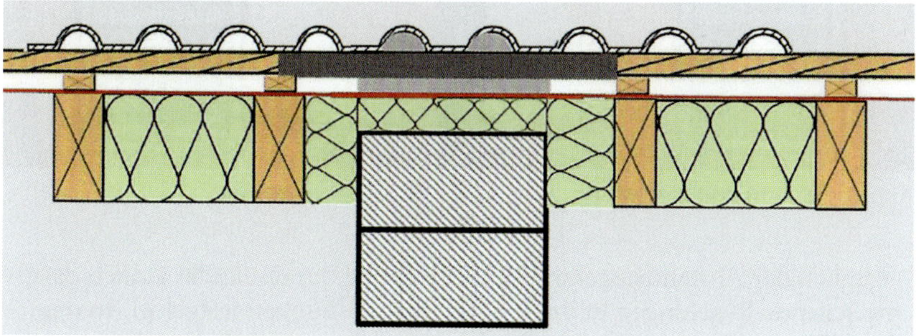

Abb. 5.10: Alternative Brandwandausbildung bei den Gebäudeklassen 1–3

Eine Herausforderung bei der Planung und Montage von Photovoltaikanlagen sind die unterschiedlichen Abstandsregelungen zu Brandwänden und Nachbardächern bei Doppel- und Reihenhäusern. Im Gegensatz zu den Anforderungen an die Gebäudeklassen und die harte Bedachung, die bundesweit einheitlich sind, sind die Abstandsregelungen von Bundesland zu Bundesland unterschiedlich. Dies erschwert die Planung und Ausführung von PV-Anlagen auf diesen Gebäuden, da je nach Standort unterschiedliche Anforderungen gelten können.

In § 30 Absatz 5 MBO wird festgelegt, dass Brandwände entweder 30 cm über die Bedachung hinausragen oder mit einer beidseitig 50 cm auskragenden feuerbeständigen Platte aus nicht brennbaren Baustoffen abgeschlossen sind.

Bei Gebäuden der Gebäudeklassen 1 bis 3 gibt es jedoch eine Ausnahme: Bei ihnen müssen die Brandwände mindestens bis unter die Dachhaut geführt werden, wobei detaillierte Hohlräume vollständig mit nichtbrennbaren Baustoffen aufzufüllen sind.

Zudem dürfen keine brennbaren Teile des Dachs über die Brandwände hinweggeführt werden. Bei dieser Forderung sind sich sowohl der Bund als auch die Länder noch einig. Bei der Zusatzmaßnahme (Underdeckbahn/Unterspannbahn) besteht die Möglichkeit, auf Antrag bei der unteren Bauaufsichtsbehörde/Bauamt von dieser Anforderung abzuweichen.

Abb. 5.11: Abstand nach MBO 1,25 m

Bezüglich der Abstandsregelungen haben einige Bundesländer jedoch davon abweichende Regelungen in ihren Landesbauordnungen festgelegt. **In der Musterbauordnung unter § 32 Dächer (5) steht zurzeit Folgendes:**

Dachüberstände, Dachgesimse und Dachaufbauten, lichtdurchlässige Bedachungen, Dachflächenfenster, Lichtkuppeln, Oberlichte und ***Solaranlagen*** *sind so anzuordnen und herzustellen, dass Feuer nicht auf andere Gebäudeteile und Nachbargrundstücke übertragen werden kann. Von Brandwänden und von Wänden, die anstelle von Brandwänden zulässig sind, müssen* ***mindestens 1,25 m entfernt sein***

1. *Dachflächenfenster, Oberlichte, Lichtkuppeln und Öffnungen in der Bedachung, wenn diese Wände* ***nicht mindestens 30 cm*** *über die Bedachung geführt sind,*
2. ***Solaranlagen****, Dachgauben und ähnliche Dachaufbauten aus brennbaren Baustoffen,* ***wenn sie nicht durch diese Wände gegen Brandübertragung geschützt sind****.*

Übersetzt bedeutet das, dass entweder eine 30 cm hohe Brandwand über das Dach führt oder 1,25 m Abstand von der Innenkante der Brandwand zu den PV-Modulen eingehalten werden. Dabei ist zu beachten, dass die Abstandsregel für beide Dachseiten gilt.

Bei den Gebäuden der Gebäudeklassen 1–3 findet man in der Praxis sehr selten Brandwände, die mindestens 30 cm über Dach geführt sind. Hinzu kommt, dass die Montage der PV-Anlage dieses Maß noch zusätzlich erhöht, denn der neue Bezugspunkt wäre dann nicht mehr die Oberkante der Dacheindeckung, sondern die Oberkante der Module.

Abb. 5.12: Doppelhaus mit Minimalabstand der Module zum Nachbarn

Beispiel:

Bei einem Reihenhaus mit einer Breite von 6,50 m, das die vorgeschriebenen Abstände von 2 × 1,25 m zu den Brandwänden einhält, verbleibt in der Regel eine nutzbare Dachfläche von ca. 4,00 m Breite. Bei einer heutigen Modulbreite von etwas mehr als 1,10 m und einer angenommenen Sparrenlänge von 6,50 m passen in der Breite drei Module und in der Länge drei Module, was eine maximale Zahl von neun Modulen ergibt.

Allerdings müssen bei der Berechnung auch Abzüge für Kamine, Dachfenster oder sonstige Durchdringungen berücksichtigt werden, sodass realistisch nur sechs Module mit einer aktuellen Leistung von ca. 400 W Peak übrigbleiben. Aus dieser Konstellation ergibt sich eine maximale Anlagenleistung von 2,4 kWp, was in den meisten Fällen sowohl für Kunden als auch für die PV-Anbieter keine wirtschaftliche Lösung ist.

In der Praxis wird häufig festgestellt, dass bei der Installation von PV-Anlagen die Abstände zu Brandwänden nicht eingehalten werden. Im Brandfall wird dadurch der Zugang der Feuerwehr zu den betroffenen Bereichen erschwert und das Feuer kann sich somit schneller ausbreiten. Zudem kann die Versicherung im Schadensfall Leistungen verweigern, da die PV-Anlage nicht vorschriftsmäßig installiert wurde.

Wie bereits erwähnt, sind die Abstandsregelungen für PV-Anlagen an Brandwänden leider nicht in allen Bundesländern einheitlich. Es ist daher wichtig, die jeweiligen Vorschriften der Landesbauordnungen zu kennen und einzuhalten, um Konflikte mit den zuständigen Behörden und einen Umbau oder eine Stilllegung der Anlage zu vermeiden.

So haben Baden-Württemberg und Nordrhein-Westfalen die PV-Anlagen komplett aus den Abstandsregelungen herausgenommen, Bayern eigentlich auch, jedoch nur bei den Gebäudeklassen 1 und 2. In Hamburg kann unter bestimmten Voraussetzungen der Abstand auf 50 cm reduziert werden, während Rheinland-Pfalz eine sehr spezielle Regelung hat.

Nachfolgend die Formulierungen der genannten Bundesländer.

5.5 Landesbauordnung Baden-Württemberg

Baden-Württemberg (LBOAVO)

§ 9 Dächer LBOAVO zu § 27 Abs. 6 und § 16 LBO

(4) 1 Dachüberstände, Dachgesimse und Dachaufbauten, lichtdurchlässige Bedachungen, Lichtkuppeln und Oberlichte sind so anzuordnen und herzustellen, dass Feuer nicht auf andere Gebäudeteile und Nachbargrundstücke übertragen werden kann.

Von Brandwänden und von Wänden, die anstelle von Brandwänden zulässig sind, müssen mindestens 1,25 m entfernt sein

1. Oberlichte, Lichtkuppeln und Öffnungen in der Bedachung, wenn diese Wände nicht mindestens 30 cm über die Bedachung geführt sind,
2. Dachgauben und ähnliche Dachaufbauten aus brennbaren Baustoffen, wenn sie nicht durch diese Wände gegen Brandübertragung geschützt sind.

Anlagen zur photovoltaischen oder thermischen Solarnutzung sind keine ähnlichen Dachaufbauten im Sinne von Satz 2 Nummer 2.

Fazit:

In Baden-Württemberg gibt es seit Längerem keine Abstandsregeln für Photovoltaikanlagen. Die Module können also direkt bis an die Grundstücksgrenze herangebaut werden.

Baden-Württemberg hat als eines der ersten Bundesländer eine Solarpflicht bei grundlegenden Dachsanierungen eingeführt, die besagt, dass bei der Sanierung von Dächern mit einer Fläche von mehr als 50 Quadratmetern künftig eine Photovoltaikanlage installiert werden muss. Die Pflicht gilt allerdings nur, wenn dies baurechtlich möglich und wirtschaftlich vertretbar ist. Die Einführung dieser Solarpflicht zeigt das Engagement des Landes für erneuerbare Energien und den Klimaschutz.

Interessant ist in diesem Zusammenhang, dass es in Baden-Württemberg keine Vorgaben für den Abstand der Module zu Brandwänden gibt. Eine mögliche Erklärung könnte sein, dass man durch den Verzicht auf eine Abstandsregelung die Installation von Photovoltaikanlagen auf Dächern erleichtern und somit die Umsetzung der Solarpflicht bei grundlegenden Dachsanierungen nicht torpedieren wollte.

5.6 Landesbauordnung Bayern

Bayerische Bauordnung (BayBO)

Art. 30 Dächer

(5) [1]Dachüberstände, Dachgesimse und Dachaufbauten, lichtdurchlässige Bedachungen, Dachflächenfenster, Lichtkuppeln, Oberlichte und Solaranlagen sind so anzuordnen und herzustellen, dass Feuer nicht auf andere Gebäudeteile und Nachbargrundstücke übertragen werden kann.

[2]Von Brandwänden und von Wänden, die an Stelle von Brandwänden zulässig sind, müssen

1. **mindestens 1,25 m** entfernt sein

a) Dachflächenfenster, Oberlichte, Lichtkuppeln und Öffnungen in der Bedachung, wenn diese Wände nicht mindestens 0,30 m über die Bedachung geführt sind, und

b) Photovoltaikanlagen, Dachgauben und ähnliche Dachaufbauten aus brennbaren Baustoffen, wenn sie nicht durch diese Wände gegen Brandübertragung geschützt sind, und

2. **mindestens 0,50 m entfernt sein**

a) **dachparallel installierte Photovoltaikanlagen,** deren **Außenseiten** und **Unterkonstruktion** aus **nichtbrennbaren Baustoffen bestehen**

Die Bayerische Bauordnung hat zum 1. August 2023 Änderungen eingeführt, die die Installation von Solaranlagen auf Wohngebäuden der Gebäudeklassen 1 und 2 vereinfachen. Für diese Gebäudeklassen, zu denen klassische Reihenhäuser und Doppelhaushälften zählen, werden statt Brandwänden nun sogenannte Trennwände gefordert. Das bedeutet, dass der bisher erforderliche Abstand zu Brandwänden entfällt und Solaranlagen bis zur Grundstücksgrenze und sogar darüber hinaus errichtet werden können. Diese Änderung betrifft sowohl Photovoltaik- als auch Solarthermieanlagen und ermöglicht auch Gemeinschaftsanlagen mit Nachbarn.

Fazit:

Zusammengefasst können in Bayern bei Gebäuden der Gebäudeklasse 2 PV-Anlagen bis zur Grundstücksgrenze und darüber hinaus errichtet werden. Bei Gebäuden der Gebäudeklasse 3 und höher können bei dachparallelen PV-Anlagen mit nicht brennbaren Materialien, z. B. Glas-Glas-Modulen, die brennbare Materialien einschließen, die Abstände auf bis zu 50 cm reduziert werden.

Diese Regelungen gelten auch für thermische Solaranlagen.

5.7 Landesbauordnung Hamburg

Hamburgische Bauordnung (HBauO)

§ 30 Dächer

(5) Dachüberstände, Dachgesimse und Dachaufbauten, lichtdurchlässige Bedachungen, Lichtkuppeln und Oberlichte sind so anzuordnen und herzustellen, dass Feuer nicht auf andere Gebäudeteile und Nachbargrundstücke übertragen werden kann. Von Brandwänden und von Wänden, die anstelle von Brandwänden zulässig sind, **müssen mindestens 1,25 m entfernt sein**

1. Oberlichte, Lichtkuppeln und Öffnungen in der Bedachung, wenn diese Wände nicht mindestens 0,30 m über die Bedachung geführt sind,

2. Dachgauben und ähnliche Dachaufbauten aus brennbaren Baustoffen, wenn sie nicht durch diese Wände gegen Brandübertragung geschützt sind.

Fazit:

Es fällt auf, dass in den Regelungen der Landesbauordnung unter dem § 30 Dächer die Solaranlagen, insbesondere PV-Anlagen, nicht speziell erwähnt werden. Diese sind allerdings gemäß den FAQ zu § 30 HBauO – Dächer vom 01.06.2022 als Dachaufbauten zu bewerten. Das bedeutet, dass sie von Brandwänden und von Wänden, die anstelle von Brandwänden zulässig sind, mindestens 1,25 m entfernt sein müssen, wenn sie nicht durch diese Wände gegen Brandübertragung geschützt sind. Für eine Reduzierung auf mindestens 0,50 m Abstand ist eine Abweichung nach § 69 HBauO zu beantragen.

5.8 Landesbauordnung Nordrhein-Westfalen

Nordrhein-Westfalen (BauO NRW)

§ 32 Dächer

(5) Dachüberstände, Dachgesimse, Zwerchhäuser und Dachaufbauten, lichtdurchlässige Bedachungen, Dachflächenfenster, Lichtkuppeln, Oberlichte und sind so anzuordnen und herzustellen, dass Feuer nicht auf andere Gebäudeteile und Nachbargrundstücke übertragen werden kann. Von der **Außenfläche von Brandwänden und von der Mittellinie gemeinsamer Brandwände müssen**

1. **mindestens 1,25 m entfernt sein**

1) Dachflächenfenster, Oberlichte, Lichtkuppeln und Öffnungen in der Bedachung, wenn diese Wände nicht mindestens 0,30 m über die Bedachung geführt sind und

2) Zwerchhäuser, Dachgauben und ähnliche Dachaufbauten aus brennbaren Baustoffen, wenn sie nicht durch diese Wände gegen Brandübertragung geschützt sind, und

8) Für vom Dach aus vorzunehmende Arbeiten sind sicher benutzbare Vorrichtungen anzubringen.

Fazit:

Der Landtag hat die Landesbauordnung im Oktober 2023 geändert. Die Solaranlagen, sowohl Photovoltaik- als auch Solarthermieanlagen, wurden dadurch von der bisherigen Abstandsregel befreit. Für etwas Verwirrung sorgte eine übergangsweise erlassene Regelung mit einem Abstand von 50 cm. Nun gilt aber die geänderte Landesbauordnung, die zum 01.01.2021 in Kraft getreten ist.

5.9 Landesbauordnung Rheinland-Pfalz

Rheinland-Pfalz (LBauO)

§ 32 Dächer

(7) Dachvorsprünge, Dachgesimse, Dachaufbauten, lichtdurchlässige Bedachungen und Lichtkuppeln sowie Anlagen zur Nutzung solarer Strahlungsenergie auf Dachflächen sind so anzuordnen und herzustellen, dass ein Brand nicht auf andere Gebäude oder Gebäudeteile übertragen werden kann. Von Brandwänden oder von Wänden, die anstelle von Brandwänden zulässig sind, müssen 1,25 m entfernt sein

1. Öffnungen wie Dachflächenfenster, Oberlichter und Lichtkuppeln in der Dachfläche, wenn die Brandwände oder Gebäudetrennwände nicht **mindestens 0,30 m** über Dach geführt sind,

2. Dachgauben und ähnliche Dachaufbauten aus brennbaren Baustoffen, wenn sie nicht durch Wände nach Nummer 1 gegen Brandübertragung geschützt sind,

3. **aufgeständerte Anlagen zur Nutzung solarer Strahlungsenergie bei Gebäuden der Gebäudeklassen 3 bis 5**, wenn sie nicht durch Wände nach Nummer 1 oder sonst geeignete Vorkehrungen gegen Brandübertragung geschützt sind; § 30 Abs. 7 Satz 2 bleibt unberührt.

(8) Dächer an Verkehrsflächen und über Eingängen müssen Vorrichtungen zum Schutz gegen das Herabfallen von Schnee und Eis haben, wenn es die Verkehrssicherheit erfordert.

(9) Für Arbeiten auf dem Dach sind sicher benutzbare Vorrichtungen anzubringen.

Fazit:

Unter Punkt 3 der o. g. Regelungen wird klargestellt, dass Gebäude der Gebäudeklassen 1 und 2 von dieser Abstandsregelung nicht betroffen sind. In Rheinland-Pfalz gibt es bereits seit der Fortschreibung 2015 grundsätzlich keine Abstandsregelung mehr für Photovoltaikanlagen auf Dächern von Gebäuden der Gebäudeklassen 1 und 2. Dies betrifft Einzel-, Doppel- und Reihenhäuser mit maximal 2 Nutzungseinheiten. Für sie gilt lediglich das allgemeine Schutzziel des § 32 Abs. 7 Satz 1 LBauO, wonach Anlagen zur Nutzung solarer Strahlungsenergie auf Dächern so anzuordnen und zu sichern sind, dass ein Brand nicht auf andere Gebäude oder Gebäudeteile übertragen werden kann. Eine explizite Abstandsregelung gibt es somit nicht, und der Abstand ist im Einzelfall festzulegen. Aus einer ergänzenden Stellungnahme vom Juli 2022 geht hervor, dass ohne eine 30 cm hohe Brandwand über dem Dach bzw. der PV-Anlage ein Mindestabstand von 0,5 m einzuhalten ist. Im Rahmen einer Einzelfallprüfung kann dieser Abstand weiter reduziert werden.

Diese Regelung gilt jedoch nicht für Gebäude ab Gebäudeklasse 3.

5.10 Abstandsregeln der Bundesländer

Die Abstandsregeln der einzelnen Bundesländer für PV-Anlagen auf Wohnhäuser für die Gebäudeklasse (GK) 1–3 gehen aus der folgenden Tabelle hervor.

Tabelle 5.1: Abstandsregeln PV-Anlagen auf Wohnhäusern bzgl. der einzelnen Bundesländer

Musterbauordnung	**a) 1,25 m**	**b) 0,5 m**	**c) Kein Abstand**
	Standard	**In Prüfung**	
Baden-Württemberg			*
Bayern	außer b) und c)	(4) bei GK 3	GK 1–2
Berlin	(2)	(1)	(1)
Brandenburg	(2)	(7) + (9)	(1) + (5)
Bremen	(2)	(6)	(1)
Hamburg		(7) + (8)	(1)
Hessen	(2)	(7) + (9)	(1) + (5)
MV	(2)	(1)	(1)
Niedersachsen	(2)	(6)	
NRW			*
Rheinland-Pfalz			** bei GK 1 + 2/(7) + (8) ab GK 3
Saarland	(2)	(1)	(1)
Sachsen	(2)	(1)	(1)
Sachsen-Anhalt	(2)	(1)	(1)
Schleswig-Holstein	(2)	(1)	(1)
Thüringen	(2)	(1)	(1)

(1) ≥ 30 cm Brandwand über Dach
(2) ≤ 30 cm Brandwand über Dach
(3) Brennbare Solaranlagen
(4) Glas-Glas-Module
(5) Solaranlagen aus nicht brennbaren Baustoffen
(6) Photovoltaikanlagen, deren Außenseiten und Unterkonstruktion aus nichtbrennbaren Baustoffen bestehen
(7) Dachintegrierte PV-Anlagen
(8) Flach aufliegende Solaranlagen
(9) Solaranlagen mit maximal 0,30 m Höhe über der Dachhaut installiert

* PV-Anlagen nicht erwähnt
** Keine Abstandsflächen definiert

5.11 Hinweise und Ausblick

Planung bedeutet, sich mit Anforderungen und Gegebenheiten auseinanderzusetzen, Lösungsmöglichkeiten und Alternativen gegeneinander abzuwägen und zu einer technisch, und wirtschaftlich optimalen Lösung zu gelangen. In der Praxis ist dies jedoch nicht so einfach, wie es sich anhört. Denn die brandschutztechnischen Anforderungen bei der Installation von PV-Anlagen auf Dächern sind ständigen Überarbeitungen und Änderungen unterworfen. Dies macht es für Planer und Verarbeiter notwendig, sich über den aktuellen Stand der Technik und die entsprechenden gesetzlichen Vorgaben zu informieren. Die vorangegangenen Kapitel zeigen die Komplexität, die mit der Erfüllung der Anforderungen einhergeht. Eine aktuelle Entwicklung ist der Beschluss der Bauministerkonferenz vom Herbst 2022 zur Änderung des § 32 Abs. 5 der Musterbauordnung. Dem Vorschlag der Solarwirtschaft folgend, soll der Abstand von 1,25 m auf 0,50 m reduziert werden. Derzeit wird das europäische Verfahren zur Änderung des Entwurfs der Musterbauordnung durchgeführt und parallel geprüft, ob eine weitere Reduzierung des Abstands auf unter 0,50 m möglich ist. Die Umsetzung dieser Novellierung in die jeweiligen Landesbauordnungen und deren zeitlicher Horizont liegen jedoch allein in der Zuständigkeit der Länder und sind daher nicht absehbar. In diesem Zusammenhang empfiehlt es sich, sich immer direkt mit der zuständigen Bauaufsichtsbehörde in Verbindung zu setzen. Dies gilt insbesondere vor dem Hintergrund, dass die Anforderungen in den einzelnen Bundesländern unterschiedlich sein können. Fehlinterpretationen können schwerwiegende Folgen haben.

Eine wichtige Rolle spielt in diesem Zusammenhang auch die Unterscheidung zwischen Realteilung und der Teilung nach Wohnungseigentum im Baurecht.

Bei der Realteilung wird ein Grundstück in mehrere Einzelgrundstücke aufgeteilt, die jeweils selbstständig bebaut werden können.

Dabei gelten die baurechtlichen Vorschriften und Abstandsflächen wie bei einer selbstständigen Bebauung. Das bedeutet, dass bei der Realteilung die Abstandsflächen zu Nachbargrundstücken und -gebäuden auch bei PV-Anlagen eingehalten werden müssen.

Im Gegensatz dazu geht man bei der WG-Teilung von einem Grundstück mit mehreren Gebäuden aus, die aber gemeinsam genutzt werden.

In diesem Fall wird das Grundstück in Wohneinheiten aufgeteilt, die jeweils in einem eigenen Gebäude untergebracht sind. Zwischen den einzelnen Gebäuden gibt es in der Regel keine Abstandsflächen, sondern nur Brandwände oder Brandmauern als Trennung.

Bei einer Aufteilung in Wohneinheiten müssen bei der Planung von PV-Anlagen auf den einzelnen Gebäuden keine Abstandsflächen berücksichtigt werden.

Es ist jedoch zu beachten, dass dies nur für Gebäude innerhalb eines Grundstücks gilt. Wird eine PV-Anlage auf einem Gebäude errichtet, das an eine Grundstücksgrenze angrenzt, müssen die entsprechenden Abstandsflächen eingehalten werden, unabhängig davon, ob es sich um eine Realteilung oder eine Wohnungseigentumsgemeinschaft handelt. Es ist daher ratsam, sich im Vorfeld über die geltenden baurechtlichen Vorschriften und Abstandsflächen zu informieren, um mögliche Probleme und Verzögerungen bei der Planung und Umsetzung der PV-Anlage zu vermeiden.

Grundlegende Informationen zur Überprüfung der Teilung von Grundstücken und Gebäuden finden sich in den jeweiligen Geoportalen der Bundesländer.

Dort können Informationen zu baurechtlichen Bestimmungen und Grenzabständen für PV-Anlagen abgerufen werden.

Die Musterbauordnung und die 16 Landesbauordnungen sind nicht die einzigen Regelwerke, die für die Errichtung von Gebäuden und die Montage von PV-Anlagen relevant sind.

Für Sonderbauten gelten andere Regelwerke mit besonderen brandschutztechnischen Anforderungen und Bestimmungen, die in gesonderten Richtlinien und Verordnungen, z. B. der Industriebaurichtlinie, der Sonderbauverordnung oder der Beherbergungsstättenverordnung, festgelegt sind. Ziel dieser Verordnungen und technischen Regeln ist es, Mindestanforderungen für den Brandschutz zu definieren, die den Feuerwiderstand von Bauteilen, die Brennbarkeit von Baustoffen, die Größe von Brandabschnitten sowie Anordnung, Lage und Länge von Rettungswegen berücksichtigen. Damit soll die Einhaltung der Schutzziele des Bauordnungsrechts gewährleistet werden, um im Brandfall Menschen und Tiere retten und wirksame Löscharbeiten durchführen zu können.

Industriebauten stellen aufgrund ihrer Größe und weitläufigen Gebäudekomplexe sowie der vielfältigen betrieblichen Nutzungen besondere Anforderungen an die Planung und technische Ausstattung. Die Industriebaurichtlinie regelt unter anderem die Pflichten des Betreibers.

Die *nachträgliche* Installation einer PV-Anlage erfordert eine Überprüfung des Brandschutzkonzepts, um sicherzustellen, dass auch bei Änderungen und Instandsetzungen einem Brand vorgebeugt wird!

Wird durch die Installation einer PV-Anlage eine niedrigere Sicherheitskategorie erreicht und ergibt sich dadurch eine höhere äquivalente Feuerwiderstandsdauer oder eine höhere rechnerisch erforderliche Feuerwiderstandsdauer bestimmter Bauteile, liegt eine Nutzungsänderung vor.

In diesem Fall sind ein Bauantrag und eine Baugenehmigung erforderlich, um die höheren Sicherheitsanforderungen zu erfüllen. Dies gilt auch für Änderungen und Ergänzungen des Brandschutzkonzepts nach Erteilung der Baugenehmigung.

Was bedeutet das für die Praxis?

Werden PV-Module in größerem Umfang auf einem Industriedach oder einem anderen nach Sonderbauverordnung genutzten Gebäude installiert, kann sich das Brandrisiko erhöhen, da PV-Module und deren Verkabelung zwar grundsätzlich schwer entflammbar sind, aber dennoch brennen können. In der Regel sind PV-Anlagen auf Wohngebäuden oder kleinen Gewerbegebäuden nach der Bauordnung genehmigungsfrei, **dies gilt jedoch nicht grundsätzlich für Sonderbauten**. Aus den oben genannten Gründen können sich weitere Anforderungen ergeben. Für Planer und Ausführende ist es oft schwierig, auf den ersten Blick zu erkennen, ob eine PV-Anlage das Brandschutzkonzept des Gebäudes beeinflusst oder nicht.

Praxistipp *Daher ist es wichtig, dass der Bauherr zu Beginn des Planungsprozesses und später nach Vorlage des geplanten Ausführungskonzepts einbezogen wird.*

Er sollte dann gemeinsam mit seinen Fachleuten, z. B. dem Brandschutzbeauftragten, das Konzept überprüfen bzw. im Vorfeld entsprechende Hinweise für die Planung geben, um mögliche Probleme im Nachhinein zu vermeiden.

Nicht das Problem des Dachs/Kunden zu seinem eigenen Problem machen!

Seit Einführung des Erneuerbare-Energien-Gesetzes im Jahr 2000 wurden in Deutschland mehr als 2,5 Millionen PV-Anlagen installiert, die meisten davon auf Gebäuden. Trotz einiger bereits erwähnter Brandfälle zeigen die Ergebnisse verschiedener Forschungsprojekte, dass PV-Anlagen zwar von einem Gebäudebrand betroffen sein können, aber auch im Fehlerfall auf dem Dach selbst einen Brand auslösen können. Die umfangreichen Untersuchungen ergaben jedoch, dass weniger als 0,06 % der PV-Anlagen Brände verursacht haben. In den meisten Fällen waren dafür Planungs- und Ausführungsfehler die Ursache, oft auch in Kombination.

Eine nach den anerkannten Regeln der Technik geplante, errichtete und regelmäßig gewartete PV-Anlage stellt kein erhöhtes Brandrisiko dar!

Eine PV-Anlage kann jedoch nur auf geeigneten Untergründen installiert werden. Eine geeignete Dachkonstruktion zur Aufnahme einer PV-Anlage ist die „harte Bedachung“. Damit sind die öffentlich-rechtlichen Kriterien des Baurechts erfüllt, und die Unterkonstruktion entspricht den „anerkannten Regeln der Technik".

Die Versicherer haben auf der Basis des geltenden öffentlichen Baurechts und der anerkannten Regeln der Technik eigene Richtlinien entwickelt, die neue Hürden aufbauen.

Eine dieser Richtlinien ist die im Februar 2023 veröffentlichte VdS 6023 Photovoltaik-Anlagen auf Dächern mit brennbaren Baustoffen.

Obwohl diese Richtlinie nicht den anerkannten Regeln der Technik entspricht, wird sie von Versicherungen häufig als Maßstab für die Risikobewertung und die grundsätzliche Versicherbarkeit von Gebäuden herangezogen. Die VdS 6023 stellt bewährte Dachkonstruktionen nach den anerkannten Regeln der Technik mit dem Kriterium der „harten Bedachung" unter Generalverdacht und interpretiert Objekte mit zusätzlicher PV-Anlage als teilweise nicht versicherbar oder mit einem erhöhten Risiko und damit auch erhöhten Versicherungsprämien. Obwohl sich die Qualität der Materialien und Betriebsmittel sowie die Ausführung in den letzten Jahrzehnten verbessert haben, haben viele Versicherer ihre Vertragsgrundlagen und ihr Risikomanagement zulasten der Anlagenbetreiber verschärft.

Ein oft zitiertes Argument dafür ist ein umstrittenes Urteil des OLG Oldenburg aus dem Jahr 2019, in dem folgende Feststellungen getroffen wurden:

„Eine Dach-Photovoltaikanlage muss so installiert werden, dass eine sichere Trennung zwischen den elektrischen Komponenten als Zündquellen und der Dachoberfläche als Brandlast gewährleistet ist. Andernfalls muss die Montage unterbleiben. Die Nichtbeachtung der einschlägigen anerkannten Regeln der Technik ist kein Fall leichter Fahrlässigkeit."

Dies wäre ein Ausschlusskriterium für viele PV-Anlagen auf Standarddächern von Industrie- und Gewerbebauten. Das Urteil wurde auf der Grundlage eines umstrittenen Gutachtens gefällt, das aufgrund eines Übersetzungsfehlers der DIN VDE 0100-100 „Errichten von Niederspannungsanlagen" falsch interpretiert wurde. Der fehlerhaft übersetzte Text befand sich im „Teil 1: Allgemeine Grundsätze, Festlegungen allgemeiner Art, Begriffe".

„Alle elektrischen Betriebsmittel, die wahrscheinlich hohe Temperaturen oder elektrische Lichtbögen verursachen können, müssen so angebracht oder geschützt werden, *dass kein Risiko der Entzündung von brennbaren Materialien besteht".*

Diese Übersetzung der VDE-Norm schließt die Montage von PV-Anlagen auf „brennbaren Untergründen (Flachdächern)" grundsätzlich aus. Dies war durch den fatalen Übersetzungsfehler in der Vorgängerversion der Norm nicht eindeutig erkennbar. Auch das Kriterium „Harte Bedachung" würde daran nichts ändern.

In der Überarbeitung dieser VDE-Norm vom März 2022 wurde dieser gravierende Übersetzungsfehler mit folgendem Wortlaut korrigiert:

> **„Alle elektrischen Betriebsmittel, die wahrscheinlich hohe Temperaturen oder elektrische Lichtbögen verursachen können, müssen so angebracht oder geschützt werden, *dass das Risiko der Entzündung von brennbaren Materialien minimiert wird".***

Dank der Richtigstellung und der Anwendung des Minimierungsgebots können PV-Anlagen geplant und ausgeführt werden, solange die anerkannten Regeln der Technik eingehalten werden. Dazu gehören auch Dächer mit dem Kriterium „Harte Bedachung" als Grundlage für die Aufnahme von PV-Anlagen. Die VdS-Richtlinie soll prinzipiell Planern und Versicherern dabei helfen, das Risiko einer möglichen Brandentstehung auf Dächern zu beurteilen und die notwendigen Kompensationsmaßnahmen zur Schadenverhütung zu treffen.

Als mögliche Maßnahmen zur Risikominimierung werden in der VdS-6023 sowohl bauliche als auch technische und organisatorische Maßnahmen aufgeführt.

Zu den baulichen Maßnahmen zählen unter anderem der Austausch brennbarer Dachdämmungen gegen nicht brennbare Materialien, der Einbau einer nicht brennbaren Kiesschüttung oder Blech sowie die Verwendung von Mineralfaserdämmungen.

Zu den technischen Maßnahmen gehört der Einsatz von Wechselrichtern mit Gleichstrom-Lichtbogenerkennung ohne automatische Wiedereinschaltung.

Im Rahmen der organisatorischen Maßnahmen werden regelmäßige Wartungs- und Instandhaltungsmaßnahmen sowie halbjährliche Sichtkontrollen, jedoch unmittelbar nach besonderen Ereignissen, z. B. Sturm, durchgeführt. Darüber hinaus werden jährliche thermografische Inspektionen empfohlen und umfangreiche messtechnische Inspektionen alle 4 Jahre gefordert. Die folgende Tabelle 5.2 ist Teil der VdS 6023 und dient den Versicherern zur Bewertung von Dachaufbauten und ihrer Brandeigenschaften.

Die Versicherungswirtschaft geht dabei davon aus, dass alle brennbaren Dachabdichtungen und Dämmstoffe durch einen Defekt an einer PV-Anlage entzündet werden können, und bewertet danach ihr Versicherungsrisiko.

Tabelle 5.2: Wahrscheinlichkeit selbständiger Brandausbreitung bzgl. Kombinationen von Dachabdichtungs- und Dämmstoffmaterialien

Dachdeckung/-abdichtung	**Dachdämmung**		
	Mineralwolle oder sonstige nichtbrennbare Dämmstoffe	**PUR/PIR* mind. C nach DIN EN 13501-1**	**PUR/PS** oder andere brennbare Dämmstoffe**
nicht brennbare Dachdeckung (z. B. Dachpfannen, Trapezblech)	nicht wahrscheinlich	wenig wahrscheinlich	wahrscheinlich
Abdichtungsbahn aus Kunststoff	nicht wahrscheinlich	wenig wahrscheinlich	wahrscheinlich
Bitumenbahnen oder andere bitumenhaltige Abdichtungen	wahrscheinlich	wahrscheinlich	wahrscheinlich
PUR-Sandwichelement (z. B. ≤ C nach DIN EN 13501-1)	wenig wahrscheinlich	wenig wahrscheinlich	wenig wahrscheinlich
PUR Sandwichelement (z. B. ≥ D nach DIN EN 13501-1)	wahrscheinlich	wahrscheinlich	wahrscheinlich

* PUR = Polyurethan
* PIR = Polyisocyanurate
** PS = Polystyrol

Aus dieser Tabelle wird deutlich, dass grundsätzlich alle Bitumenbahnen unabhängig von der darunterliegenden Wärmedämmung als kritisch mit „Wahrscheinlichkeit“ eines Brandrisikos eingestuft. Selbst eine nicht brennbare Metalleindeckung in Kombination mit einer Polystyrol-Wärmedämmung wurde in diese Wahrscheinlichkeitsstufe eingruppiert. Diese Einstufung hat zur Folge, dass auch bewährte und den anerkannten Regeln der Technik entsprechende Dachaufbauten in Verruf geraten und unter Generalverdacht gestellt werden. Es besteht die Gefahr, dass Versicherer die Versicherbarkeit von Gebäuden mit solchen Dachaufbauten einschränken oder sogar ablehnen, wenn auf diesen Dächern PV-Anlagen installiert werden. Diese Einschränkungen können erhebliche wirtschaftliche Folgen für Gebäudeeigentümer und Betreiber von PV-Anlagen haben, da sie möglicherweise höhere Versicherungsprämien zahlen müssen oder Schwierigkeiten haben, überhaupt eine Versicherung zu erhalten. Darüber hinaus kann die Einschränkung der Versicherbarkeit von Gebäuden die Finanzierung und Realisierung von PV-Projekten und damit den Ausbau erneuerbarer Energien behindern. Die Versicherungswirtschaft muss bei der Risikobewertung von PV-Anlagen auf Dächern mit brennbaren Baustoffen nicht nur die VdS-Richtlinie, sondern auch die tatsächlichen Risiken und Erfahrungen berücksichtigen. Es muss im Interesse der PV-Anbieter liegen, die Kunden frühzeitig in den Prozess einzubinden und die Versicherungsfrage möglichst von Anfang an zu klären. Denn wenn die PV-Anlage installiert ist und sich im

Nachhinein herausstellt, dass entweder kein Versicherungsschutz besteht oder die Versicherungsprämie teurer wird, kann dies nicht nur zu unzufriedenen Kunden, sondern auch zu erheblichen Problemen für den Anbieter selbst führen.

Die bei den baulichen Maßnahmen aufgeführte Möglichkeit des Einbaus einer Kiesschüttung stößt in der Praxis bei Leichtbaukonstruktionen aus Trapezblech oder Schalung sehr oft an ihre statischen Grenzen und ist deshalb nicht immer eine machbare Option.

6 Arbeitsschutz

Die zunehmende Bedeutung erneuerbarer Energien und die steigende Nachfrage nach umweltfreundlichen Lösungen führen dazu, dass immer mehr Dachdeckerbetriebe Photovoltaikanlagen (PV-Anlagen) in ihr Angebotsspektrum aufnehmen. Mit der Montage von PV-Anlagen auf Gebäudedächern kommen aber auch neue Herausforderungen an die Arbeitssicherheit auf die Dachdecker zu.

Dieses Kapitel befasst sich mit den wichtigsten Aspekten der Arbeitssicherheit, die bei der Planung, Installation und Wartung von PV-Anlagen auf Dächern zu beachten sind. Die Einhaltung von Sicherheitsstandards und die Umsetzung wirksamer Sicherheitsmaßnahmen sind entscheidend, um Unfälle zu vermeiden und das Wohlbefinden der Mitarbeiter zu gewährleisten.

Zunächst werden die spezifischen Gefahren und Risiken behandelt, die mit der Arbeit an PV-Anlagen verbunden sind, z. B. Absturzgefahr, elektrische Gefahren und Wetterbedingungen. Anschließend werden die notwendigen Schutzmaßnahmen und die entsprechende persönliche Schutzausrüstung (PSA) vorgestellt, die dazu beitragen, diese Risiken zu minimieren.

Darüber hinaus wird die Bedeutung von Schulungen und regelmäßigen Unterweisungen des Personals hervorgehoben, um sicherzustellen, dass alle Mitarbeiter über das erforderliche Fachwissen verfügen und mit den geltenden Sicherheitsvorschriften vertraut sind. Schließlich wird auf die Rolle der Unternehmensleitung und ihre Verantwortung für die Schaffung einer sicherheitsorientierten Kultur eingegangen.

Die Auseinandersetzung mit den wesentlichen Aspekten der Arbeitssicherheit im Kontext der Photovoltaik im Dachdeckerhandwerk ermöglicht es Dachdeckerunternehmern, auf fundiertes Wissen und praxisnahe Methoden zurückzugreifen. Dies trägt dazu bei, ein sicheres Arbeitsumfeld für ihre Mitarbeiter zu schaffen und ihre Kunden effektiv vor möglichen Gefahren zu schützen. Darüber hinaus leistet die Umsetzung guter Sicherheitspraktiken einen wertvollen Beitrag zum Gesamterfolg des Unternehmens.

Nachfolgend sind mögliche Gefahren im Zusammenhang mit der Montage von PV-Anlagen auf Dächern aufgeführt.

Gefahr des Absturzes

Bei Arbeiten an PV-Anlagen auf Dächern besteht unweigerlich die Gefahr des Absturzes. Folgende Risikofaktoren tragen zur Absturzgefahr bei:

- Mangelhafte oder fehlende Arbeits- und Schutzgerüste
- Ungesicherte Dachdurchbrüche und Dachkanten

- Fehlende oder mangelhafte Sicherheitseinrichtungen wie Geländer, Auffangnetze oder Anschlagpunkte
- Fehlende oder falsch verwendete persönliche Schutzausrüstung gegen Absturz (PSAgA)
- Schlechte Sichtverhältnisse oder unzureichende Beleuchtung
- Rutschige oder instabile Dachflächen

Elektrische Gefahren

Bei der Installation und Wartung von PV-Anlagen sind Dachdecker verschiedenen elektrischen Gefahren ausgesetzt. Diese Gefahren können zu schweren Verletzungen, Verbrennungen oder sogar tödlichen Unfällen führen. Einige der Hauptgefahren sind:

- Stromschlag durch Berühren spannungsführender Teile oder Durchtrennen von Leitungen
- Lichtbogenbildung durch unsachgemäße Handhabung elektrischer Anschlüsse oder durch Kurzschlüsse
- Indirekte Gefahren wie Brände oder Explosionen, die durch elektrische Fehlfunktionen verursacht werden können
- Mangelhafte Erdung oder Isolierung elektrischer Anlagen

Witterungsbedingungen

Extreme Wetterbedingungen können die Arbeit an PV-Anlagen erschweren und zusätzliche Gefahren verursachen. Einige wetterbedingte Risiken sind:

- Starker Wind, der zu instabilen Arbeitsbedingungen führt, Gegenstände umherwirbelt oder Arbeiter aus dem Gleichgewicht bringt
- Regen, Schnee oder Eis, das die Dachoberfläche rutschig und gefährlich macht
- Blitzschlag, der sowohl Arbeitnehmer als auch elektrische Anlagen gefährden kann
- Hohe Temperaturen, die zu Hitzestress, Dehydrierung oder Ermüdung führen können
- Starke Sonneneinstrahlung, die zu Blendung, schlechter Sicht und Sonnenbrand führen kann

Die Einhaltung von Normen und Regelwerken für Arbeiten auf Dächern und an PV-Anlagen ist Grundvoraussetzung und daher für alle Beteiligten eine wichtige Arbeitssicherheitsmaßnahme, und auch ein hoher Organisationsgrad trägt natürlich dazu bei, vermeidbare Risiken vom Unternehmen abzuwenden. Gesunde Mitarbeiter arbeiten in attraktiven Unternehmen und tragen damit zum Unternehmenserfolg bei.

Nachfolgend eine Auflistung wichtiger Normen und Regeln, ohne Anspruch auf Vollständigkeit:

- DIN EN ISO 14122: Diese Norm behandelt die allgemeinen Anforderungen an Zugänge zu ortsfesten Maschinen und bezieht sich auf dauerhafte Zugänge wie Treppen, Steigleitern und Laufstege. Die Norm kann als Grundlage für die sichere Gestaltung von Zugängen zu PV-Anlagen dienen.

Abb. 6.1: Anseilschutz als Schutzmaßnahme gegen Absturz

- DIN EN 13374: Diese Norm legt Anforderungen und Prüfverfahren für temporäre Seitenschutzsysteme auf Baustellen fest. Sie enthält Sicherheitsanforderungen für Geländer, Schutznetze und andere Seitenschutzeinrichtungen zur Minimierung der Absturzgefahr.
- DGUV Regel 112-198/112-199: Diese Regelwerke der Deutschen Gesetzlichen Unfallversicherung (DGUV) befassen sich mit dem Einsatz von Persönlichen Schutzausrüstungen gegen Absturz (PSAgA) und geben Hinweise zu deren Auswahl, Benutzung und Instandhaltung.
- DGUV Vorschrift 3: Regelt die Anforderungen an die Kennzeichnung, Qualifikation und Prüfung von elektrischen Anlagen und Betriebsmitteln. Sie behandelt auch die Schutzziele und den ordnungsgemäßen Zustand der Anlagen.
- Betriebssicherheitsverordnung (BetrSichV): Diese Verordnung regelt die Anforderungen an die Bereitstellung und Benutzung von Arbeitsmitteln sowie die Durchführung von Gefährdungsbeurteilungen und regelmäßigen Prüfungen.
- Arbeitsschutzgesetz (ArbSchG): Das Arbeitsschutzgesetz regelt die Grundpflichten des Arbeitgebers im Bereich der Arbeitssicherheit und des Gesundheitsschutzes. Es schreibt unter anderem vor, dass der Arbeitgeber geeignete Maßnahmen treffen muss, um die Gefährdung durch Absturz zu minimieren.
- Berufsgenossenschaftliche Vorschriften: Die Berufsgenossenschaften (BG) geben verschiedene Vorschriften heraus, die sich mit der Arbeitssicherheit im Dachdeckerhandwerk befassen. Beispiele sind die BG-Regel BGR 198 „Benutzung von persönlichen Schutzausrüstungen gegen Absturz“ und die BG-Information BGI 5164 „Arbeiten auf Dächern“.

Wichtige Informationen für die sichere Montage von Solar- und Photovoltaikanlagen auf Dächern findet man auf der Webseite der Berufsgenossenschaft Holz und Metall (siehe unter: **www.bghm.de**).

Dort findet man unter anderem die Rangfolge der Schutzmaßnahmen gegen den Absturz.

Entscheidend für die Arbeitssicherheit sind die Vorbereitungen vor Beginn der Arbeiten und die Einhaltung von Schutzmaßnahmen während der Arbeiten. Die folgende Auflistung der Berufsgenossenschaft gibt einen Überblick über wichtige Schritte und Maßnahmen, die bei Arbeiten an PV-Dachanlagen zu beachten sind:

Vor den Arbeiten

- Erstellung einer Gefährdungsbeurteilung, abgestimmt auf die tatsächlichen Gegebenheiten der Baustelle (projektbezogene Gefährdungsbeurteilung)
- Festlegung geeigneter Absturzschutzmaßnahmen nach der Rangfolge:
  - Absturzsicherung
  - Auffangeinrichtung
  - PSA gegen Absturz (siehe Abbildungen)
- Erstellung einer Montageanweisung mit Schutzmaßnahmen und Arbeitsablauf
- Unterweisung der Mitarbeiter und Mitarbeiterinnen zu allen mit der Arbeit verbundenen Gefahren auf der Grundlage der Gefährdungsbeurteilung
- Bestimmung einer aufsichtführenden Person und gegebenenfalls einer Elektrofachkraft für die Durchführung von elektrotechnischen Arbeiten
- Festlegung von Verkehrssicherungsmaßnahmen und Transportabläufen
- Für den Not- und Rettungsfall: Erstellung eines Rettungskonzepts
- Bei Verwendung von PSA gegen Absturz ist ein erweitertes Rettungskonzept erforderlich.

Während der Arbeiten

- Verkehrsweg: Nutzung vorhandener Treppenhäuser mit anschließendem Ausstieg auf das Dach oder Errichtung von Treppentürmen oder Gerüsten mit innenliegenden Leitergängen
- Einsatz von PSA gegen Absturz nur im Ausnahmefall (z. B. kurzzeitige Tätigkeiten, Gerüstaufstellung nicht möglich)
- Montagearbeiten auf asbesthaltigen Dachelementen sind verboten (TRGS 519).
- Materialtransport mit geeigneten Einrichtungen und Hilfsmitteln (z. B. Kran, Aufzug) → Berücksichtigung der zusätzlichen Belastung bei Baustellenaufzügen an Gerüsten
- Festlegungen zur sicheren Lagerung von Modulen auf dem Dach
- Schutz vor UV-Strahlung durch lichtdichte Kleidung, Kopfbedeckung und Hautschutzmittel

Durch die Beachtung dieser Empfehlungen können Unfälle und Verletzungen vermieden und die Arbeitseffizienz kann erhöht werden.

ENERGIE VON DER SONNE.
DIE SICHERHEIT VON LUX-top®.
LUX-top®
FSA 2010-H
Nachhaltigkeit
trifft Sicherheit.
Photovoltaikanlagen sind eine lohnende Investition. Nicht zu unterschätzen sind jedoch die Anforderungen an die Sicherheit bei der Montage und Wartung von PV-Anlagen. Mit den innovativen Absturzsicherungssystemen von LUX-top® bieten wir für jede Dachsituation mit PV-Anlage die perfekte Lösung.
Gerne beraten wir Sie bei Ihrem individuellen Projekt.
LUX-top®
ABSTURZSICHERUNGEN
www.lux-top.com

7 Statik

7.1 Grundlagen

Bei der Planung und Ausführung von PV-Anlagen auf bestehenden Gebäuden werden die Begriffe „Statik" und „Standsicherheitsnachweis" häufig verwendet und öfters verwechselt. Darüber hinaus werden statische Berechnungen von Unterkonstruktionen für die Montage von PV-Anlagen manchmal fälschlicherweise als Standsicherheitsnachweis für die gesamte Dachkonstruktion angesehen. In diesem Kapitel werden die Unterschiede und insbesondere die Anforderungen an Statik und Standsicherheitsnachweis näher betrachtet.

Die **Statik** ist ein Teilgebiet des Bauingenieurwesens, das sich mit der Analyse und Berechnung von Tragwerken beschäftigt, um die Standsicherheit eines Bauwerks oder einer Anlage, z. B. einer PV-Anlage, zu gewährleisten. Bei bestehenden Gebäuden geht es darum, sowohl die Tragfähigkeit der Dachkonstruktion als auch der Unterkonstruktion für die Montage der PV-Anlage zu berücksichtigen. Eine statische Berechnung der Unterkonstruktion allein reicht nicht aus, um die Standsicherheit des Gesamtsystems zu gewährleisten.

Der **Standsicherheitsnachweis** hingegen ist ein im Rahmen des öffentlichen Baurechts erforderliches Prozedere, das die Standsicherheit der Gesamtkonstruktion aus PV-Anlage und Dachkonstruktion bestätigt. Er weist nach, dass die Anlage den allgemein anerkannten Regeln der Baukunst und Technik sowie den einschlägigen Normen entspricht.

Der Unterschied zwischen Standsicherheit und Statik besteht also darin, dass die Statik die Wissenschaft ist, die die Kräfte auf ruhende Körper untersucht, während die Standsicherheit die Anwendung dieser Wissenschaft ist, um die Stabilität von Bauwerken oder Konstruktionen zu gewährleisten.

In der Praxis wird oft fälschlicherweise von „dem" Standsicherheitsnachweis und „der" Statik gesprochen, als ob es sich um eine einzige Anforderung handelte.

Tatsächlich ist die Standsicherheit in 2 getrennte Anforderungen zu unterteilen:

1. **Standsicherheit der PV-Anlage einschließlich Unterkonstruktion und Solarmodule**
2. **Standsicherheit des Dachaufbaus und der gesamten Dachkonstruktion**

Im ersten Schritt geht es um die Standsicherheit der gesamten PV-Anlage, wobei sowohl die Unterkonstruktion als auch die Solarmodule und deren Befestigung an der Dachkonstruktion zu berücksichtigen sind. Die Anforderungen können die Lastverteilung, Wind- und Schneelasten sowie die strukturelle Integrität des Dachs betreffen. Es geht dabei in erster Linie um die Planung und Ausführung der Unterkonstruktion anhand der Herstellervorgaben unter Zugrundelegung der notwendigen bauaufsichtlichen Zulassung. Daraus ergeben sich unter anderem Befestigungsabstände, Befestigungsmittel und der Korrosionsschutz.

Die Erstellung des Standsicherheitsnachweises für die PV-Anlage ist in der Regel eine vergleichsweise geringere Herausforderung. Viele Hersteller von Unterkonstruktionen bieten Unterstützung in Form von Onlineberechnungstools und Programmen für den Standsicherheitsnachweis und die Materialdisposition an. Mithilfe dieser speziellen Berechnungsprogramme können objektspezifische Statiken für die Unterkonstruktion einer Photovoltaikanlage erstellt werden. Als Beispiel kann der Ablauf anhand der Software eines Unterkonstruktionsherstellers (K2/BASE) dienen.

Zunächst werden die Standortdaten des jeweiligen Objekts eingegeben. Dank der Verknüpfung mit Google Earth wird das Gebäude direkt auf dem Bildschirm angezeigt, um sicherzustellen, dass das richtige Dach für die Berechnung ausgewählt wurde.

Nach Eingabe der objektbezogenen Standortdaten werden die Geländehöhe, die Wind- und Schneelastzone sowie die Schadensfolgeklassen nach DIN EN 1990:2010-12 ermittelt. Dies ist für den Planer der PV-Anlage eine Erleichterung, da er nicht mehr auf manuelle Ermittlungen angewiesen ist und somit Zeit und Aufwand spart.

Allerdings muss in diesem Zusammenhang noch die Geländekategorie ausgewählt werden, in der sich das Gebäude genau befindet. Denn von der Lage des Gebäudes hängen die Schneelastzone und die Windlastzone ab. Für die Schneelastzone ist die Geländekategorie ausschlaggebend, während für die Windlastzone die Topografie und die Gebäudehöhe des Standorts eine wichtige Rolle spielen.

Das Programm bietet die Möglichkeit, den Dachtyp genau zu spezifizieren, um die richtige Art der Unterkonstruktion auszuwählen. Ein Flachdach benötigt andere Komponenten für die Unterkonstruktion als ein geneigtes Dach. Daher ist es wichtig, dass der Planer der PV-Anlage die Angaben zum Dachtyp genau ausfüllt, um eine korrekte Berechnung und Auswahl der Unterkonstruktion zu gewährleisten.

Für die regelkonforme Auslegung der Unterkonstruktion einer PV-Anlage sind detaillierte Angaben zur Dachkonstruktion erforderlich. Das Tool erfasst dazu die Gebäudehöhe, die Dachneigung sowie die Art der Dacheindeckung. Weiterhin werden Angaben zu Sparrenabständen, Sparrenbreiten und Randabständen der beiden Sparren rechts und links des Ortgangs benötigt. Zur Vereinfachung und Zeitersparnis verfügen die meisten Herstellertools über eine umfangreiche Moduldatenbank mit allen technischen Daten und Abmessungen, aus der man sich bei der Eingabe der Daten bedienen kann. Nach Eingabe eventueller Sperrflächen ermittelt das Programm selbstständig eine Modulanordnung auf dem Dach.

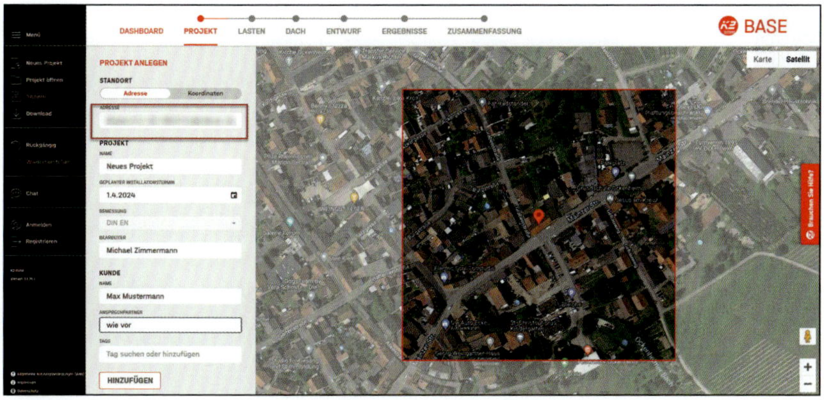

Abb. 7.1: Eingabemaske Standortdaten

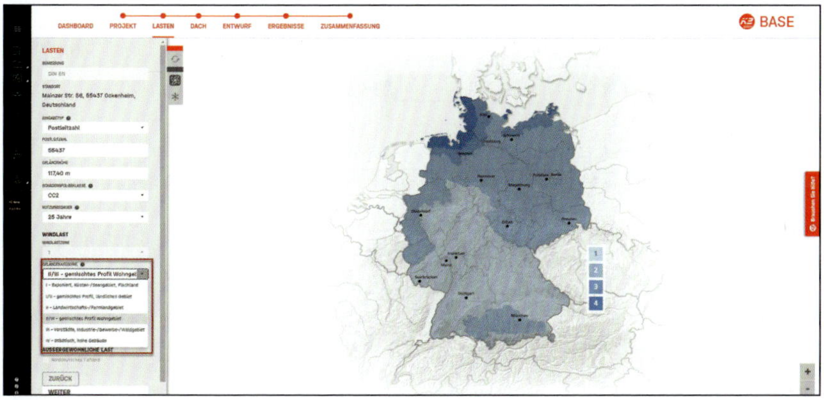

Abb. 7.2: Ermittlung Schnee- und Windlastzone

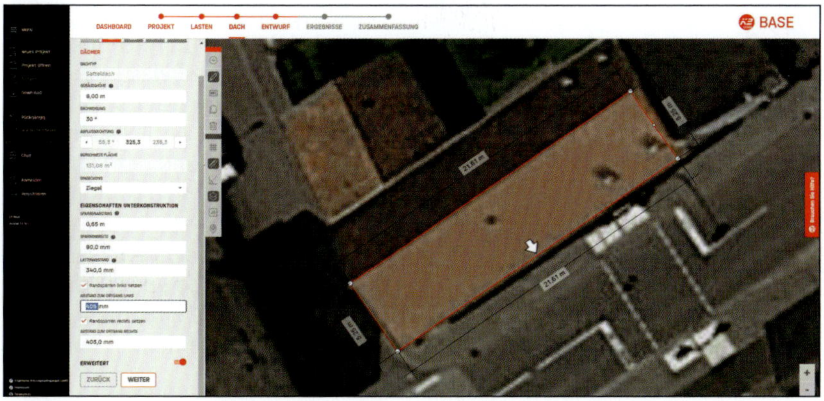

Abb. 7.3: Dachgeometrie eingeben

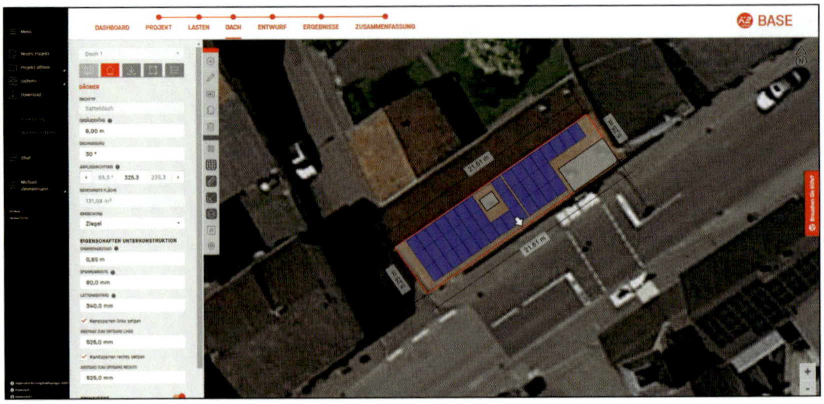

Abb. 7.4: Ermittlung der Module

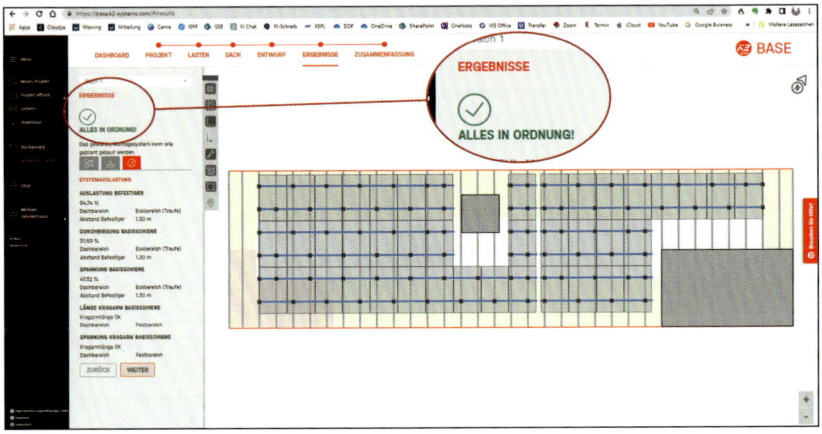

Abb. 7.5: Verlegeplan als Ergebnis

Nach Eingabe aller relevanten Daten ermittelt das Programm die notwendigen statischen Berechnungen und analysiert die möglichen Belastungen auf die Unterkonstruktion und die Dachkonstruktion. Dabei werden die Lasten aus Schneelast, Windlast und Eigengewicht der PV-Anlage berücksichtigt. Das System prüft die Tragfähigkeit der Dachkonstruktion und der Unterkonstruktion und gibt dem Anwender eine Rückmeldung, ob das Montagesystem wie geplant ausgeführt werden kann. Kommt das System zu dem Ergebnis, dass das Montagesystem nicht tragfähig ist, gibt es dem Anwender entsprechende Hinweise zur Anpassung des Systems. Dies kann z. B. die Verwendung stärkerer oder zusätzlicher Befestigungsmittel oder die Anpassung der Abstände zwischen den Unterkonstruktionselementen sein.

Sobald alle erforderlichen Eingabeparameter in das System eingegeben wurden, kann nicht nur eine Montageanleitung mit Detailzeichnungen für die Baustelle erstellt werden, sondern auch eine vollständige Typenstatik gemäß der bauaufsichtlichen Zulassung für das jeweilige System. Auf diese Weise erhält der Planer eine genaue Vorstellung davon, ob das System wie geplant montiert werden kann und ob es die Anforderungen an die Standsicherheit erfüllt.

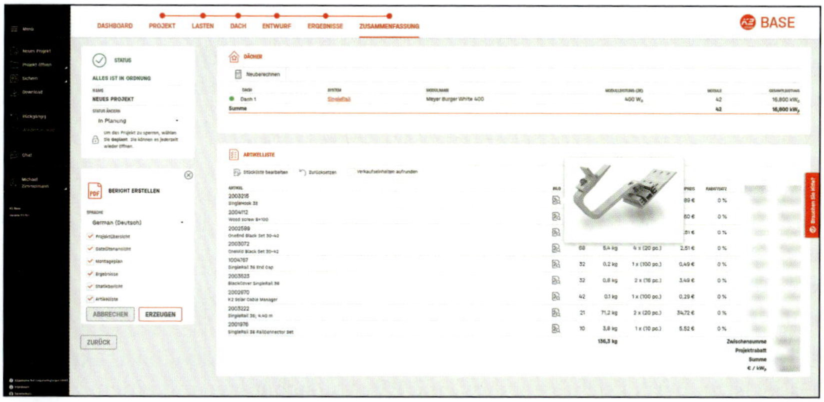

Abb. 7.6: Materialliste/Stückliste als Ergebnis

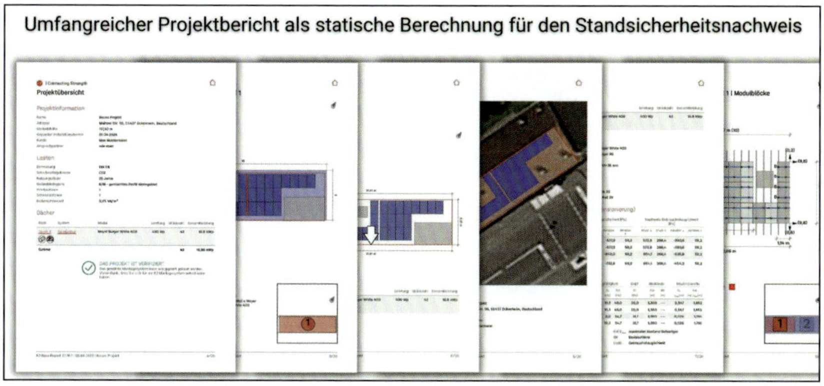

Abb. 7.7: Komplette Typenstatik als Ergebnis

Neben der Typenstatik generiert das Programm auch eine Stückliste, die die für die Montage der PV-Anlage benötigten Materialien enthält.

> **Praxistipp** *Diese Stückliste kann direkt für eine Preisanfrage oder Bestellung verwendet werden, um sicherzustellen, dass alle benötigten Komponenten vorhanden sind und das Projekt im Budget bleibt.*

Das System bietet dem Planer nicht nur eine Montageanleitung und eine Stückliste der benötigten Materialien, sondern auch eine umfangreiche Dokumentation in Form eines Projektberichts. Diese Dokumentation schließt die statische Berechnung der Standsicherheit der PV-Anlage auf der Basis der eingegebenen Daten mit ein. Damit erhält der PV-Experte einen detaillierten Nachweis, dass die PV-Anlage die Anforderungen an die Standsicherheit erfüllt. Der Projektbericht kann dem Bauherrn als Nachweis übergeben werden und dient somit als wichtiger Bestandteil der Dokumentation der PV-Anlage.

Der statische Nachweis für die PV-Anlage ist nur ein Teil der Standsicherheitsdokumentation. Es ist zu beachten, dass die Standsicherheit der Gesamtkonstruktion einschließlich der Dachkonstruktion berücksichtigt werden muss.

Der statische Nachweis für die PV-Anlage setzt voraus, dass die Dachkonstruktion statisch in der Lage ist, das zusätzliche Gewicht und die Wind- und Schneelasten, die durch die PV-Anlage entstehen, aufzunehmen. Die PV-Anlage selbst kann nicht die Standsicherheit der Dachkonstruktion garantieren, sondern nur ihre eigene Standsicherheit.

Dann geht es im 2. Schritt um die Standsicherheit der Dachkonstruktion. Dabei ist zu berücksichtigen, dass eine PV-Aufdachanlage mit einem zusätzlichen Gewicht von ca. 20 kg/m^2 auf das Dach einwirken kann. Infolge dieser zusätzlichen Belastung ist der Bestandsschutz nicht mehr gegeben und die verfügbare Schneelast der Dachkonstruktion reduziert sich. Damit verändert sich die Standsicherheit des Gebäudes gegenüber dem bestandsgeschützten Zustand. Das bedeutet: Wenn die zur Verfügung stehende Schneelast nach der Montage der PV-Anlage nicht mehr ausreicht, sind Ertüchtigungsmaßnahmen an der Unterkonstruktion durchzuführen.

Aber wie stellt man das fest, und wer ist dafür zuständig?

Auch bei der Beantwortung dieser Fragen hilft das Bauordnungsrecht:

PV-Anlagen bestehen aus verschiedenen Bauteilen, die wiederum aus Bauprodukten hergestellt werden. Da sie als ortsfeste Anlagen errichtet werden, zählen PV-Anlagen grundsätzlich zu den baulichen Anlagen im Sinne der Bauordnungen und fallen damit in deren Anwendungsbereich. Die Anforderungen an PV-Anlagen werden in den einzelnen Bundesländern durch eigene Landesbauordnungen geregelt.

Die Musterbauordnung bildet dabei die Grundlage und definiert grundlegende Anforderungen, die in der folgenden Übersicht zusammengefasst sind.

PV-Anlagen auf Dächern sind permanent Witterungseinflüssen wie Temperatur, Niederschlag, Schnee und Wind ausgesetzt. Dabei entstehen Kräfte, die auf die Anlage selbst, aber auch auf den Baukörper der Dachkonstruktion einwirken können. Das Eigengewicht der PV-Anlage wirkt direkt auf die Dachkonstruktion, während Schneelasten über das Tragsystem der Anlage auf die Dachkonstruktion wirken. Wind wirkt auf die Befestigung der PV-Anlage und kann Druck oder Sog auf das System ausüben. Temperaturschwankungen führen zu Materialbewegungen und Kräften.

Bei der Planung einer PV-Anlage auf einem Dach müssen alle diese Faktoren berücksichtigt werden, um eine sichere und schadlose Ableitung der zusätzlichen Kräfte aus der Photovoltaikanlage und der Dachkonstruktion zu gewährleisten.

Die statische Berechnung der Anlage ergibt sich aus der Lastermittlung nach DIN EN 1991 für Wind- und Schneelasten, der Betrachtung von Lastkombinationen nach DIN EN 1990 sowie der Ermittlung von Spannungen. Dabei

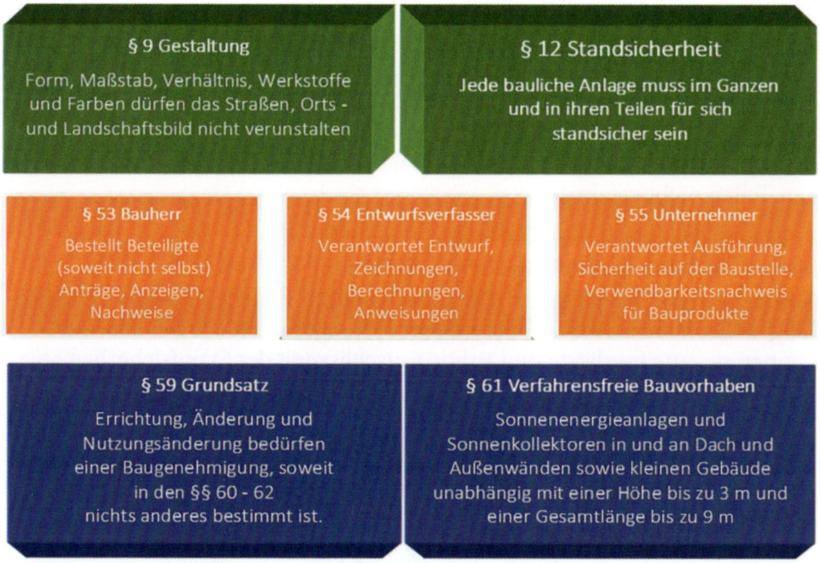

Abb. 7.8: Verantwortlichkeiten nach dem öffentlichen Baurecht

werden auch die allgemeine bauaufsichtliche Zulassung (abZ), die vorhandenen Lastreserven gemäß Gebäudestatik und der Zustand der tragenden Konstruktionen berücksichtigt.

Dabei bestehen folgende Zuständigkeiten und Verantwortlichkeiten:

- **Der Modulhersteller ist für die PV-Module zuständig.**
- **Der Hersteller des Montagesystems ist für die Befestigungen, die Aufständerung der Generatoren und die Verankerung am Gebäudetragwerk verantwortlich.**
- **Der Gebäudeeigentümer ist für die Gebäudestruktur und damit auch für die Standsicherheit verantwortlich.**
- **Der ausführende PV-Experte ist für die fachgerechte Montage und Installation der PV-Anlage auf dem Dach sowie *für die Einhaltung der Vorgaben* und Anforderungen an die Standsicherheit und Statik verantwortlich.**

7.2 Standsicherheit und Statik

Laut Musterbauordnung liegt die Verantwortung für die Standsicherheit eines Gebäudes grundsätzlich beim Bauherrn. Allerdings sind viele Bauherren aufgrund der Komplexität ohne fachliche Unterstützung nicht in der Lage, eine sachkundige Bewertung der Standsicherheit vorzunehmen. Daher ist es von zentraler Bedeutung, dass sie von Fachleuten unterstützt werden. Bei kleineren Gebäuden der Gebäudeklasse 1 und 2 kann es unter Umständen ausreichend sein, wenn Bestätigungen der Tragsicherheit vorliegen, die keine umfangreichen statischen Nachweise benötigen. So sieht es beispielsweise eine kommunale Information für Bauherrn entsprechend dem Runderlass

Bauordnungsrecht – **Ausbau von erneuerbaren Energien** – vom 16.12.2022 des Landes NRW vor. Darin heißt es, für Wohngebäude der Gebäudeklasse 1 und 2 reicht es aus, wenn eine Bescheinigung einer berechtigten Person nach § 54 Abs. 4 BAUO NRW (i.d.R. Tragwerksplaner) vorliegt, in der diese Person bescheinigt, dass die Änderungen durch die PV-Anlagen die Standsicherheit an tragenden oder aussteifenden Bauteilen im Ganzen und in seinen einzelnen Teilen nicht gefährden.

Erfahrene Dachdecker- oder Zimmerermeister verfügen aufgrund ihrer fundierten Ausbildung und langjährigen Erfahrung in der Regel auch über die Kompetenz, die Tragfähigkeit eines Dachs durch visuelle und haptische Prüfung zu beurteilen. Auf der Basis dieser systematischen Vorgehensweise können sie eine fundierte und valide Einschätzung der Standsicherheit abgeben, die dem Bauherrn eine wertvolle Orientierung bietet.

Praxistipp ***Vorschlag einer Handlungsempfehlung zur Überprüfung der Dachkonstruktion***

1. Visuelle Inspektion: *Am Beginn steht immer eine visuelle Untersuchung der Dachkonstruktion. Dabei werden mögliche Schäden oder Auffälligkeiten wie Durchbiegungen oder sonstige Toleranzen erfasst.*

2. Haptische Überprüfung: *Dabei werden Teile der Dachkonstruktion, z. B. Balken oder Sparren, manuell überprüft. Dies kann geschehen durch Abklopfen, um Hohlräume oder Holzschäden zu identifizieren, um die Reaktion der Materialien unter simulierter Last zu beobachten.*

3. Lastsimulation durch gezielten Druck und Zug: *Dabei wird die Reaktion der Dachkonstruktion auf zusätzliche Lasten getestet. Das erlaubt eine Einschätzung darüber, wie das Dach auf zusätzliche Belastungen, z. B. durch eine PV-Anlage, reagieren würde.*

4. Überprüfung auf Holzschädlinge: *Einige Schäden sind nicht sofort sichtbar. Daher werden bestimmte Holzteile stichprobenartig auf Anzeichen von Holzschädlingen oder deren vergangene Aktivitäten kontrolliert.*

5. Dokumentenüberprüfung: *Vorhandene Baupläne, Konstruktionszeichnungen und frühere Berichte können wertvolle Informationen über das Dach und seine Geschichte liefern.*

6. Kommunikation mit dem Kunden: *Wenn während dieser Untersuchungen Bedenken hinsichtlich der Standsicherheit aufkommen, ist es entscheidend, diese unverzüglich dem Kunden mitzuteilen, um dann gegebenenfalls einen Tragwerksplaner hinzuzuziehen.*

In der Baubranche gibt es viele theoretische Ansätze und Empfehlungen. Dennoch zeigt die Erfahrung, dass die Praxis oftmals ebenso wertvoll ist und sich vor allen Dingen bewährt hat. Meister setzen seit Jahren auf ihre handwerkliche Expertise und haben zahlreiche energetische Dachsanierungen und PV-Anlagen-Installationen erfolgreich durchgeführt. Und die Statistiken bestätigen dies: Trotz all der theoretischen Bedenken brechen Dächer nach der Montage von PV-Anlagen nicht reihenweise zusammen. In Wahrheit halten sie sich standhaft und erfüllen weiterhin ihre Funktion.

Leider verbergen sich einige Anbieter von Solaranlagen hinter der Formulierung „Für die Statik ist der Bauherr zuständig". Obwohl diese Formulierung juristisch keinen ausreichenden Schutz bietet und im Zweifelsfall sogar gegen den Anbieter verwendet werden könnte, wird sie häufig eingesetzt. Das wahre Problem wird dabei klar: die mangelnde Bereitschaft, eine echte Lösung für den Kunden zu finden. Stattdessen wird die Verantwortung auf ihn abgewälzt.

Dieser Ansatz entspricht nicht einer umfassenden Beratung, sondern vielmehr der Überzeugung, dass eine echte Unterstützung darin besteht, dem Bauherrn klare Informationen und daraus abgeleitete Empfehlungen vorzuenthalten, wie sie z. B. in dieser Handlungsempfehlung beschrieben sind.

Dabei ist es wichtig zu betonen, dass auch dieser Vorschlag nicht als 100%ige juristische Absicherung gesehen werden kann.

Letztlich ist es von größter Bedeutung, das Thema der Standsicherheit offen und transparent mit dem Kunden zu kommunizieren, ihm alle relevanten Fakten zur Verfügung zu stellen und ihm die endgültige Entscheidung zu überlassen.

Nur bei einer transparenten Vorgehensweise können Bauherren fundierte Entscheidungen treffen und erfolgreich die Balance zwischen Theorie und Praxis, zwischen theoretischen Berechnungen und handwerklicher Erfahrung finden.

Praxistipp *Erfahrene Dachdecker- oder Zimmerermeister verfügen zweifellos über die fachliche Kompetenz, Dachkonstruktionen im Hinblick auf die Installation von PV-Anlagen zu beurteilen. Sie können einschätzen, ob die vorhandene Konstruktion den Anforderungen einer PV-Anlage standhält.*

Dabei hat sich in der Praxis folgender Grundsatz bewährt: Das Problem des Kunden oder des Gebäudes darf nicht zum Problem des ausführenden Unternehmens werden. Jeder Fachmann sollte seine Grenzen kennen und verantwortungsvoll handeln.

Sollten sich bei der Begutachtung auch nur die geringsten Zweifel an der Standsicherheit der Dachkonstruktion oder gar Hinweise auf bestehende Probleme ergeben, ist es unerlässlich, den Bauherrn umgehend zu informieren und fachlichen Rat einzuholen. In solchen Fällen wird dringend empfohlen, einen qualifizierten Tragwerksplaner hinzuzuziehen. Dieser kann eine detaillierte statische Analyse durchführen und fundierte Empfehlungen zur Gewährleistung der Sicherheit und Stabilität der Dachkonstruktion im Zusammenhang mit der geplanten PV-Anlage geben.

Diese verantwortungsvolle Vorgehensweise stellt sicher, dass das Projekt nicht nur technisch realisierbar, sondern auch langfristig sicher und stabil ist, und schützt sowohl die Interessen des Auftraggebers als auch die des ausführenden Unternehmens.

7.3 Vorschlag eines Bewertungsprotokolls für Dachkonstruktionen

			Beschreibung	Anmerkung
1	**2**	**3**	**1 = gut 2 = mittel 3 = schlecht**	
			1. Visuelle Untersuchung des Dachs	
☐	☐	☐	Allgemeiner Zustand der Dachkonstruktion bewertet	
☐	☐	☐	Auffällige Durchbiegungen oder Toleranzen	
☐	☐	☐	Zustand von Dacheindeckung beurteilt	
			2. Haptische Untersuchung (Tastprüfung)	
☐	☐	☐	Hölzer, Sparren und Pfetten auf Schäden oder Holzschädlinge überprüft	
☐	☐	☐	Materialfestigkeit durch gezielten Druck und Zug getestet	
			3. Überprüfung des Dachaufbaus	
> 20 Jahre ☐	> 30 Jahre ☐	> 40 Jahre ☐	Dachmaterialien und ihre Schichten identifiziert	
☐	☐	☐	Alter und Lebensdauer des Dachaufbaus geschätzt	
			4. Einschätzung der Befestigung	
☐	☐	☐	Art und Zustand der Befestigung bewertet	
☐	☐	☐	Korrosionsschutz der Befestigungselemente bewertet	
			5. Berücksichtigung externer Lasten	
☐	☐	☐	Wind- und Schneelastzone angeben	
☐	☐	☐	Bewertung, ob die Dachkonstruktion den Lasten standhält	
J	**N**		**6. Kommunikation mit dem Bauherrn**	
☐	☐		Eventuelle Bedenken oder Empfehlungen für weiterführende Untersuchungen dokumentiert	
☐	☐		Empfehlungen für weitere Schritte gegeben, falls notwendig	

Empfehlung

☐ Statische Ertüchtigung nicht **unbedingt** notwendig ☐ Eine Statische Ertüchtigung wird **empfohlen** ☐ **Unbedingt** Statiker zurate ziehen

Anmerkung

Ort, Datum

Unterschrift Auftraggeber Unterschrift Auftragnehmer

Abb. 7.9: Beispiel Bewertungsprotokoll Dachkonstruktion

Zusammenfassung

Für die Errichtung von Photovoltaikanlagen gelten wichtige Vorschriften zur Standsicherheit, die unbedingt zu beachten sind. So fordert § 9 der Musterbauordnung, dass sich eine bauliche Anlage harmonisch in die Umgebung einfügen muss, während § 12 die Standsicherheit der gesamten baulichen Anlage und ihrer Teile als zentrale Anforderung definiert.

Obwohl grundsätzlich der Bauherr für die Standsicherheit des Gebäudes verantwortlich ist, ist er in der Praxis dazu oft nicht in der Lage, da er viele baurechtliche Anforderungen nicht kennt. Planung und Montage der PV-Anlage werden daher in der Regel von Fachplanern und Fachunternehmen durchgeführt. Aber auch wenn der Bauherr viele Verfahren der Musterbauordnung nicht kennt, entbindet ihn das grundsätzlich **nicht** von der Einhaltung der entsprechenden Vorschriften.

Wie bereits erwähnt, ist das Baurecht grundsätzlich Ländersache, daher lohnt sich immer ein Blick in die jeweilige Landesbauordnung. In Nordrhein-Westfalen gibt es zum Beispiel eine Bauherreninformation, die sich auf einen Runderlass bezieht. Daraus geht hervor, dass für Gebäude der Gebäudeklassen 1 und 2 keine aufwendige statische Berechnung erforderlich ist, wenn eine Bescheinigung eines Nachweisberechtigten vorliegt. Dabei handelt es sich in der Regel um einen Tragwerksplaner, der bestätigt, dass die Anforderungen an die Standsicherheit der tragenden oder aussteifenden Bauteile im Ganzen oder in ihren Teilen auch nach der Montage der PV-Anlage erfüllt sind.

Weiterhin haben sich im Lauf der Jahre die Schneelasten in einigen Regionen aufgrund klimatischer Veränderungen verändert. In Deutschland werden die Schneelastzonen in der Norm DIN EN 1991-1-3/NA:2019-04 definiert und teilweise angepasst. Die Norm legt fest, wie hoch die Schneelasten auf Bauwerken in Abhängigkeit vom Standort sein dürfen. Wurde bei der Errichtung eines Gebäudes eine bestimmte Schneelast zugrunde gelegt, die heute aufgrund veränderter klimatischer Bedingungen nicht mehr der aktuellen Norm entspricht, kann dies Auswirkungen auf die nachträgliche Montage von PV-Anlagen haben.

Verfügt das Gebäude/Dach nicht mehr über ausreichende Lastreserven, um die zusätzliche Last der PV-Anlage zu tragen, kann dies ein Hindernis für die Montage sein. Andererseits kann es auch vorkommen, dass aufgrund veränderter Schneelasten weniger Lastreserven zur Verfügung stehen, als bei der Errichtung des Gebäudes geplant wurden, was wiederum zu Problemen bei der Montage der PV-Anlage führen kann.

Wichtig ist, dass die Standsicherheit des Gebäudes auch mit einer neuen PV-Anlage in der Verantwortung des Bauherrn bzw. Gebäudeeigentümers liegt. Dies entbindet den Anbieter der PV-Anlage jedoch nicht vollständig von seinen Pflichten. Als Fachunternehmen für PV-Anlagen hat der Anbieter eine Beratungspflicht gegenüber dem Kunden. Dazu gehört auch eine Vorprüfung, ob alle erforderlichen Nachweise und Unterlagen vorliegen. Es empfiehlt sich daher, als Anbieter von PV-Anlagen darauf zu achten, dass die Kunden umfassend beraten werden und sich darüber im Klaren sind, dass auch der Anbieter in der Pflicht steht. Um sich und sein Unternehmen vor unliebsamen Überraschungen zu schützen, sollte sich der Fachunternehmer trotz der in vielen Angeboten üblichen Klausel zur Statikverantwortung darüber im Klaren sein, dass diese Formulierung nicht vor einer vollständigen Haftungsübernahme schützt.

8 Marketing

8.1 Megatrends erkennen und bewerten

> **„Erfolg ist das Ergebnis von Weitsicht und Lernfähigkeit. Indem wir aus den Erfahrungen der Vergangenheit lernen und unser Augenmerk auf die Zukunft richten, können wir die Gegenwart erfolgreich gestalten."**

Das Erkennen und Nutzen von Megatrends ist für den Erfolg eines Unternehmens von entscheidender Bedeutung. Diese tiefgreifenden Veränderungen in der Gesellschaft und der Wirtschaft bieten Chancen und Herausforderungen, auf die man sich vorbereiten muss, um im Wettbewerb bestehen zu können.

> **Aber was sind Megatrends überhaupt, und wie können sich PV-Experten darauf einstellen?**

In der heutigen Welt scheint es, als spräche jeder über Trends. Welche Kleidung werden wir im nächsten Sommer tragen? Welche Farbe ist angesagt? Welche Technologie wird als nächstes groß rauskommen? Wir richten dabei unsere Aufmerksamkeit oft auf diese Hypes, die auch Mikrotrends genannt werden. Megatrends hingegen geben den Ton an.

Die meisten werden sich noch an Pokémon Go erinnern. Pokémon Go war jedoch nur ein Hype. Der Technologietrend dahinter war Augmented Reality und Geolocation. Der Megatrend dahinter war jedoch nicht die Digitalisierung, sondern „Konnektivität", also das Bedürfnis von Menschen, miteinander verbunden zu sein. Dies umfasst viel mehr als nur technologische Entwicklungen.

> **Megatrends sind wie Lawinen in Zeitlupe!**

Megatrends lassen sich nicht vorhersagen, da sie bereits vorhanden sind.

Es gibt 4 Merkmale, an denen Megatrends zu erkennen sind:

1. **Dauer:** Megatrends sind eine konstante Entwicklung in der Gesellschaft, die manchmal über sehr lange Zeiträume läuft. Sie sind wie Lawinen in Zeitlupe!
2. **Ubiquität:** Megatrends haben Auswirkungen auf alle Lebensbereiche.
3. **Globalität:** Megatrends sind globale Phänomene, müssen aber nicht überall gleich ausgeprägt sein.
4. **Komplexität:** Megatrends sind mehrschichtig und mehrdimensional, was sie zu einer sehr komplexen Angelegenheit macht.

Megatrends haben in der Regel eine große Tragweite und sind nicht abhängig von Einzelentscheidungen, sondern werden von größeren gesellschaftlichen und wirtschaftlichen Kräften gesteuert.

Ein Hype dagegen ist eine kurzfristige, aufgebauschte Begeisterung für etwas, die in der Regel schnell wieder abklingt. Hypes entstehen oft, wenn etwas Neues oder Aufregendes auf den Markt kommt und sich schnell verbreitet. Sie sind in der Regel von kurzer Dauer und haben meist keine indirekten Auswirkungen.

Im Gegensatz zu Megatrends sind Hypes auch eher oberflächlich. Sie entstehen schnell, aber sind oft auch schnell wieder weg. Megatrends dagegen entwickeln sich langsam und haben tiefgreifende und langfristige Auswirkungen.

Zusammenfassend kann man festhalten:

Ein Hype ist eine kurzfristige Beliebtheit oder ein plötzlicher Anstieg der Nachfrage nach etwas, das oft von starker Medienpräsenz und Marketing begleitet wird. Hypes sind in der Regel temporär und verschwinden schnell wieder, wenn das Interesse nachlässt.

Ein Megatrend hingegen ist eine langfristige, tiefgreifende Entwicklung in der Gesellschaft, die sich über einen längeren Zeitraum erstreckt und Auswirkungen auf verschiedene Lebensbereiche hat. Megatrends entwickeln sich langsam, aber sicher und haben eine langanhaltende Wirkung. Im Gegensatz zu Hypes sind Megatrends nicht temporär und verschwinden nicht so schnell wieder.

Neoökologie

Ein aktueller Megatrend nennt sich Neoökologie und beschäftigt sich mit dem Schutz der Umwelt und der nachhaltigen Nutzung von Ressourcen. Die Neoökologie ist aufgrund des Klimawandels und der zunehmenden Belastung der Umwelt ein wichtiger Megatrend, der zu einem verstärkten Bewusstsein für Umweltschutz führt.

Nachfolgend ein paar **Beispiele für die Relevanz von PV-Anlagen bei Privatkunden**:

- **Nachhaltigkeit:** Photovoltaikanlagen tragen dazu bei, erneuerbare Energien zu nutzen und somit den CO2-Ausstoß zu reduzieren. Dies ist für Kunden, die ihren Beitrag zum Schutz der Umwelt leisten möchten, ein wichtiges Argument.
- **Gesundheit:** Photovoltaikanlagen tragen dazu bei, die Luftqualität zu verbessern, da sie keine Schadstoffe emittieren. Dies könnte für Kunden, die sich für ihre Gesundheit interessieren, ein wichtiges Argument sein.
- **Image:** Photovoltaikanlagen können dazu beitragen, ein positives Image zu vermitteln, da sie als umweltfreundlich und verantwortungsbewusst wahrgenommen werden. Dies könnte für Kunden, die Wert auf ihr Image legen, ein wichtiges Argument sein.

- **Finanzielle Vorteile:** Photovoltaikanlagen können auf lange Sicht finanzielle Vorteile bieten, da sie zur Einsparung von Energiekosten beitragen und somit zu niedrigeren Stromrechnungen führen können. Dies könnte für Kunden, die auf ihre Finanzen achten, ein wichtiges Argument sein.
- **Zukunftsfähigkeit:** Photovoltaikanlagen sind eine zukunftsfähige Energiequelle, die auf lange Sicht tragfähig ist. Dies könnte für Kunden, die in Produkte und Dienstleistungen investieren möchten, die auf lange Sicht Bestand haben und den Herausforderungen der Zukunft standhalten, ein wichtiges Argument sein.

Hinter jeder Entscheidung für eine nachhaltigere Energiequelle stehen individuelle Menschen mit ihren einzigartigen Persönlichkeiten und Beweggründen. Das DiSG®-Persönlichkeitsmodell erlaubt uns, tief in die Psyche der Privatkunden zu blicken und zu verstehen, wie die verschiedenen Persönlichkeitstypen – dominant, initiativ, stetig und gewissenhaft – jeweils motiviert werden können, um den Schritt hin zu einer Photovoltaikanlage als Teil ihres persönlichen Beitrags zum Umweltschutz zu wagen.

Jeder Typ, gekennzeichnet durch eine Farbe – dominant (Rot), initiativ (Gelb), stetig (Grün) und gewissenhaft (Blau) – hat unterschiedliche Werte und Motivationen, die die Entscheidung für oder gegen eine Investition in eine PV-Anlage beeinflussen können.

Unterschiedliche Verhaltensprofile der 4 DiSG-Typen

Dominant (Rot): Diese Personen sind ergebnisorientiert und genießen es, Kontrolle zu haben. Die Möglichkeit, mit Photovoltaikanlagen unabhängig von traditionellen Energiequellen zu sein und vielleicht sogar Energie an das Netz zu verkaufen, könnte für sie sehr attraktiv sein. Die Aspekte der Zukunftsfähigkeit und finanziellen Vorteile würden sie besonders ansprechen. **Beispiel für einen roten Typ ist ein Unternehmer, Geschäftsführer, Meister bzw. eine Führungskraft.**

Initiativ (Gelb): Kommunikativ und gesellig, schätzen diese Menschen Innovation und einen modernen Lifestyle. Sie könnten von der Idee angezogen werden, Vorreiter beim Umweltschutz zu sein, und würden den Imagevorteil, den eine Photovoltaikanlage mit sich bringt, sehr schätzen. **Ein Beispiel wäre ein innovativer Verkäufer, Entertainer, Überzeuger.**

Stetig (Grün): Diese Personen sind harmoniebedürftig und legen Wert auf Sicherheit und Stabilität. Für sie könnten der Aspekt der Nachhaltigkeit und der Schutz der Umwelt besonders wichtig sein. Die gesundheitlichen Vorteile einer sauberen, schadstofffreien Energiequelle könnten für sie auch ein ausschlaggebender Faktor sein. **Beispiel: klassische Helfertypen.**

Gewissenhaft (Blau): Als detailorientierte und analytische Denker suchen die Menschen dieses Typs nach Effizienz und Qualität. Sie würden wahrscheinlich die langfristigen finanziellen und umweltfreundlichen Aspekte einer Photovoltaikanlage schätzen und sich für die Details und die Effizienz der Anlage interessieren. **Beispiele: Ingenieure, Buchhalter.**

Für Klimaberufe eröffnen sich aufgrund dieser Argumente sehr gute Möglichkeiten, da die Nachfrage nach umweltfreundlichen und zukunftsfähigen Energiequellen stetig zunimmt. Sie könnten sich als Anbieter von Photovoltaikanlagen positionieren, indem sie die Vorteile dieser Technologie für Kunden hervorheben und die Nachfrage bedienen.

Der Megatrend der Neoökologie wirkt sich immer stärker auf alle unternehmerischen Bereiche aus, da Umweltbewusstsein und Nachhaltigkeit zu einem zentralen Wirtschaftsfaktor werden. Dies kann man an der zunehmenden Präsenz von Biomärkten, der EU-Plastikverordnung, der Fridays-for-Future-Bewegung und den erneuerbaren Energien sehen.

Es wird immer offensichtlicher, dass Ökonomie und Ökologie miteinander verbunden sind und dass es darum geht, zukunftsfähige und wirtschaftliche Lösungen zu finden, anstatt Verzicht und schlechtes Gewissen zu fördern.

Das Konzept der Neoökologie betont nachhaltiges Leben und Konsumieren.

Neben der Veränderung der Werte in unserer Gesellschaft führt die Neoökologie auch zu einer Veränderung des unternehmerischen Denkens und Handelns, was zu neuen Geschäftsmodellen führen kann.

Es ist tatsächlich so, dass die Jugend von heute ein anderes Umweltbewusstsein hat als die Generationen davor. Aufgrund der wachsenden Bedeutung von Themen wie Klimawandel und Nachhaltigkeit haben viele junge Menschen eine große Sensibilität für umweltfreundliche Lösungen. Sie legen bei ihren Kaufentscheidungen Wert auf nachhaltige Produkte und Dienstleistungen und wollen ihren eigenen CO_2-Fußabdruck reduzieren.

Da aus der Jugend von heute die Kunden von morgen werden, ist es für Handwerksunternehmen wichtig, sich auf diese Entwicklung einzustellen und ihr Angebot an umweltfreundlichen Lösungen zu erweitern. Dies gilt natürlich nicht nur für die jüngeren Kunden, sondern für alle Alters- und Bevölkerungsschichten, die sich für nachhaltige Lösungen interessieren.

Marketingstrategien sollten darauf ausgerichtet sein, den ökologischen Nutzen klar zu kommunizieren und soziale Verantwortung zu demonstrieren. Es kann auch vorteilhaft sein, interaktive und technologiegestützte Plattformen für Marketing und Kundenengagement zu nutzen, da beide Generationen als Digital Natives gelten.

Darüber hinaus sollten Handwerksunternehmen in der Lage sein, auf die Bedürfnisse dieser jungen Generationen einzugehen, indem sie ihre Bemühungen um Nachhaltigkeit mit moderner Technologie und innovativen Ansätzen kombinieren.

Die frühzeitige Anpassung an diese Trends ist nicht nur eine Investition in die Zukunft des Unternehmens, sondern auch eine Chance, als Pionier in einer sich wandelnden Marktlage aufzutreten.

Dachdecker bieten nicht nur energieeinsparende Dachsanierungen an, um den Energieverbrauch von Gebäuden zu reduzieren, sondern auch die Herstellung von Dachbegrünungen. Diese Gründächer tragen zur Wasserhaltung bei, fördern die Biodiversität und verbessern das Klima in urbanen Gebieten. Zusätzlich ist die Installation von Photovoltaikanlagen zur Erzeugung von umweltfreundlichem Solarstrom eine Möglichkeit, auf den Megatrend der Neoökologie zu reagieren.

Mit solchen Angeboten können sich Handwerksunternehmen im Wettbewerb differenzieren und ihre Expertise im Bereich der Nachhaltigkeit unter Beweis stellen. Zudem bieten sie ihren Kunden die Möglichkeit, aktiv zum Schutz der Umwelt beizutragen und ihren CO_2-Fußabdruck zu reduzieren. Auf diese Weise können Handwerksunternehmen von dem wachsenden Interesse an umweltfreundlichen Lösungen profitieren und sich langfristig auf den Wandel einstellen.

Die Energiewende ist eine gesamtgesellschaftliche Aufgabe, da sie alle Bereiche unseres Lebens betrifft und jeder Einzelne dazu beitragen kann, den CO_2-Ausstoß zu reduzieren. Dies kann beispielsweise durch den Einsatz von umweltfreundlichen Energiequellen wie Solar- oder Windenergie oder durch den Einsatz von energieeffizienten Technologien erfolgen. Es ist wichtig, dass wir uns bewusst machen, dass wir die erste Generation sind, die das Ausmaß einer Klimakatastrophe kennt, und dass wir auch die letzte Generation sind, die diese verhindern kann. Durch unsere Entscheidungen und Handlungen können wir dazu beitragen, den CO_2-Ausstoß zu reduzieren und eine nachhaltige Zukunft für uns und künftige Generationen zu schaffen.

8.2 Strategieentwicklung

Die Energiewende ist nicht mehr aufzuhalten. Und das ist auch gut so! Die vorangegangenen Kapitel haben deutlich gemacht, dass immer mehr Eigenheimbesitzer ihren begründeten Wünschen nach ökologischer und wirtschaftlicher Unabhängigkeit von Energieversorgern und deren Preispolitik nachgehen. Das macht sich bereits jetzt in der deutlich steigenden Zahl an Anfragen bemerkbar.

Deshalb ist es wichtig, eine Strategie zu entwickeln.

Im Allgemeinen ist eine Strategie eine langfristige Planung, die darauf abzielt, Ressourcen effektiv einzusetzen, um das gewünschte Ergebnis zu erzielen.

Dafür ist es wichtig, die Zielgruppe und deren Bedürfnisse und Wünsche zu erkennen, frei nach dem Motto:

„Suche die Probleme deiner Zielgruppe, errichte ein Unternehmen darum und versuche die Probleme lösen."

Das Problem der Energieeffizienz und steigender Energiekosten betrifft viele Eigenheimbesitzer, denn es führt zu zusätzlichen finanziellen Belastungen.

Aber auch die Wertsteigerung der eigenen Immobilie ist ein wichtiges Thema für Hausbesitzer.

Beispiele sind unter anderem:

- die energetische Sanierung von Dächern oder der obersten Geschossdecke, um den Energieverbrauch für Heizung und Klimatisierung zu reduzieren,
- der Ersatz von Dachfenstern durch energieeffiziente Modelle,
- die Installation von Photovoltaikanlagen, um Strom zu produzieren und somit den Energieverbrauch zu reduzieren,
- Dachaufstockungen, Dachgeschossausbau, Einbau neuer Dachgauben,
- Herstellung von Dachbegrünungen zur Klimaverbesserung und Wasserrückhaltung,

Mit solchen Maßnahmen können Eigenheimbesitzer den Energieverbrauch und somit auch die Energiekosten ihrer Immobilie reduzieren, gleichzeitig das Wohnklima verbessern und den Wert der Immobilie steigern.

Praktische Umsetzungsbeispiele folgen in den nächsten Kapiteln.

8.3 Angebotsprozesse aus Kundensicht entwickeln

In diesem Kapitel geht es um Tipps, wie Handwerksunternehmen ihre Prozesse optimieren können, um effizient im Vertrieb von Photovoltaikanlagen zu sein.

Was ist der Unterschied zwischen effektiv und effizient?

Der Begriff „effektiv" bezieht sich auf das Umsetzen von Zielen oder das Erzielen von gewünschten Ergebnissen. Eine Person oder ein Unternehmen ist effektiv, wenn es in der Lage ist, die gesetzten Ziele zu erreichen oder die gewünschten Ergebnisse zu erzielen.

Der Begriff „effizient" bezieht sich dagegen auf die Menge der Ressourcen, die benötigt werden, um ein Ziel zu erreichen oder ein Ergebnis zu erzielen. Eine Person oder ein Unternehmen ist effizient, wenn es die Ressourcen optimal nutzt und möglichst wenig davon verbraucht.

Beispiel: Eine Person, die in der gleichen Zeit möglichst viele Anfragen bearbeiten kann, ist effektiv. Wenn sie dabei möglichst wenig Ressourcen wie Zeit und Energie verbraucht, ist sie auch effizient. Effizient sein bedeutet abgekürzt: „Die richtigen Dinge richtig tun!"

Es reicht heute bei Weitem nicht mehr aus, lediglich „effektiv" zu sein.

Das Ziel ist es, in der gleichen Zeit möglichst viele Anfragen zu bearbeiten und direkt von Anfang an die Spreu vom Weizen zu trennen. Einige Interessenten möchten vorab nur ein paar allgemeine Informationen, auch über die Kosten, und planen nicht schon direkt die Umsetzung einer PV-Anlage. Deshalb ist es nicht notwendig, bei Anfragen direkt einen Ortstermin zu vereinbaren. Stattdessen kann der Ortstermin erst an 4. Stelle stehen, wenn der Kunde wirklich interessiert ist und konkrete Pläne hat. Vorher können zunächst andere Schritte durchlaufen werden, etwa ein Überblick über die verschiedenen PV-Anlagen und die individuelle Beratung.

Nachfolgend ein Beispiel eines Prozesses mit Praxisbezug.

Praxistipp

1. ***Überblick:*** *Der Kunde hat die Möglichkeit, über einen Onlinekonfigurator einen ersten Überblick über die verschiedenen PV-Anlagen zu erhalten.*
2. ***Terminvereinbarung:*** *Danach kann der Kunde online einen Termin vereinbaren, um sich individuell beraten zu lassen. Der Termin findet entweder telefonisch oder per Videokonferenz statt.*
3. ***PV-Simulation:*** *Zunächst erhält der Kunde eine ausführliche PV-Simulation, um das für ihn geeignete PV-System zu bestimmen.*
4. ***Ortstermin:*** *Um die PV-Anlage optimal planen zu können, findet anschließend ein Ortstermin für die Bestandsaufnahme statt.*
5. ***Planung und Ausführung:*** *Schließlich geht es dann um die Planung und Ausführung der PV-Anlage. Das Unternehmen unterstützt den Kunden bei allen notwendigen Schritten und sorgt dafür, dass die Anlage schnell und professionell installiert wird.*

Dabei gilt es den Prozess im Sinne der Zielgruppe zu gestalten, um optimal auf die Bedürfnisse und Wünsche der Interessenten einzugehen und somit eine größere Akzeptanz und Zufriedenheit zu erreichen. Die Kundenorientierung trägt dazu bei, sich von der Konkurrenz abzuheben und seinen Wettbewerbsvorteil zu steigern.

Insbesondere bei PV-Anlagenbetreibern, die sowohl produzieren als auch konsumieren möchten, ist es ratsam, sich auf ihre Bedürfnisse und Wünsche zu konzentrieren. Diese Kundengruppe hat möglicherweise andere Anforderungen an eine PV-Anlage als rein konsumierende Kunden und benötigt daher eine individuelle Beratung und Betreuung.

Die Customer Journey (Kundenreise), also der Weg, den ein Kunde von der ersten Kontaktaufnahme bis zum Kauf einer PV-Anlage zurücklegt, spielt dabei eine wichtige Rolle. Durch die Analyse und Optimierung der Customer Journey können Schwachstellen im Prozess identifiziert und behoben werden, um dem Interessenten eine reibungslose Erfahrung zu bieten.

Beschäftige deine Kinder, sonst beschäftigen sie dich!

Ein bekanntes Sprichwort lautet: „Beschäftige deine Kinder, sonst beschäftigen sie dich!“ Dieser Satz lässt sich in Teilen auf die Kundenbeziehung übertragen: Wer als Handwerker bestimmte Aufgaben an seine Interessenten delegieren kann, schont selbst Ressourcen, um sich dann um die richtig

Abb. 8.1: PV-Onlinekonfigurator

wichtigen Dinge, die ein potenzieller Kunde nicht selbst erledigen kann, selbst zu kümmern. Ein Beispiel dafür wäre, dem Kunden einen Onlinekonfigurator zur Verfügung stellen, mit dem er sich selbst einen ersten Überblick über die PV-Anlagen verschaffen kann. Diese Aufgabe kann der Kunde selbst erledigen, während sich das Unternehmen auf individuelle Beratung und die Planung der PV-Anlage konzentrieren kann. Gleichzeitig ist das eine Beratung rund um die Uhr.

Auch kann der PV-Experte dem Kunden die Möglichkeit geben, einen Termin online zu vereinbaren. Auf diese Weise können Terminpläne besser organisiert werden und man hat mehr Zeit, sich auf die Kundentermine vorbereiten, während der Kunde den Termin einfach und bequem über das Internet buchen kann. Die Online-Terminvereinbarung ist eine Komponente der Digitalisierung von Geschäftsprozessen, die erhebliche Vorteile sowohl für Kunden als auch für Betriebe bietet. Dem Kunden bietet die Möglichkeit, Termine online zu buchen, vor allem Bequemlichkeit und Flexibilität. Er ist nicht mehr an Geschäftszeiten gebunden und kann den Termin selbstständig rund um die Uhr nach seinem eigenen Zeitplan und ohne Wartezeiten festlegen. Dies führt zu einer gesteigerten Kundenzufriedenheit, da der Service als zeitgemäß und kundenfreundlich wahrgenommen wird.

Für Betriebe bedeutet die Online-Terminbuchung eine Optimierung des Zeitmanagements. Durch automatisierte Prozesse wird der Verwaltungsaufwand reduziert, sodass weniger Zeit für die Koordination von Terminen aufgewendet werden muss und mehr Zeit für die eigentliche Ausführung von Dienstleistungen oder die Kundenberatung zur Verfügung steht. Zudem ermöglicht die Online-Terminbuchung eine bessere Auslastung der Kapazitäten, da Termine effizient geplant und Lücken im Kalender minimiert werden können.

Nicht zu vernachlässigen ist auch die Sammlung wertvoller Daten, die durch das Onlinebuchungssystem ermöglicht wird. Handwerksbetriebe können Muster im Buchungsverhalten erkennen, Nachfragespitzen antizipieren und somit ihren Betrieb besser auf die Bedürfnisse ihrer Kunden ausrichten. Darüber hinaus erlaubt das System eine unmittelbare Kommunikation mit dem Kunden, beispielsweise durch automatisierte Erinnerungen, die nicht nur die Kundenzufriedenheit erhöhen, sondern auch die Rate der nicht wahrgenommenen Termine reduzieren.

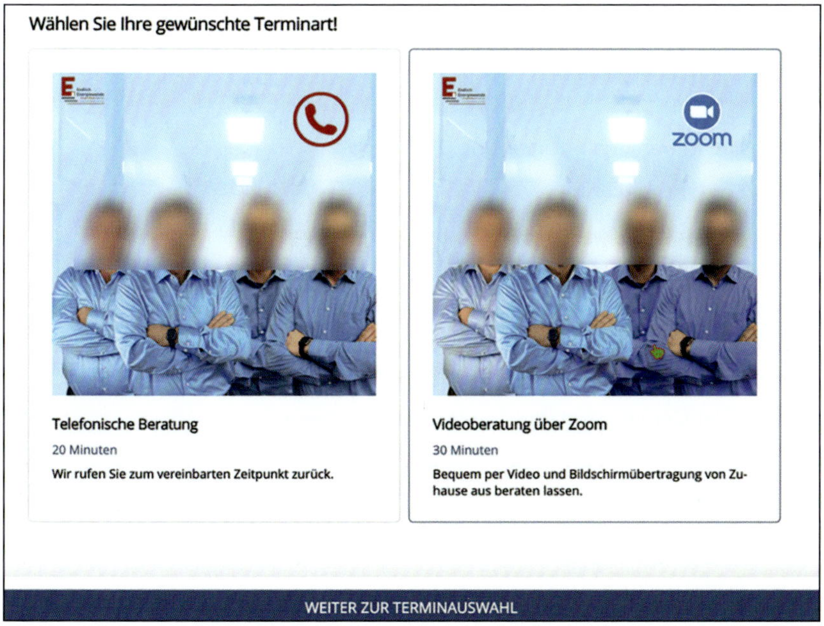

Abb. 8.2: Terminvereinbarung

Durch die Integration einer Online-Terminvereinbarung in den Vertriebs- und Beratungsprozess von Photovoltaikanlagen schaffen es PV-Experten, ihren Service zu modernisieren und gleichzeitig interne Prozesse zu straffen. Dies trägt maßgeblich dazu bei, im hart umkämpften PV-Markt wettbewerbsfähig zu bleiben und ein zeitgemäßes, kundenorientiertes Image zu pflegen.

> ***Praxistipp*** *Die **Online-Terminvereinbarung** gehört ebenso wie die **digitale Zeiterfassung** und die **digitale Bauakte** zur digitalen Grundausstattung moderner Handwerksbetriebe.*

Erfolgreiche Onlinemarketingstrategien für das digitale Zeitalter

In der heutigen digitalen Ära sind Onlinemarketing und -vertrieb zu entscheidenden Elementen für den Erfolg von Handwerksbetrieben geworden. Die Möglichkeiten des Internets bieten Handwerkern die Chance, ihre Reichweite zu vergrößern, potenzielle Kunden zu erreichen und effektive Vertriebsstrategien zu entwickeln.

In diesem Kapitel geht es um die Verstärkung der Onlinepräsenz, der Leads-Generierung, den Aufbau von Kundenbeziehungen im Bereich Photovoltaik und schließlich um die Umsatzsteigerung.

Dazu werden das Konzept des Funnels sowie die folgenden 10 Punkte im Zusammenhang mit Onlinemarketing und -vertrieb im Dachdeckerunternehmen genauer betrachtet.

1. **Suchmaschinenoptimierung (SEO)**
2. **Contentmarketing**
3. **Social-Media-Marketing**
4. **E-Mail-Marketing**
5. **Pay-per-Click-Werbung (PPC)**
6. **Onlinepräsenz und Websitegestaltung**
7. **Lead-Generierung und Conversion-Optimierung**
8. **Kundenbeziehungsmanagement (CRM – Customer-Relationship-Management)**
9. **Automatisierung von Vertriebsprozessen**
10. **Erfolgsmessung und Analyse**

Aber zuerst einmal zu den Grundlagen, die im Folgenden näher betrachtet werden sollen.

Was ist ein Funnel?

Ein Funnel, auch als Verkaufsfunnel, Verkaufstrichter oder Conversion-Funnel bezeichnet, ist ein äußerst leistungsstarkes Werkzeug im Marketing. Es visualisiert auf anschauliche Weise den Weg, den ein potenzieller Kunde von der ersten Erkennung eines Bedarfs bis zum tatsächlichen Kauf eines Produkts oder einer Dienstleistung durchläuft. Dieses Konzept erhielt seinen Namen aufgrund seiner charakteristischen Form, die an einen Trichter erinnert.

Anfangs ist der Funnel breit und repräsentiert die große Zahl potenzieller Kunden, die sich für ein Produkt oder eine Dienstleistung interessieren. Im Verlauf des Prozesses verengt er sich schrittweise, da einige Interessenten aus verschiedenen Gründen den Weg verlassen, bis schließlich diejenigen übrigbleiben, die zu loyalen Kunden werden.

Der Funnel besteht aus mehreren aufeinanderfolgenden Stufen/Schritten oder Phasen, die den schrittweisen Übergang der potenziellen Kunden durch den Kaufprozess darstellen. Diese Stufen sind entscheidend, um die Interessenten gezielt zu informieren, zu überzeugen und schließlich zu Kunden zu machen.

Wie sehen die Phasen bei PV aus?

Diese Phasen können je nach Unternehmen und Produkt variieren, aber im Allgemeinen umfassen sie:

Bewusstsein (Awareness):
Zunächst wird der potenzielle Kunde auf das Thema Photovoltaik aufmerksam, zum Beispiel durch Social-Media-Posts, Blog-Artikel, Werbeanzeigen oder Informationsveranstaltungen.

Interesse (Interest):
Interessierte Besucher gelangen auf die Landingpage, wo sie mehr über Photovoltaiksysteme erfahren, beispielsweise durch Infografiken, Kundenbewertungen und detaillierte Beschreibungen der Produkte und Dienstleistungen.

Erwägung (Consideration):
An diesem Punkt könnte der Besucher dazu aufgefordert werden, sich für einen Newsletter anzumelden, ein E-Book herunterzuladen oder einen kostenlosen Webinar-Platz zu reservieren, um mehr Informationen zu erhalten und das Interesse weiter zu vertiefen.

Absicht (Intent):
Der Interessent nutzt bereits Tools wie einen Onlinekonfigurator, um eine erste Vorstellung von der passenden Anlage zu bekommen oder fordert ein individuelles Angebot an.

Bewertung (Evaluation):
In dieser Phase findet eine persönliche Beratung statt, in der auf spezifische Bedürfnisse und Fragen eingegangen und dem Kunden ein maßgeschneidertes Angebot gemacht wird.

Kauf (Purchase):
Der Kunde entscheidet sich für den Kauf einer Photovoltaikanlage und schließt den Kauf ab. Dazu könnte der Kunde auch Unterstützung bei Förderanträgen oder Finanzierungslösungen erhalten.

Nachsorge (After-Sale):
Nach der Installation der Anlage bietet der Betrieb weiteren Support an, beispielsweise durch Wartungsverträge, weiterführende Informationen oder Schulungen zur Überwachung der Anlage per App auf dem Smartphone oder Tablet.

Der Funnel hilft Unternehmen, den Kundenstrom durch den gesamten Kaufprozess zu lenken und die verschiedenen Phasen der Kundenreise zu berücksichtigen. Dabei wird die Zahl der potenziellen Kunden mit fortschreitender Phase reduziert, sodass am Ende diejenigen übrigbleiben, die tatsächlich zu zahlenden Kunden werden.

Dieses Konzept ist entscheidend, um Marketingstrategien zu entwickeln, die die Bedürfnisse und Erwartungen der Kunden in jeder Phase ansprechen und schließlich den Erfolg des Unternehmens fördern.

Hier gliedert sich auch das 5-Schritte-System ein, das im weiteren Verlauf erklärt wird!

In den kommenden Abschnitten geht es um die 10 entscheidenden Strategiepunkte im Bereich des Onlinemarketings und -vertriebs. Sie bilden das Rückgrat einer erfolgreichen digitalen Präsenz und ermöglichen Unternehmen, ihre Reichweite zu steigern, Kunden zu gewinnen und ihre Vertriebsprozesse zu optimieren.

1. Suchmaschinenoptimierung (SEO)

In einer Welt, in der die Mehrheit der Verbraucher online nach Produkten und Dienstleistungen sucht, ist es von entscheidender Bedeutung, dass Handwerksbetriebe online gefunden werden. Dabei kommt die Suchmaschinenoptimierung (SEO) ins Spiel. SEO ist ein umfangreiches Set von Praktiken, das darauf abzielt, die Sichtbarkeit einer PV-Experten-Website in den Suchergebnissen von Suchmaschinen wie Google zu verbessern.

Warum ist SEO für Handwerker wichtig?

Die Antwort liegt auf der Hand: Wenn potenzielle Kunden nach PV-Installationen oder Dachdeckerleistungen suchen, möchte man sicherstellen, dass die eigene Website in den Suchergebnissen weit oben erscheint.

Hier sind einige Gründe, warum SEO für Klimaberufe von entscheidender Bedeutung ist:

- Steigerung der Sichtbarkeit: SEO hilft dabei, die Website in den Suchergebnissen für relevante Keywords zu platzieren, was die Sichtbarkeit erhöht und mehr potenzielle Kunden auf die Seite bringt.
- Glaubwürdigkeit und Vertrauen: Websites, die in den Suchergebnissen auf den oberen Positionen stehen, werden oft als vertrauenswürdiger wahrgenommen. Gute SEO-Praktiken tragen zur Verbesserung der Glaubwürdigkeit bei.
- Gezielte Besucher: Durch die Optimierung für relevante Keywords erreicht man gezielt Personen, die tatsächlich an den Dachdeckerleistungen interessiert sind.
- Wettbewerbsvorteil: Wenn die Konkurrenten SEO vernachlässigen, besteht die Möglichkeit, sich als Branchenführer zu positionieren.

Wie kann SEO für einen Dachdeckerbetrieb umgesetzt werden?

Die Umsetzung von SEO erfordert Fachwissen und kontinuierliche Anpassungen, da die Algorithmen der Suchmaschinen sich ständig ändern.

Hier sind einige grundlegende Schritte, die zu beachten sind:

- Keyword-Recherche: Identifizierung relevanter Keywords, nach denen potenzielle Kunden suchen könnten, z. B. PV-Installation, Photovoltaik Frankfurt, Photovoltaik Kosten usw.
- On-Page-Optimierung: Optimierung der Webseiten, indem Überschriften, Texte und Meta-Tags verwendet werden

- Qualitätsinhalte: Erstellung hochwertiger, informativer Inhalte, die den Bedürfnissen der Zielgruppe entsprechen
- Backlinks: Qualitativ hochwertige Backlinks von anderen vertrauenswürdigen Websites erhalten, um die eigene Autorität zu steigern
- Mobile Optimierung: Mobilfreundliche Website, da dies für das Ranking in den Suchergebnissen von Google entscheidend ist
- Lokale SEO: Die Optimierung lokaler Suchanfragen ist für Dachdeckerbetriebe äußerst wichtig. Dies umfasst beispielsweise das Einrichten eines Google-Business-Profils und das Sammeln von Bewertungen.

Die effektive Umsetzung von SEO-Strategien kann dazu beitragen, dass ein Dachdeckerbetrieb in den Suchergebnissen sichtbar ist und potenzielle Kunden anzieht.

2. Content-Marketing

Content-Marketing ist eine effektive Strategie, um Handwerksunternehmen online sichtbar zu machen und potenzielle Kunden anzuziehen. Indem wertvolle und relevante Inhalte erstellt und geteilt werden, positioniert sich der Betrieb als Experte in der Branche und baut Beziehungen zu Interessenten auf.

Zusätzlich bietet Content-Marketing die Möglichkeit, das Ranking in den Suchergebnissen zu verbessern. Durch das regelmäßige Veröffentlichen von informativen Blogartikeln steigert man die Sichtbarkeit und zieht mehr potenzielle Kunden auf die Website.

Ein weiterer wichtiger Aspekt ist die Vertrauensbildung. Indem man Wissen teilt und nützliche Informationen bereitstellt, gewinnt man das Vertrauen von potenziellen Kunden. Diese sehen das Unternehmen als vertrauenswürdige Quelle und sind eher bereit, mit dem Betrieb in Kontakt zu treten und letztlich die Dienstleistungen oder Produkte in Erwägung zu ziehen.

Durch die gezielte Nutzung von Content-Marketing können Betriebe nicht nur ihr Fachwissen zeigen, sondern auch potenzielle Kunden in jeder Phase ihres Entscheidungsprozesses ansprechen, von der ersten Recherche bis zum Kauf. Dies macht Content-Marketing zu einem unverzichtbaren Instrument, um die Präsenz im Bereich PV-Anlagen zu stärken und erfolgreich online sichtbar zu sein.

Wie kann Content-Marketing für Dachdeckerbetriebe umgesetzt werden?

Hier sind einige Ansätze:

Blog-Artikel: Blog-Artikel zu relevanten Themen verfassen wie „Vorteile von PV-Anlagen“ oder „Die richtige Photovoltaik-Größe für Ihr Einfamilienhaus“.

Infografiken: Visuell ansprechende Infografiken erstellen, die komplexe Informationen leicht verständlich machen.

Kundenberichte: Erfolgsgeschichten von Kundenprojekten teilen, um die Arbeit zu präsentieren.

E-Books und Leitfäden: Umfassendere Ressourcen wie E-Books oder Leitfäden anbieten, die Interessenten herunterladen können.

Videoinhalte: Videos produzieren, um Installationen, Wartungstipps oder Einblicke in die Arbeit zu zeigen.

Content-Marketing erfordert eine kontinuierliche Anstrengung, aber es kann langfristig dazu beitragen, qualifizierte Leads zu generieren und den Dachdeckerbetrieb als Branchenexperten zu etablieren.

3. Social-Media-Marketing

Im Zeitalter der sozialen Medien sind Plattformen wie Facebook, Instagram, LinkedIn und X (Twitter) zu wichtigen Instrumenten geworden, um mit der Zielgruppe in Kontakt zu treten und die Dienstleistungen zu bewerben. Für Klimaberufe bietet Social-Media-Marketing zahlreiche Möglichkeiten, die Reichweite zu vergrößern und eine engagierte Community aufzubauen.

Warum ist Social-Media-Marketing wichtig für Handwerker?

Kundeninteraktion: Soziale Medien ermöglichen es, direkt mit den Kunden in Kontakt zu treten, Fragen zu beantworten und deren Anliegen zu lösen. Dies trägt zur Kundenzufriedenheit und -bindung bei.

Sichtbarkeit und Markenbekanntheit: Durch regelmäßige Präsenz in den sozialen Medien können Betriebe ihre Marke bekannter machen und die Sichtbarkeit ihres Dachdeckerbetriebs steigern.

Kundengewinnung: Durch gezielte Werbung und Promotionen auf Plattformen wie Facebook und Instagram können Betriebe neue Kunden gewinnen und ihr Unternehmen weiter ausbauen.

Community-Bildung: Aufbau einer engagierten Community von PV-Interessenten und Kunden, die sich für erneuerbare Energien und Dachdeckerarbeiten interessieren.

Social Proof: Kundenbewertungen, Empfehlungen und positive Kommentare sind eine Form des Social Proof. Sie zeigen potenziellen Kunden, dass andere Menschen die Dienstleistungen schätzen und zufrieden damit sind. Dies kann das Vertrauen in das Unternehmen stärken und die Wahrscheinlichkeit erhöhen, dass Interessenten zu zahlenden Kunden werden.

Visuelle Darstellung von Projekten: Das Teilen von Bildern und Videos der abgeschlossenen PV-Projekte auf Plattformen wie Instagram oder Pinterest dient als visueller Beweis für die Qualität der Arbeit. Wenn potenzielle Kunden sehen, dass man erfolgreiche Projekte abgeschlossen hat und in der Lage ist, beeindruckende Ergebnisse zu erzielen, werden sie eher dazu neigen, das Unternehmen in Betracht zu ziehen.

Teilen von Erfolgsgeschichten: Social Media bieten die Möglichkeit, Erfolgsgeschichten von zufriedenen Kunden zu teilen. Wenn beispielsweise Kunden im Portfolio sind, die aufgrund der Installation einer PV-Anlage erhebliche Energieeinsparungen erzielt haben, kann man diese Erfolgsgeschichte auf den Social-Media-Seiten präsentieren. Dies dient als lebendiges Beispiel für die positiven Auswirkungen der Dienstleistungen.

Follower und Likes: Eine große Zahl von Followern und Likes auf den Social-Media-Seiten signalisiert, dass der Dachdeckerbetrieb eine starke Onlinepräsenz hat und von vielen Menschen unterstützt wird. Dies steigert die Vertrauenswürdigkeit und das Ansehen.

Insgesamt kann der Social Proof auf sozialen Medien einen erheblichen Einfluss darauf haben, wie der Dachdeckerbetrieb wahrgenommen wird. Es ist eine mächtige Möglichkeit, das Vertrauen potenzieller Kunden zu gewinnen und die Glaubwürdigkeit in der Branche zu stärken.

4. E-Mail-Marketing

E-Mail-Marketing bietet PV-Experten nicht nur die Möglichkeit, ihre Kunden zu erreichen und zu binden, sondern es dient auch als eine wichtige Absicherung in der heutigen digitalen Ära. Auch wenn Plattformen wie Facebook und Instagram zweifellos wertvoll sind, um mit der Zielgruppe in Kontakt zu treten und Dienstleistungen zu bewerben, sollte man sich nicht ausschließlich auf diese externen Plattformen verlassen.

Warum ist das von Bedeutung? Weil es riskant ist, sich ausschließlich auf soziale Medien zu stützen, da man im Grunde genommen ein Gebäude auf fremdem Land errichtet. Das bedeutet, dass die Kontrolle über die Kommunikation und den Zugang zu Followern und Interessenten in den Händen der Plattformbetreiber liegt. Wenn man beispielsweise gesperrt wird oder eines der sozialen Medien aus irgendeinem Grund nicht mehr existiert, könnte man Tausende von Followern und die gesamte Onlinepräsenz verlieren.

Da kommt die Bedeutung von E-Mail-Marketing ins Spiel. Durch das Sammeln von Kontaktdaten in Form von E-Mail-Adressen baut man nicht nur eine Liste von potenziellen Kunden auf, sondern man schafft auch eine direkte Verbindung zu der Zielgruppe, die einem gehört. Dies ermöglicht es einem, unabhängig von externen Plattformen zu kommunizieren und die Beziehung zu Kunden zu vertiefen.

Jedoch geht es beim E-Mail-Marketing nicht nur darum, einfach E-Mail-Adressen zu sammeln. Es geht darum, die Follower und Interessenten mit echtem Mehrwert zu versorgen. Indem man wertvolle Informationen, Tipps und Angebote per E-Mail teilt, kann man das Vertrauen der Kunden gewinnen und die Glaubwürdigkeit als vertrauenswürdige Quelle stärken.

Insgesamt ist E-Mail-Marketing nicht nur ein effektives Instrument zur Kundenbindung und -gewinnung, sondern es dient auch als eine sichere Grundlage für die Onlinepräsenz, die einem langfristig zugutekommt. Es ermöglicht einem, unabhängig zu agieren und eine nachhaltige Beziehung zu den Kunden aufzubauen, ohne das Risiko, die wertvolle Follower-Basis zu verlieren.

E-Mail-Marketing kann für Klimaberufe in der PV-Branche äußerst effektiv sein, wenn es richtig umgesetzt wird.

1. Segmentierung: Der erste Schritt sollte die Segmentierung der E-Mail-Liste sein, insbesondere in der PV-Branche. Dies ermöglicht es einem, gezielte Nachrichten an verschiedene Kundengruppen zu senden. Beispielsweise könnte man unterschiedliche Ansätze für Hausbesitzer und Geschäftsinhaber wählen, da deren Bedürfnisse und Interessen variieren können. Die Segmentierung kann auch nach dem Standort erfolgen, da Solaranforderungen je nach Region unterschiedlich sind.

2. Personalisierung: Personalisierung ist der Schlüssel zur Schaffung einer persönlichen Verbindung mit den Kunden im Bereich Photovoltaik. Man verwendet beispielsweise den Namen des Empfängers in den E-Mails und passt den Inhalt an die Interessen und das Verhalten der Kunden an.

3. Automatisierung: Man setzt auch automatisierte E-Mail-Kampagnen ein, um den Prozess effizienter zu gestalten. Im PV-Bereich könnte man automatische Nachrichten für Kunden erstellen, die sich für eine kostenlose Beratung zur Installation von Solaranlagen interessieren. Diese automatisierten Follow-up-Nachrichten können den Kunden durch den gesamten Entscheidungsprozess führen.

4. Informativer Inhalt: Die E-Mails sollten nicht nur Werbung enthalten, sondern auch nützliche Informationen über Photovoltaik. Man kann zum Beispiel das Fachwissen über verschiedene Solaranlagen, deren Vorteile, finanzielle Einsparungen und ökologische Auswirkungen teilen. Durch informative Inhalte kann man das Vertrauen der Kunden stärken und sie dazu ermutigen, die Vorteile von Solarlösungen zu erkennen.

5. Angebote und Aktionen: So nutzt man auch E-Mail-Marketing, um Sonderangebote, Rabatte oder Werbeaktionen im Bereich Photovoltaik zu bewerben. Dies kann dazu beitragen, neue Kunden zu gewinnen und bestehende Kunden zu binden, insbesondere wenn man zeitlich begrenzte Angebote für die Installation von Solaranlagen oder Wartungsdienstleistungen anbietet.

E-Mail-Marketing im PV-Bereich dient dazu, nicht nur Kunden zu gewinnen, sondern auch langfristige Beziehungen aufzubauen und das eigene Fachwissen zu demonstrieren. Dachdeckerunternehmen haben die Möglichkeit, über diesen Marketingkanal etablierte Methoden und spezifische Informationen über Photovoltaikanlagen zu präsentieren und sich in diesem Sektor zu etablieren.

5. Pay-per-Click-Werbung (PPC)

Pay-per-Click-Werbung (PPC) ist eine äußerst wertvolle Strategie für Dachdeckerbetriebe, um ihre Onlinepräsenz zu stärken und potenzielle Kunden zu erreichen.

Gezielte Reichweite: Eine der herausragenden Eigenschaften von PPC-Werbung ist die Fähigkeit zur gezielten Zielgruppenansprache. Mit PPC können Betriebe Anzeigen so einstellen, dass sie nur für Nutzer in bestimmten geografischen Regionen sichtbar sind. Dies ist besonders nützlich, da sie in der Regel lokal tätig sind. Darüber hinaus kann man Keywords auswählen, die speziell auf Photovoltaik und Dacharbeiten abzielen, um sicherzustellen, dass die Anzeigen nur für relevante Suchanfragen erscheinen.

Schnelle Sichtbarkeit: PPC-Werbung unterscheidet sich von vielen anderen Marketingmethoden durch ihre unmittelbare Sichtbarkeit. Sobald eine PPC-Kampagne gestartet wird, erscheinen die Anzeigen in den Suchergebnissen, was eine Gelegenheit bietet, rasch von potenziellen Kunden gesehen zu werden. Dies ist besonders im dynamischen Markt der Photovoltaik, wo oft schnelle Entscheidungen gefragt sind, ein entscheidender Vorteil.

Ein zentrales Merkmal von PPC ist die umfassende Kontrolle über das Budget. Unternehmen können selbst bestimmen, wie viel sie ausgeben möchten, und das Budget flexibel anpassen, um optimale Ergebnisse zu erreichen. Diese Möglichkeit hat den Vorteil, die Ausgaben genau im Blick zu behalten und sicherzustellen, dass die Investitionen eine effektive Rendite erbringen.

Plattformen für Pay-per-Click-Werbung bieten umfassende Möglichkeiten zur Messung und Analyse der Leistung. Es ist möglich, genau zu verfolgen, wie oft Anzeigen geschaltet werden, wie viele Klicks sie erhalten und in wie vielen Fällen diese Klicks tatsächlich zu Konversionen führen. Diese Informationen ermöglichen es, den Erfolg von PPC-Kampagnen genau zu bewerten und entsprechende Anpassungen vorzunehmen, um deren Effizienz zu steigern.

Insgesamt ist PPC-Werbung ein wertvolles Instrument für Dachdeckerbetriebe in der PV-Branche, um ihre Reichweite zu steigern, potenzielle Kunden anzusprechen und die Onlinesichtbarkeit zu erhöhen. Es ermöglicht eine gezielte Ansprache, bietet schnelle Ergebnisse und gleichzeitig die Kontrolle über das Budget und eine umfassende Leistungsmessung.

? Wie kann PPC-Werbung umgesetzt werden?

Hier sind einige bewährte Praktiken für die Umsetzung von PPC-Werbung

- Schlüsselwortanalyse: Die Identifikation relevanter Schlüsselwörter, die potenzielle Kunden bei der Suche nach Dachdeckerleistungen verwenden, ist essenziell.
- Geografische Zielsetzung: Die Ausrichtung von Anzeigen auf geografische Bereiche, in denen aktive Geschäftstätigkeiten stattfinden, spricht lokale Kunden gezielt an.
- Erstellung hochwertiger Anzeigen: Das Entwickeln ansprechender Anzeigen mit deutlichen Botschaften und Handlungsaufforderungen ist von großer Bedeutung.
- Optimierung von Landing Pages: Die Verknüpfung von Anzeigen mit gut strukturierten Landing Pages auf der eigenen Webseite, die den Besuchern relevante Informationen bieten, ist entscheidend.
- Durchführung von A/B-Tests: Regelmäßige A/B-Tests sind wichtig, um die Effektivität von Anzeigen und Landing Pages kontinuierlich zu verbessern.

PPC-Werbung spielt eine wichtige Rolle dabei, hochwertige Leads für Dachdeckerunternehmen zu generieren und die Markensichtbarkeit zu erhöhen.

6. Onlinepräsenz und Websitegestaltung

Die Onlinepräsenz und das Webdesign sind für den Erfolg von Klimaberufen in der Photovoltaikbranche von entscheidender Bedeutung.

1. Erster Eindruck: Oft ist die Website der erste Kontakt zwischen einem Handwerksbetrieb und potenziellen Kunden. In der digitalen Welt ist dieser erste Eindruck von großer Bedeutung. Eine professionell gestaltete Website schafft einen positiven ersten Eindruck und vermittelt Kompetenz und Vertrauenswürdigkeit.

2. Informationsquelle: Kunden, die sich für Photovoltaikanlagen interessieren, suchen oft online nach Informationen zu Dienstleistungen, Produkten und Preisen. Eine Website, die klare und umfassende Informationen über Dienstleistungen, abgeschlossene Projekte, Preise sowie Kundenbewertungen und Referenzen bietet, ist daher unerlässlich. Eine gut strukturierte Website ermöglicht es den Kunden, die benötigten Informationen leicht zu finden.

3. Vertrauen und Glaubwürdigkeit: Eine professionell gestaltete Website vermittelt Vertrauen und Glaubwürdigkeit. Dies ist besonders wichtig, da Kunden bei Photovoltaikanlagen oft erhebliche Investitionen tätigen. Eine ansprechende Website zeigt, dass Wert auf das Online-Image und die Darstellung des Unternehmens gelegt wird, was das Kundenvertrauen stärken und zur Zusammenarbeit anregen kann.

4. Benutzerfreundlichkeit: Eine benutzerfreundliche Website ist entscheidend, um potenzielle Kunden zu überzeugen. Eine leichte Navigation auf der Website, die es Besuchern ermöglicht, schnell zu finden, wonach sie suchen, verbessert die Benutzererfahrung und kann helfen, Interessenten in zahlende Kunden umzuwandeln.

? Wie können Onlinepräsenz und Websitegestaltung verbessert werden?

Hier sind einige Tipps, um die Onlinepräsenz eines Handwerkerunternehmens zu optimieren:

1. Responsives Design: Es ist wichtig, dass die Website ein responsives Design aufweist, das sich automatisch an unterschiedliche Bildschirmgrößen und Geräte anpasst, um auf Desktop-Computern, Tablets und Smartphones gleichermaßen gut zu funktionieren.

2. Klare Navigation: Eine vereinfachte Navigation auf der Website, die es Besuchern ermöglicht, schnell und intuitiv die gewünschten Informationen zu finden, ist entscheidend für eine verbesserte Benutzererfahrung. Eine übersichtliche Menüstruktur und gut strukturierte Inhaltsseiten sind dafür essenziell.

3. Aussagekräftige Inhalte: Der Einsatz klarer und informativer Texte, Bilder und Videos zur Präsentation der Arbeit und Expertise im Bereich Photovoltaik und Dacharbeiten ist wichtig. Einblicke in abgeschlossene Projekte, technische Details und Qualitätsstandards helfen dabei, das Vertrauen potenzieller Kunden zu gewinnen.

4. Kontaktmöglichkeiten: Die leichte Zugänglichkeit von Kontaktdaten, einschließlich Telefonnummern, E-Mail-Adressen und eines Kontaktformulars, ist wichtig, damit Kunden Fragen stellen oder Angebote anfordern können.

5. Bewertungen und Referenzen: Das Präsentieren von Kundenbewertungen und Referenzprojekten auf der Website kann dazu beitragen, Vertrauen aufzubauen und Interessenten von der Qualität der Dienstleistungen zu überzeugen.

Eine gut gestaltete Website und eine effektive Onlinepräsenz sind entscheidend, um das Interesse potenzieller Kunden zu wecken und sie zur Kontaktaufnahme zu bewegen. Ein responsives Design, klare Navigation, aussagekräftige Inhalte, leicht erreichbare Kontaktmöglichkeiten und die Darstellung von Bewertungen und Referenzen tragen wesentlich zur Steigerung der Online-Effektivität bei.

7. Lead-Generierung und Conversion-Optimierung

Lead-Generierung und Conversion-Optimierung sind entscheidende Elemente im Bereich des Onlinemarketings. Diese Strategien helfen dabei, Interessenten in zahlende Kunden umzuwandeln und den Geschäftserfolg zu steigern.

Lead-Generierung bezieht sich auf den Prozess, potenzielle Kunden dazu zu bewegen, ihre Kontaktdaten im Austausch gegen relevante Informationen oder Angebote preiszugeben.

Für die Verbesserung von Onlinepräsenz in der PV-Branche sollten folgende Schritte berücksichtigt werden:

- Gezielte Landing Pages: Die Erstellung spezifischer Landing Pages für PV-Dienstleistungen, auf denen Interessenten ihre Kontaktdaten hinterlassen können, um mehr Informationen zu erhalten, ist essenziell.
- Calls to Action: Das Platzieren von auffälligen Handlungsaufforderungen auf der Website, beispielsweise „Kostenlose Beratung anfordern", ist wichtig, um Besucher zur Kontaktaufnahme zu animieren.
- Newsletteranmeldung: Das Angebot eines Newsletters, den Besucher für regelmäßige und nützliche Informationen abonnieren können, ist eine effektive Methode zur Kundenbindung.
- Webinare oder Workshops: Die Veranstaltung von informativen Webinaren oder Workshops können die Kundenbindung fördern.

Für die Conversion-Optimierung sind folgende Ansätze hilfreich:

- A/B-Tests: Durchführung von A/B-Tests auf der Website, um verschiedene Versionen von Seiten oder Formularen zu vergleichen und die effektivste Variante für eine bessere Conversion-Rate zu ermitteln.
- Optimierung der Benutzererfahrung: Sicherstellung einer benutzerfreundlichen Website mit klaren Handlungsaufforderungen.
- E-Mail-Marketing: Einsatz von personalisierten E-Mail-Marketing-Kampagnen, um Leads weiterzuentwickeln und zur Conversion zu bewegen.
- Kundenbewertungen und Referenzen: Präsentation von positiven Kundenbewertungen und Referenzen auf der Website, um Vertrauen bei potenziellen Kunden zu schaffen.

Die Kombination von Lead-Generierung und Conversion-Optimierung ermöglicht es Handwerksbetrieben, effektiv Interessenten anzuziehen und sie in zahlende Kunden umzuwandeln. Durch das Verständnis der Bedürfnisse der Zielgruppe und die kontinuierliche Verbesserung der Strategie kann der Umsatz gesteigert und es können langfristige Kundenbeziehungen aufgebaut werden.

8. Kundenbeziehungsmanagement (CRM)

Ein wirkungsvolles Kundenbeziehungsmanagement ist förderlich, um Kundenbeziehungen zu pflegen, Anfragen zu verfolgen und den Vertrieb zu optimieren. Ein gut strukturiertes System ermöglicht die zentrale Verwaltung aller Kundeninteraktionen und verbessert die Kommunikation.

1. Kundenprofilierung: Umfassende Erfassung von Kundeninformationen, einschließlich Kontaktdetails, Projektangaben, Vorlieben und bisheriger Interaktionen, um personalisierte Dienstleistungen und Angebote bereitzustellen.

2. Kommunikation und Nachverfolgung: Kontinuierliche Verfolgung aller Kundenkommunikationen, ob per E-Mail, Telefon oder in persönlichen Treffen, und Setzen von Erinnerungen für Folgeaktivitäten, um sicherzustellen, dass keine Anfragen übersehen werden.

3. Vertriebs-Pipeline: Nutzung des CRM-Systems zur Überwachung des Fortschritts von Verkaufsmöglichkeiten, was die effektivere Führung potenzieller Kunden durch den Verkaufsprozess und die Optimierung von Abschlüssen unterstützt.

4. E-Mail-Marketing: Integration des CRM mit E-Mail-Marketing-Tools, um personalisierte E-Mails zu versenden, Angebote zu teilen und die Kundenbeziehungen zu vertiefen.

5. Kundenhistorie: Detaillierte Übersicht über die gesamte Interaktionshistorie mit Kunden, um den Vertriebsmitarbeitern eine bessere Anpassung an die Bedürfnisse und Vorlieben jedes Kunden zu ermöglichen.

6. Kundenbetreuung: Effiziente Nutzung des CRM-Systems zur Verbesserung des Kundensupports einschließlich der Verfolgung von Support-Tickets und Sicherstellung schneller und zufriedenstellender Lösungen von Kundenanfragen.

Die Implementierung eines effektiven CRM-Systems kann die Effizienz der Kundenbetreuung und des Vertriebs maßgeblich erhöhen, ein besseres Verständnis für Kunden schaffen, die Kommunikation verbessern und letztlich zum Erfolg des Dachdeckerbetriebs beitragen. Es ist jedoch zu beachten, dass ein CRM nicht immer die einzige Lösung ist; ein effektives Projektmanagementtool kann ebenso nützlich sein und sich nahtlos in die Abläufe eines Dachdeckerbetriebs integrieren.

9. Automatisierung von Vertriebsprozessen

Die Automatisierung von Vertriebsprozessen ist für Handwerker ein wesentlicher Faktor, um die Effizienz zu steigern und im heutigen Wettbewerb erfolgreich zu sein.

Wichtige Elemente der Vertriebsautomatisierung, die durch passende Werkzeuge unterstützt werden können, umfassen:

- Lead-Generierung und -Qualifizierung: Automatisierte Tools können die Lead-Generierung und -Qualifizierung effizienter gestalten, indem Interessenten automatisch basierend auf ihrem Interesse und ihrer Kaufbereitschaft kategorisiert werden.
- E-Mail-Automatisierung: Automatisierte E-Mail-Kampagnen ermöglichen eine gezielte Ansprache von Interessenten und Kunden, das Versenden automatischer Follow-up-E-Mails und eine effektivere Kommunikation.
- Angebots- und Bewertungsmanagement: Automatisierungstools erleichtern das Nachverfolgen von Angeboten und das Einladen von Kunden zur Bewertungsabgabe. Dies hilft, Angebote effizienter zu verwalten und aktiv Kundenfeedback und -bewertungen zu sammeln und zu nutzen.
- Terminplanung und -erinnerungen: Die Automatisierung in der Terminplanung und den Erinnerungen verhindert Ausfälle und Verzögerungen.
- Kundenkommunikation: Automatisierte Kundenkommunikation, beispielsweise mittels automatischer Projektstatus-Updates oder Wartungsankündigungen, kann die Kundenbindung stärken.
- Berichterstattung und Analyse: Automatisierte Berichterstattungswerkzeuge liefern Einblicke in die Vertriebsleistung, ermöglichen schnelle Reaktionen auf Veränderungen und die Anpassung der Strategie.
- Zusätzliche Hilfsmittel: Werkzeuge wie Preiskonfiguratoren, spezielle Anfrageformulare und Automatisierungen in Prozessen, wie das Anlegen von Ordnern in einer Cloud, können sehr nützlich sein und Zeit einsparen.

Obwohl die Automatisierung von Vertriebsprozessen anfangs eine Investition erfordert, zahlt sich diese durch erhöhte Produktivität und Effizienz langfristig aus. Sie spart Zeit, reduziert Fehler und ermöglicht es Klimaberufen im PV-Bereich, sich auf strategische Aufgaben zu konzentrieren. Der gezielte Einsatz von Automatisierungssystemen kann die Vertriebsabläufe optimieren und die Kundenbetreuung effizienter gestalten.

10. Erfolgsmessung und Analyse

Erfolgsmessung und Analyse sind unerlässlich, um die Wirksamkeit der Onlinemarketing- und -vertriebsbemühungen zu beurteilen. Eine systematische Sammlung und Auswertung von Daten ermöglicht es, fundierte Entscheidungen zu treffen und Strategien stetig zu optimieren.

- Webanalyse: Einsatz von Webanalyse-Tools zur Datensammlung über Websitebesucher. Wichtige Metriken wie Besucherzahlen, Seitenaufrufe, Verweildauer und Absprungraten liefern tiefgreifende Einblicke in das Nutzerverhalten, und helfen Schwachstellen auf der Website zu identifizieren.
- Conversion-Tracking: Erfassung der Effektivität der Website bei der Lead-Generierung und Kundenakquise. Durch das Einrichten von Conversion-Zielen in Analysesoftware kann nachverfolgt werden, wie viele Besucher Kontaktformulare ausfüllen oder Anrufe tätigen.
- ROI-Berechnung: Messung des Return on Investment (ROI) von Onlinemarketingkampagnen. Das Tracking von Umsätzen, die durch Investitionen in Suchmaschinenmarketing, Social-Media-Werbung und andere Aktivitäten generiert werden, zeigt an, welche Strategien am rentabelsten sind.
- Kundenbewertungen: Sammlung von Kundenbewertungen und -feedback zur Messung der Kundenzufriedenheit. Positive Bewertungen sind ein Indikator für zufriedene Kunden und können das Vertrauen potenzieller Kunden stärken.
- Wettbewerbsanalyse: Beobachtung der Mitbewerber im PV-Dachdeckereibereich. Die Analyse von deren Onlinepräsenz, Marketingstrategien und Kundenbewertungen liefert wertvolle Einblicke in die eigene Wettbewerbsposition.
- Anpassung der Strategie: Kontinuierliche Anpassung der Onlinemarketing- und -vertriebsstrategien basierend auf gesammelten Daten und Analysen. Identifizierung von Verbesserungsbereichen und Testen neuer Ansätze zur Effizienzsteigerung.
- Langfristige Zielsetzung: Festlegung langfristiger Ziele für das Onlinemarketing und den Vertrieb im Bereich Photovoltaik. Die gesammelten Daten und Analysen unterstützen dabei, diese Ziele zu erreichen und die langfristige Strategie anzupassen.

Erfolgsmessung und Analyse sind ein kontinuierlicher Prozess, der durch regelmäßige Überwachung und Bewertung sicherstellt, dass die Onlinemarketing- und -vertriebsaktivitäten sind und zur Erreichung der Unternehmensziele beitragen.

8.4 Ablauf einer strukturierten Kundenberatung

Für einen erfolgreichen Verkauf von PV-Anlagen ist ein durchdachter Beratungs- und Akquiseprozess von zentraler Bedeutung. Es ist entscheidend zu erkennen, dass die traditionellen Phasen der Kundenakquise – von der Bewusstseinsbildung über das Interesse, die Erwägung, die Kaufabsicht, die Bewertung, den Kauf bis hin zur Nachbetreuung – nicht starr übernommen, sondern flexibel und individuell an das jeweilige Unternehmen und seine Produkte angepasst werden. In diesem speziellen Kontext transformieren sich die generellen Akquisephasen in eine maßgeschneiderte und strukturierte 5-Schritte-Strategie. Diese gezielte Anpassung soll dabei helfen, potenzielle Kunden im Solarenergiebereich nicht nur effektiv zu erreichen, sondern auch langfristig an das Unternehmen zu binden.

Praxistipp

1. ***Online-Schnellkonfigurator*** *(Bewusstsein und Interesse): Der Online-Schnellkonfigurator ist der erste Schritt, um das Bewusstsein und das Interesse der Kunden zu wecken. Interessenten erhalten einen Einblick in die möglichen PV-Anlagen und können sich mit den Grundlagen vertraut machen, womit die ersten beiden Schritte der Kundenakquise abgedeckt werden.*
2. ***Kostenfreies Beratungsgespräch*** *(Erwägung und Absicht): Ein kostenfreies Beratungsgespräch führt den Kunden von der Erwägungs- in die Absichtsphase über. Es vertieft das Interesse, indem individuelle Fragen und Bedürfnisse adressiert werden.*
3. ***Erstellung eines Lösungsvorschlags (Bewertung):*** *In diesem Schritt wird ein auf die spezifischen Bedürfnisse des Kunden zugeschnittenes Angebot erstellt. Dies reflektiert die Bewertungsphase, in der der Kunde alle nötigen Informationen erhält, um eine fundierte Entscheidung zu treffen.*
4. ***Bestandsaufnahme vor Ort*** *(Bewertung und Kauf): Die vor Ort durchgeführte Bestandsaufnahme, inklusive digitaler Dachvermessung, ist ein entscheidender Teil der Bewertungsphase. Sie konkretisiert die Realisierbarkeit des Projekts und bringt den Kunden näher an die Kaufentscheidung.*
5. ***Finale Planung & Ausführung*** *(Kauf und Nachsorge): Der letzte Schritt umfasst den Kauf der Anlage sowie deren Installation. Die Bereitstellung von Wartungsverträgen und Schulungen gewährleistet kontinuierliche Nachsorge, was für die langfristige Kundenzufriedenheit und -bindung wichtig ist.*

Die Anfangsphasen der Kundenberatung sind entscheidend, um ihre Ressourcen effizient zu nutzen. Es geht darum, gezielt mit Kunden zusammenzuarbeiten, die gut zum eigenen Portfolio passen und eine vielversprechende Partnerschaft in Aussicht stellen. Dieser Ansatz hilft, die Betriebsabläufe zu optimieren und nachhaltige Geschäftsbeziehungen aufzubauen.

Die Qualifizierung von potenziellen Kunden von Beginn an spielt dabei eine Schlüsselrolle: Es ist wichtig, potenzielle Kunden richtig einzuschätzen und ihre Eignung für die angebotenen Dienstleistungen zu überprüfen. Der Online-Schnellkonfigurator dient als erster Schritt und Filter, um das Interesse und die Passgenauigkeit der Kunden zu bewerten.

Sobald ein Kunde Kaufsignale zeigt und als geeignet eingestuft wird, kann das kostenfreie Beratungsgespräch als 2. Schritt initiieren. In diesem Gespräch wird das Interesse nicht nur vertieft, sondern es wird auch eine weitere Qualifizierung durchgeführt, um zu prüfen, ob der Kunde für den Kauf und die Installation einer PV-Anlage die erforderlichen Bedingungen erfüllt und das Engagement mitbringt.

Erst nach einer erfolgreichen initialen Qualifizierung und dem Zeigen ernsthaften Interesses seitens des Kunden wird der Aufwand einer persönlichen Bestandsaufnahme vor Ort als gerechtfertigt angesehen.

Diese 5-Schritte-Strategie baut auf einer soliden Qualifizierung auf. Ein maßgeschneiderter Lösungsvorschlag wird erst nach einer gründlichen Bewertung von Kundenbedürfnissen und -eignung erstellt.

Die finale Planung und Ausführung erfolgen nur bei jenen Kunden, die in den vorherigen Schritten als passend qualifiziert wurden.

Auf diese Weise werden eine große Effizienz und Kundenzufriedenheit sichergestellt, während gleichzeitig garantiert wird, dass die Ressourcen des Unternehmens optimal eingesetzt werden.

8.5 Ablauf einer Anlagenplanung

Oft werden Unternehmer und Führungskräfte zum Flaschenhals ihres Unternehmens, weil sie viele Aufgaben selbst übernehmen. Sie glauben, diese Aufgaben am besten selbst erledigen zu können, vernachlässigen aber das Delegieren. Viele dieser Aufgaben könnten qualifizierte Mitarbeiter genauso gut erledigen. Für Führungskräfte und Unternehmer ist es daher wichtig, effiziente Strategien zu entwickeln, um ihre Zeit optimal zu nutzen. Ein wichtiger Punkt dabei ist die Entscheidung, wann und wie Termine vor Ort wahrgenommen werden. Denn diese Termine erfordern Zeit für Vorbereitung, Anreise und Nachbereitung.

Um den Prozess zu verdeutlichen, wird im Folgenden ein beispielhafter Ablauf anhand eines 5-Schritte-Programms dargestellt. Es zeigt, wie durch strukturiertes Vorgehen und effektives Delegieren sowohl die Effizienz als auch die Qualität der Arbeit verbessert werden können. Jeder Schritt wird von dem am besten geeigneten Teammitglied ausgeführt. Nach der Phase der ersten beiden Schritte der Kundenberatung, (1. Konfigurator und 2. Beratungsgespräch) steht in der darauffolgenden 3. Phase dieser Projektreise die detaillierte Ausarbeitung des Projekts als erster Lösungsvorschlag im Mittelpunkt.

Für diese Anlagenplanung ist der Einsatz professioneller Software nicht nur empfehlenswert, sondern unabdingbar.

Der Markt bietet eine breite Palette an Programmen, die jeweils spezifische Aufgaben erfüllen. Diese reichen von einfachen PV-Wirtschaftlichkeitssimulationen über die Auslegung von Wechselrichtern bis hin zur statischen Berechnung der Unterkonstruktion. Darüber hinaus gibt es umfangreiche Planungs- und Simulationssoftware für PV-Anlagen, die zwar sehr leistungsfähig, aber auch kosten- und lernintensiv ist. Während einfachere Programme meist webbasiert und oft als kostenlose Planungstools der Hersteller verfügbar sind, erfordern die komplexeren und umfangreicheren Lösungen in der Regel eine finanzielle Investition. Dabei kann man festhalten, dass selbst

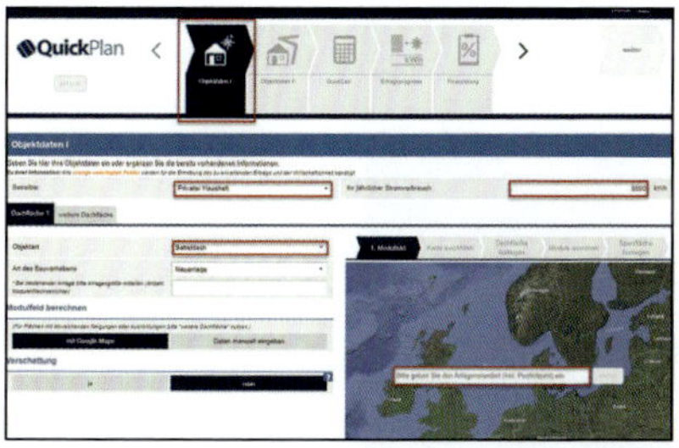

Abb. 8.3: Eingabemaske

Abb. 8.4: Modulanordnung

diese fortgeschrittenen Softwaresysteme gewisse grundlegende Herausforderungen in der Anlagenkalkulation und Angebotserstellung nicht immer umfassend lösen können.

Daher wird im Folgenden ein exemplarisches Auslegungsprogramm vorgestellt, das ideal für die schnelle Projektierung einer PV-Anlage geeignet ist und alle wesentlichen Anforderungen als erster Lösungsvorschlag erfüllt. Mithilfe dieses Online-Tools können unter anderem bis zu 5 Dachflächen mit PV-Modulen bestückt werden, wobei Funktionen wie Wechselrichter- und Speicherauslegung sowie die Berechnungen der Unterkonstruktion automatisiert ablaufen. Die generierte Stückliste ermöglicht eine direkte Kalkulation im Onlineshop, einschließlich der Berechnung des eigenen Zeitaufwands und der Kosten für die Elektrotechnik. Das Resultat ist eine Anlagenplanung, die alle Komponenten, eine Kostenschätzung oder ein Angebot für die Investition und eine detaillierte Wirtschaftlichkeitsberechnung umfasst. Zudem bietet die Planung die Möglichkeit, weitere Aspekte wie elektrische Heizung mittels Wärmepumpe und Elektromobilität zu integrieren.

Dieses Programm ist zugänglich von überall, sofern ein internetfähiges Gerät, vorzugsweise mindestens ein Tablet, verfügbar ist.

Nach dem Einloggen in das Programm beginnt der Anwender mit der Auswahl des Dachtyps – Flachdach oder Steildach – und gibt dann den Ort und die Straße ein. Diese Eingabe führt dazu, dass das Gebäude direkt über Google Earth dargestellt wird. Alternativ kann der Nutzer auch nur Länge und Breite des Dachs eingeben und ein virtuelles Gebäude erzeugen. Im nächsten Schritt werden die Dachkanten angeklickt, an denen die PV-Module ausgerichtet werden sollen, und zwar im Uhrzeigersinn. Daraufhin erfasst das Programm automatisch die Koordinaten und die Ausrichtung des Dachs. Dann wird nur noch die Dachneigung eingegeben.

Basierend auf diesen Informationen schlägt das Programm dann die am häufigsten verwendeten Standardmodule in der entsprechenden Größe vor. Diese Methode ermöglicht eine Planung der PV-Anlagen direkt auf der Grundlage realer Gebäudedaten, was den Planungsprozess vereinfacht.

Im weiteren Verlauf hat der Nutzer auch die Möglichkeit, Module auszublenden, um so Sperrflächen wie Dachfenster oder Dunstrohre zu markieren, an denen keine Module montiert werden sollen.

Abb. 8.5: Sperrflächen einblenden und Module löschen

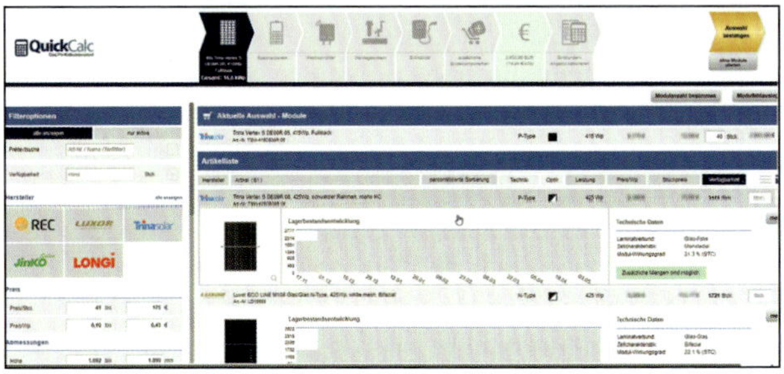

Abb. 8.6: Auswahl und Kalkulation der einzelnen PV-Komponenten

Auf diese Weise können bis zu 5 Dachflächen bearbeitet werden. Des Weiteren kann ein Batteriespeicher ausgewählt werden, wofür das Programm basierend auf dem vorher eingegebenen Stromverbrauch und dem Nutzerprofil – etwa eines Privathaushalts – automatisch die ökonomischste Speichergröße vorschlägt.

Mit einigen wenigen Angaben über Gebäudehöhe, Dachunterkonstruktion und Sparrenabstände kann die Anlage direkt über einen integrierten Onlineshop kalkuliert werden. Das Programm wählt intelligent nacheinander Module, Speicherpakete, Wechselrichter, Montagesysteme und sonstige Einzelkomponenten aus, wobei es sich an der vorherigen Modulauslegung auf dem Dach orientiert. Automatisch werden dabei die verfügbaren und wirtschaftlichen Komponenten vorgeschlagen, deren technische Daten über Datenblätter direkt einsehbar sind.

Im Hintergrund laufen eine automatische Wechselrichterauslegung und eine überschlägige Berechnung der Unterkonstruktion, sodass alle erforderlichen Komponenten als Paket ausgewählt werden können, ohne dass eine mühselige Stücklistenkalkulation erforderlich ist. Nach Auswahl aller Komponenten in der vorgesehenen Reihenfolge ist die Materialdisposition abgeschlossen und der Materialpreis wird auf der Basis der jeweiligen Konditionen angezeigt und direkt in die Einheit kWp mit eingerechnet.

Ein besonderes Merkmal dieses Programms ist die Möglichkeit, den Endkundenpreis ohne großen Aufwand zu kalkulieren. Zuerst wird ein Aufschlag, die Handelsspanne, auf die zuvor ausgewählten PV-Komponenten

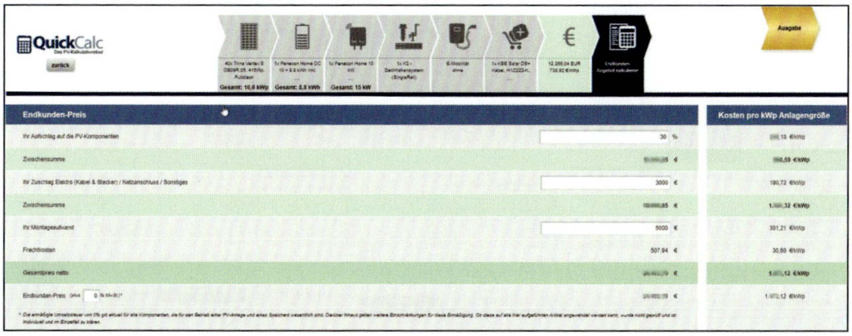

Abb. 8.7: Angebotskalkulation

Mittlerweile kann man in dieses Tool auch eigene Positionen, beispielsweise Gerüst, Baustelleneinrichtung und so weiter, mit hinzufügen.

Für ungeduldige Anlagenplaner wird auf der nächsten Seite ein Endkundenangebot mit allen ausgewählten Komponenten und den dazugehörigen Preisen angezeigt.

Auf diese Weise werden Anwender in die Lage versetzt, auf eine sehr effiziente Art und Weise sehr schnell Kostenschätzungen zu erstellen, um die generelle Bereitschaft der Interessenten zu checken.

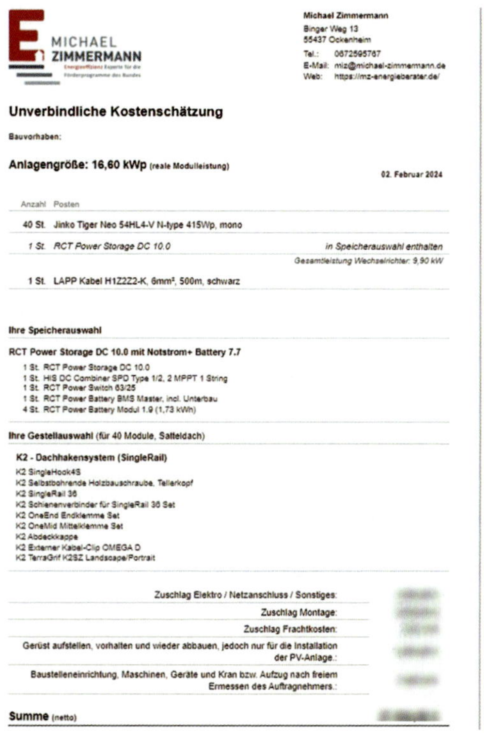

MICHAEL ZIMMERMANN

Michael Zimmermann
Binger Weg 13
55437 Ockenheim
Tel.: 0672595767
E-Mail: miz@michael-zimmermann.de
Web: https://mz-energieberater.de/

Unverbindliche Kostenschätzung

Bauvorhaben:

Anlagengröße: 16,60 kWp (reale Modulleistung)

02. Februar 2024

Anzahl	Posten	
40 St.	Jinko Tiger Neo 54HL4-V N-type 415Wp, mono	
1 St.	*RCT Power Storage DC 10.0*	*in Speicherauswahl enthalten*
		Gesamtleistung Wechselrichter: 9,90 kW
1 St.	LAPP Kabel H1Z2Z2-K, 6mm², 500m, schwarz	

Ihre Speicherauswahl

RCT Power Storage DC 10.0 mit Notstrom+ Battery 7.7

1 St. RCT Power Storage DC 10.0
1 St. HIS DC Combiner SPD Type 1/2, 2 MPPT 1 String
1 St. RCT Power Switch 63/25
1 St. RCT Power Battery BMS Master, incl. Unterbau
4 St. RCT Power Battery Modul 1.9 (1,73 kWh)

Ihre Gestellauswahl (für 40 Module, Satteldach)

K2 - Dachhakensystem (SingleRail)

K2 SingleHook4S
K2 Selbstbohrende Holzbauschraube, Tellerkopf
K2 SingleRail 36
K2 Schienenverbinder für SingleRail 36 Set
K2 OneEnd Endklemme Set
K2 OneMid Mittelklemme Set
K2 Abdeckkappe
K2 Externer Kabel-Clip OMEGA D
K2 TerraGrif K2SZ Landscape/Portrait

Zuschlag Elektro / Netzanschluss / Sonstiges:
Zuschlag Montage:
Zuschlag Frachtkosten:
Gerüst aufstellen, vorhalten und wieder abbauen, jedoch nur für die Installation der PV-Anlage.:
Baustelleneinrichtung, Maschinen, Geräte und Kran bzw. Aufzug nach freiem Ermessen des Auftragnehmers.:

Summe (netto)

Abb. 8.8: Erstellung einer schnellen Kostenschätzung

angegeben. Anschließend kann der Preis für die Elektrotechnik und die dafür notwendigen Komponenten eingegeben werden. Auch der Montageaufwand wird an dieser Stelle berücksichtigt, sodass sich nach nur drei Klicks die gesamte Angebotskalkulation für den Interessenten darstellt. Jede Eingabe wird direkt in den Preis pro kWp umgerechnet.

Um den ersten Lösungsvorschlag zu verfeinern, kann mit geringem Aufwand eine umfassende und aussagekräftige Wirtschaftlichkeitsberechnung erstellt werden. Dazu gibt man einfach das geplante Inbetriebnahmedatum der PV-Anlage und ein mögliches Finanzierungsszenario ein. Besonders interessant ist die Option, den Verbrauch eines Elektroautos und einer

Abb. 8.9: Umfangreicher Projektbericht

Wärmepumpe direkt einzugeben. Während der Eingabe kann man sich anhand grafischer Auswertungen die Verbräuche und die Wirtschaftlichkeit der PV-Anlage anschauen. Ist man mit dem Ergebnis zufrieden, wird ein PDF als erster Lösungsvorschlag erzeugt und dem Interessenten zur Verfügung gestellt. Es besteht auch die Möglichkeit, einen Link zu versenden, sodass der potenzielle Kunde sich das Ergebnis auch online anschauen kann. Auf diese Art und Weise ist es möglich, innerhalb von wenigen Minuten einen hochwertigen ersten Lösungsvorschlag inklusive Anlagenauslegung, Anlagenkalkulation und Wirtschaftlichkeitsberechnung zu erstellen, bei dem zusätzlich die Bereiche E-Heizung und E-Mobilität berücksichtigt werden können.

Ein weiterer wichtiger Aspekt dieses Programms ist, dass es den Nutzern kostenlos zur Verfügung gestellt wird. Die einzige Voraussetzung für den Zugang zu diesem umfangreichen und nützlichen Tool ist die Anmeldung beim Anbieterunternehmen. Diese niedrige Einstiegshürde ermöglicht es einer breiten Nutzerbasis, von den fortschrittlichen Funktionen und der benutzerfreundlichen Oberfläche des Programms zu profitieren, ohne zusätzliche Kosten tragen zu müssen. Damit werden Planung und Umsetzung von PV-Anlagenprojekten deutlich erleichtert und zugänglicher gemacht.

Zusätzlich bietet das Programm die Möglichkeit, es in die eigene Webseite zu integrieren. Diese Funktion erlaubt es Unternehmen, ihren Kunden die Selbstplanung ihrer Anlagen anzubieten. Während der interne Kalkulationsbereich für die Endkunden ausgeblendet bleibt, können Fachleute in ihrem eigenen Profil die Einheitspreise in Euro pro kWp entsprechend der jeweiligen Anlagengröße festlegen. Diese Flexibilität ist besonders vorteilhaft, um während eines Beratungsgesprächs gemeinsam mit dem Kunden die Anlage direkt zu planen.

Praxistipp *Darüber hinaus erweist sich dieses Tool als äußerst nützlich bei Veranstaltungen wie Messen oder Tagen der offenen Tür.*

Dort können Interessenten direkt vor Ort eine aussagekräftige und individuelle Planung ihrer potenziellen PV-Anlage durchführen, was eine wertvolle Informationsquelle und Entscheidungshilfe bietet. Dies fördert nicht nur das Engagement der Kunden, sondern trägt auch dazu bei, das Interesse und das Verständnis für Photovoltaikanlagen zu erhöhen und damit letztlich die Kundenbindung zu stärken.

Diese ersten drei Schritte des Prozesses sind hervorragend geeignet, um das Interesse der Anfragenden effektiv vor zu qualifizieren. Der anfängliche Aufwand ist dabei überschaubar und vor allem gut planbar. Im ersten Schritt, dem Online-konfigurator, führt der Interessent die Konfiguration selbst durch. Dieser Schritt liefert wichtige Informationen und ermöglicht es dem potenziellen Kunden, direkt im Anschluss einen Beratungstermin zu vereinbaren.

Es ist allerdings unerlässlich, dass der Beratungstermin von einer qualifizierten Person des Unternehmens durchgeführt wird. Das stellt zwar gewisse zeitliche Anforderungen, aber diese Investition ist kalkulierbar und in der Regel innerhalb von einer Stunde zu bewältigen. Es ist klar, dass eine gewisse Anstrengung notwendig ist, um Kunden effektiv vor zu qualifizieren und herauszufinden, ob eine Zusammenarbeit sowohl menschlich als auch wirtschaftlich sinnvoll ist.

Ein wichtiger Aspekt dabei ist es, auf die eigenen wirtschaftlichen Grenzen hinzuweisen. Wenn der erste Lösungsvorschlag für den Interessenten wirtschaftlich nicht tragbar erscheint, besteht die Möglichkeit zur Optimierung. Dabei sollte jedoch beachtet werden, dass es nicht nur darum geht, den Preis zu reduzieren. Sollte nach der Optimierung immer noch kein Einvernehmen erreicht sein, wäre es **nicht** sinnvoll, weitere Schritte wie einen Ortstermin für die Bestandsaufnahme und die detaillierte Anlagenplanung einzuleiten.

Dieser Ansatz gewährleistet, dass die Ressourcen des Unternehmens effizient eingesetzt werden, da nur diejenigen Kunden weiterverfolgt werden, bei denen eine realistische Chance auf einen erfolgreichen Geschäftsabschluss besteht. So wird sichergestellt, dass sowohl der Kunde als auch das Unternehmen von der potenziellen Zusammenarbeit profitieren können.

9 Projektierung – Planung – Ausführung

9.1 Die 3 Phasen des Ortstermins

Die Planung einer Photovoltaikanlage ist ein facettenreicher Prozess, der sowohl technisches Know-how als auch vorausschauendes Denken erfordert. Es geht dabei um mehr als nur die praktische Umsetzung; es geht um das feine Zusammenwirken von technischen, logistischen und wirtschaftlichen Anforderungen. Das übergeordnete Ziel ist klar: die Entwicklung einer Photovoltaikanlage, die exakt den Bedürfnissen des Kunden entspricht, wirtschaftlich tragbar ist und einen maximalen Nutzen bietet.

Angefangen bei der ersten Kundenanfrage bis hin zur finalen Installation: Jedes Detail zählt. Deshalb ist es entscheidend, nicht nur effektiv, sondern vor allem auch effizient zu arbeiten. Das bedeutet, nicht nur die richtigen Dinge zu tun, sondern sie auch in der richtigen Art und Weise umzusetzen, also die Dinge richtig zu tun. Ein wichtiger Baustein dafür ist die Einbindung des Interessenten. Seine aktive Teilnahme am Planungsprozess – sei es durch das Zur-Verfügung-Stellen von Daten oder durch konstruktives Feedback – ist nicht nur hilfreich, sondern grundlegend wichtig. Es geht nicht um Bequemlichkeit, es ist vielmehr ein strategisches Mittel, um den Planungs- und Installationsprozess sowohl qualitativ als auch effizienztechnisch zu optimieren.

In einer Zeit, in der effiziente Prozesse im Handwerk immer mehr an Bedeutung gewinnen, müssen Kundenanfragen von Beginn an sorgfältig geprüft und qualifiziert werden. Ein erster Schritt ist es, dem Interessenten relevante Informationen zur Verfügung zu stellen. Mit diesem Ansatz ermöglicht man ihm einen fundierten ersten Eindruck, was auch für die nachfolgenden Schritte des Gesamtprozesses von Vorteil ist. Durch dieses Vorgehen stärkt man nicht nur das Vertrauen, sondern festigt auch das eigene Ansehen. Der Interessent gewinnt einen Einblick in die Fachkompetenz und fühlt sich zugleich wertgeschätzt und verstanden.

Es handelt sich um einen durchdachten und koordinierten Gesamtprozess, der vom Beginn bis zum Ende strukturiert und organisiert verläuft. Die vorherigen Phasen, einschließlich der Beratung und der Budgetabfrage, sind bereits abgeschlossen. Somit steht beim Ortstermin primär die Bestandsaufnahme im Mittelpunkt; andere Aspekte wurden bereits vorab geklärt. Wenn es dann zum Ortstermin, zur Bestandsaufnahme kommt, befinden sich beide Seiten – der Anbieter und der Interessent – an einem Punkt, an dem bereits eine gewisse Grundentscheidung getroffen wurde: Beide sehen Potenzial in einer Zusammenarbeit. Dieser fortgeschrittene Stand der Dinge wäre ohne den vorherigen strukturierten Qualifikationsprozess nicht möglich gewesen.

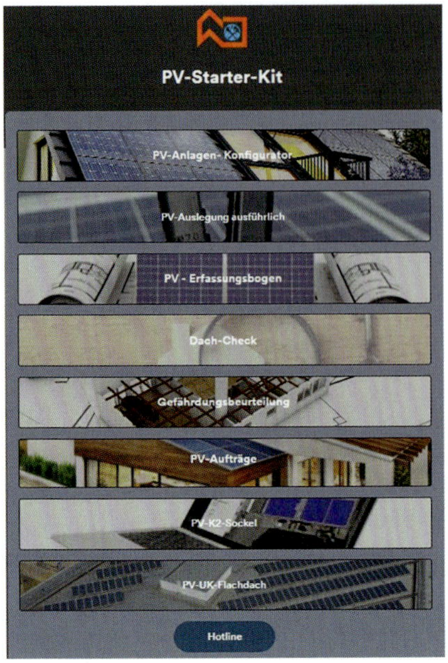

Abb. 9.1: Nutzung der digitalen Tools für die Bestandsaufnahme

Der Ortstermin hat 3 wesentliche Phasen, nämlich

1. die Vorbereitung,
2. die Durchführung und
3. die Nachbereitung.

Die Vorbereitung beginnt in der Regel schon weit vor dem eigentlichen Termin. Dank des zuvor beschriebenen Qualifikationsprozesses liegen bereits wichtige Informationen vor, etwa Bilder, möglicherweise auch Pläne und Aufmaße sowie die tatsächlichen Verbräuche und vorhandene Präferenzen des Interessenten. Ein erstes Beratungsgespräch hat stattgefunden, und der Interessent verfügt über einen ersten Lösungsvorschlag inklusive Budgetplanung mit Wirtschaftlichkeitsberechnung.

Zur weiteren Vorbereitung empfiehlt sich zusätzlich ein Blick auf Tools wie Google Earth oder Solarkataster, um weitere Details zum Gebäude zu erhalten.

Sicherheit steht dabei stets im Vordergrund – dies gilt für Unternehmer, Führungskräfte und Mitarbeiter gleichermaßen.

Daraus ergibt sich eine strategische Überlegung:

Wer ist die geeignetste Person für den Ortstermin?

Muss es zwingend der Unternehmer oder der Meister sein? Oder könnte auch ein Vorarbeiter oder Geselle diesen Part übernehmen? Immerhin hat das fachliche Beratungsgespräch zu diesem Zeitpunkt bereits stattgefunden. Im Fokus des Ortstermins stehen vor allem die detaillierte Bestandsaufnahme und die Evaluierung der Umsetzbarkeit des geplanten Projekts. In anderen Worten: Ein technisch versierter Praktiker könnte dabei effektiver sein als ein Verkäufer. Viele gut ausgebildete Mitarbeiter erfüllen diese Anforderung. Kaufmännische oder organisatorische Fragen können auch noch nach dem Termin vor Ort beantwortet werden. Auch sind für eine erfolgreiche Bestandsaufnahme moderne Werkzeuge hilfreich, deshalb ist eine gewisse digitale Affinität von Vorteil.

Phase 1: Vorbereitung des Ortstermins

Ein strukturierter Ortstermin beginnt immer mit einer sorgfältigen Vorbereitung. Die folgende Liste zeigt wichtige Schritte, die im Rahmen der Vorbereitung für den Ortstermin eines Photovoltaikanlagen-Auftrags berücksichtigt werden sollten:

Informationssammlung:
- Überprüfen Sie alle bisher vorliegenden Daten des Kunden (z. B. Bilder, Pläne, Aufmaße, Verbräuche, Präferenzen). Einarbeiten in die Ergebnisse des ersten Beratungsgesprächs und der PV-Simulation.

Technische Überprüfung:
- Nutzung digitaler Hilfsmittel: Werfen Sie vorab einen Blick auf das Gebäude mittels Google Earth, des Solarkatasters oder ähnlicher Tools, um eventuelle Hindernisse oder Besonderheiten des Standorts zu identifizieren.
- Prüfen Sie den vorgeschlagenen Systemplan aus der Simulation auf Realisierbarkeit.
- Arbeitssicherheit: Planen Sie die notwendigen Sicherheitsmaßnahmen für den Ortstermin. Stellen Sie sicher, dass alle Teilnehmer die entsprechende Schutzausrüstung haben und informiert sind. Gegebenenfalls ist für den Einsatz von Mitarbeitern eine Gefährdungsbeurteilung zu erstellen.

Logistik:
- Legen Sie Datum und Uhrzeit des Ortstermins fest und kommunizieren Sie diese rechtzeitig an alle Beteiligten.
- Planen Sie die Anfahrt und sorgen Sie dafür, dass notwendige Hilfsmittel und Geräte (z. B. Leiter, Messgeräte, Werkzeuge) dabei sind.

Rolle und Verantwortlichkeiten:
- Bestimmen Sie, wer den Ortstermin durchführt (Unternehmer, Meister, Vorarbeiter, Geselle), und klären Sie die genauen Aufgaben und Verantwortlichkeiten.

Kommunikation:
- Erstellen Sie eine Liste mit offenen Fragen und Punkten, die während des Ortstermins angesprochen werden sollen.
- Halten Sie notwendige Unterlagen bereit, die während des Termins benötigt werden könnten, z. B. Skizzen, technische Daten oder vorherige Berechnungen.

Flexibilität:
- Planen Sie genug Zeit für den Ortstermin ein, um unvorhergesehenen Herausforderungen oder Fragen begegnen zu können.

Das richtige Mindset als entscheidender Faktor in der Vorbereitung

Eine sorgfältige organisatorische und technische Vorbereitung ist ohne Zweifel ein Schlüsselaspekt für den Erfolg eines Ortstermins. Doch genauso entscheidend ist die mentale Einstellung, mit der sich die Verantwortlichen diesem Termin nähern. Das richtige Mindset kann den Unterschied ausmachen zwischen einem erfolgreichen und einem weniger erfolgreichen Treffen. Die Einstellung, offen und lösungsorientiert zu sein, ermöglicht es, flexibel auf unerwartete Situationen zu reagieren und stets den Mehrwert für den Kunden im Blick zu behalten. Ein proaktives Mindset fördert auch die Kommunikation und schafft eine vertrauensvolle Atmosphäre, in der der Kunde sich wertgeschätzt und verstanden fühlt. Zudem ist es von Bedeutung, dass sich die Verantwortlichen stets bewusst sind, dass sie nicht nur ihr Unternehmen, sondern auch die gesamte Branche repräsentieren. Ein professionelles, respektvolles und kundenorientiertes Auftreten hinterlässt nicht nur einen positiven Eindruck beim Kunden, sondern stärkt auch das Image des Handwerks insgesamt.

Die Vorbereitung auf einen Ortstermin ist somit nicht nur eine Frage der Logistik oder Technik. Sie erfordert auch eine mentale Vorbereitung, die es ermöglicht, sich bestmöglich auf den Kunden und seine Bedürfnisse einzustellen. Das richtige Mindset legt das Fundament für einen gelungenen Ortstermin und trägt maßgeblich zu einer erfolgreichen Zusammenarbeit bei.

Mit einer umfassenden Vorbereitung schaffen Sie die besten Voraussetzungen, um den Ortstermin effizient und erfolgreich zu gestalten und die Grundlage für die weiteren Phasen zu legen.

Expertentipp: Überzeugen vor dem persönlichen Kennenlernen.

Die schriftliche Terminbestätigung per E-Mail ist nicht nur eine formale Angelegenheit. Sie birgt die Chance, bereits vor dem ersten Treffen einen bleibenden positiven Eindruck zu hinterlassen. Hier sind einige Ratschläge, wie dies am besten gelingt:

Personalisierung: Ein einfacher, allgemeiner Gruß kann leicht übersehen werden. Der Beginn mit einem persönlichen „Hallo [Name des Kunden]“ kann eine sofortige Verbindung herstellen.

Klare Informationen: Sicherheit und Klarheit sind entscheidend. Datum, Uhrzeit und genauer Ort des Termins sollten präzise kommuniziert werden. Und warum nicht auch den Namen und ein Foto des Mitarbeiters, der zum Ortstermin kommt, beifügen? Das schafft ein Gefühl der Vertrautheit.

Vorbereitungshilfen: Dem Kunden in seiner Vorbereitung unter die Arme zu greifen, zeigt Wertschätzung und Professionalität. Eine kurze Checkliste oder einige Hinweise könnten dabei sehr hilfreich sein. Auch eine Termineinladung über Outlook vereinfacht den Prozess.

Kontaktdaten: Diese sollten klar und auffällig sein. Ein schneller Blick sollte genügen, um zu wissen, wie man im Fall einer Änderung Kontakt aufnehmen kann.

Abb. 9.2: Beispiel einer digitalen Erfassung in Form einer App

Die Extra-Mile: Wie wäre es mit einem kurzen Informationsvideo oder einem Infoblatt zur Photovoltaikanlage? Ein Mehrwert, der Initiative und Engagement demonstriert.

Aber wie behält man bei vielen Anfragen den Überblick?

Schon einfache E-Mail-Vorlagen können helfen, den Prozess effizient und konsistent zu gestalten. Wer einen Schritt weiter gehen möchte, kann mit Automatisierungssoftware noch besser organisieren und den Prozess weiter verfeinern. Dabei sollte jedoch stets das richtige Maß gefunden werden, damit die Kommunikation authentisch bleibt und nicht mechanisch wirkt. Es gilt zu bedenken: In einem Markt voller ähnlicher Anbieter und Angebote sind es oft die kleinen Details, die den Unterschied ausmachen. Mit solch professionellen Schritten im Vorfeld wird ein klares Zeichen der Professionalität und Kundenorientierung gesetzt.

Phase 2: Durchführung des Ortstermins

Beim Ortstermin tritt man tief in den Privatbereich des Interessenten oder Kunden ein. Vom Dachgeschoss bis zum Keller werden viele Räume in Augenschein genommen. Dieses Eindringen erfordert nicht nur technisches Know-how, sondern auch Fingerspitzengefühl. Es geht darum, den Privatbereich des Kunden mit Respekt zu behandeln und stets Diskretion zu wahren.

Strukturiertes Vorgehen ist dabei von großer Bedeutung. Es dürfen weder wesentliche Details übersehen noch unwesentliche Aspekte überbetont werden. Ebenso wie Piloten vor jedem Flug eine Checkliste abarbeiten, sollte auch der PV-Experte mit einer solchen Vorbereitung in den Ortstermin starten.

Praxistipp *Überziehschuhe gehören nicht nur zur Standardausrüstung, sondern sollten auch genutzt werden!*

Eine positive Atmosphäre ist der Schlüssel zu einem erfolgreichen Ortstermin. Ein gelassenes Auftreten und eine offene Kommunikation können dabei helfen, eine vertrauensvolle Beziehung zum Kunden aufzubauen und eventuelle Hindernisse im Vorfeld zu erkennen.

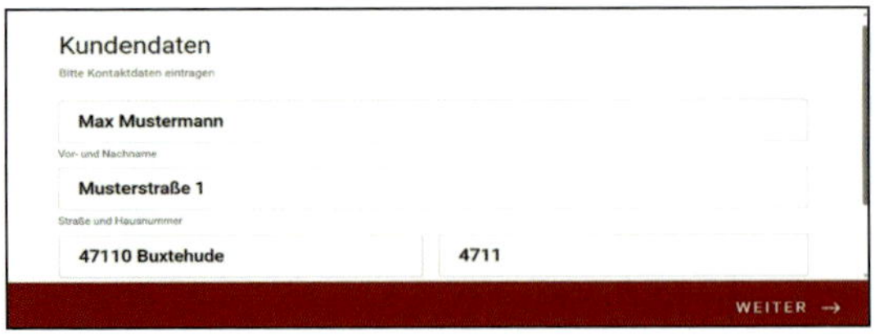

Abb. 9.3: Eingabe der Kundendaten

> ***Praxistipp*** *Das Smartphone ist heute weit mehr als ein Kommunikationsmittel. Es ist zu einem praktischen „Werkzeug" im Handwerk geworden, das vielfältige Funktionen für den Alltag bietet. Noch vor einigen Jahren wären dafür zahlreiche Geräte und Werkzeuge nötig gewesen – von Fotoapparaten über Kompasse, Neigungs- und Entfernungsmesser bis hin zu manuellen Checklisten auf Papier. Die heutigen Smartphones bündeln all diese Funktionen in einem kompakten Gerät, was nicht nur Platz, sondern auch wertvolle Zeit spart.*

Digitale Checklisten: Die Nutzung vorgefertigter Checklisten auf dem Smartphone oder Tablet gewährleistet, dass alle relevanten Punkte abgearbeitet und keine Details übersehen werden.

Fotodokumentation: Mit den hochauflösenden Kameras der heutigen Smartphones lassen sich detaillierte Bilder der Baustelle anfertigen. Diese können zur späteren Auswertung, Planung oder Kommunikation genutzt werden.

Integrierte Messinstrumente: Dank diverser Apps kann das Smartphone als Kompass, Neigungsmesser oder Distanzmessgerät verwendet werden. Diese Funktionen liefern Informationen, die für die spätere Planung der PV-Anlage erforderlich sind.

Direkte Datenübertragung: Informationen, die während des Ortstermins erfasst werden, können direkt in eine App oder ein System eingegeben und unmittelbar an das Büro übermittelt werden. Dies beschleunigt nicht nur die Datenverarbeitung, sondern minimiert auch das Risiko von Datenverlusten oder Übertragungsfehlern.

Die konsequente Nutzung dieser digitalen Hilfsmittel macht nicht nur den Ortstermin effizienter, sondern stärkt auch das Vertrauen des Kunden. Dieser sieht, dass er es mit einem modernen und professionellen Dienstleister zu tun hat, der mit den neuesten Technologien vertraut ist und diese zum Vorteil des Kunden einsetzt.

Die finale Planung und die Installation einer PV-Anlage erfordern eine detaillierte Bestandsaufnahme, um sicherzustellen, dass die Anlage effizient arbeitet und alle technischen und rechtlichen Anforderungen erfüllt werden.

Hier sind einige Vorschläge für Informationen, die in der genannten Reihenfolge erfasst werden sollten:

Allgemeine Informationen
- Name und Kontaktdaten des Eigentümers oder des Vertreters
- Adresse des Installationsorts
- Art des Gebäudes (Wohngebäude, Gewerbegebäude etc.)

Aufmaß Dachfläche

12,50
Trauflänge in m:

8,75
Baubreite in m:

6,15
Traufhöhe in m:

10,50
Gesamthöhe in m:

6,55
Sparrenlänge in m:

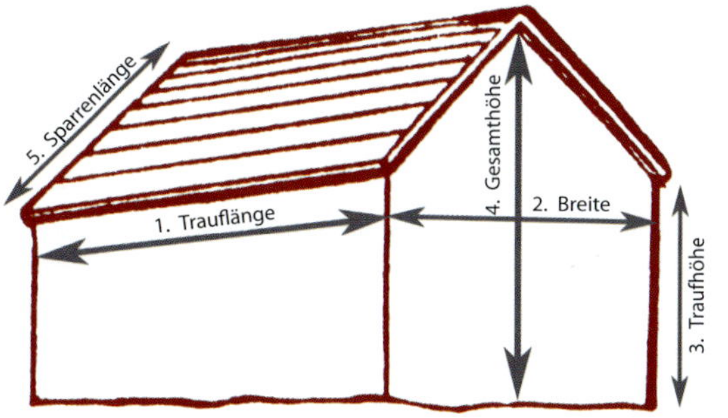

Abb. 9.4: Möglichkeiten der Maßeingaben

Aufdachdämmung
(Bitte Aufbau beschreiben)

Aus welchem Material besteht die Aufdachdämmung?

◉ PUR ○ Resol ○ EPS ○ Mifa ○ Sonstiges

Wie dick ist die Aufdachdämmung in cm? 100
Höhe in cm

Abmessungen der Konterlattung? 40 | 60
Höhe in mm | Breite in mm

Befestigung der Konterlattung?

○ Nägel ◉ Schrauben

Abb. 9.5: Angaben über den Dachaufbau eintragen

Dachspezifikationen

- Art des Dachs (Flachdach, Steildach etc.)
- Material des Dachs (Ziegel, Dachsteine, Metall, Faserzement etc.)
- Angaben über die Querschnitte der Dachkonstruktion und Dachlattung
- Neigung und Ausrichtung des Dachs
- Dachgröße und verfügbare Fläche für PV-Module
- Bestehende Hindernisse auf dem Dach (z. B. Kamine, Lüftungen, Fenster)
- Einschätzung der Standsicherheit in Kombination mit der PV-Anlage

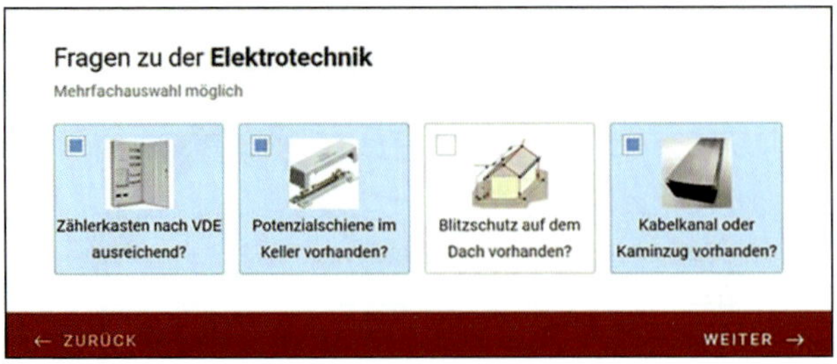

Abb. 9.6: Informationen zur Elektrotechnik des Gebäudes

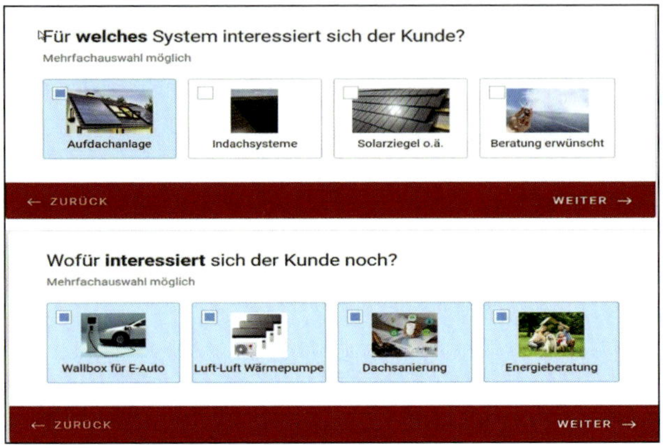

Abb. 9.7: Kundenwünsche eintragen

Strukturelle Bewertung
- Zustand und Alter des Dachs
- Informationen über die Zusatzmaßnahmen
- Tragfähigkeit und mögliche Belastungsgrenzen
- Notwendige Verstärkungsmaßnahmen
- Umgebungsanalyse
- Mögliche Verschattungen durch nahegelegene Gebäude, Bäume oder andere Hindernisse
- Klimatische Bedingungen und historische Sonneneinstrahlungsdaten des Standorts

Elektrische Infrastruktur
- Standort und Zugänglichkeit des Elektrozählers
- Art und Kapazität des vorhandenen elektrischen Anschlusses
- Möglichkeiten zur Einspeisung und Anschlussmöglichkeiten für den Wechselrichter
- Energiebedarf und -verbrauch

Aktuelle und prognostizierte Stromverbrauchsdaten
- Zeiten des Höchstverbrauchs
- Zielsetzung der PV-Anlage (z. B. Eigenverbrauch, Netzeinspeisung)
- Wirtschaftliche und rechtliche Aspekte

Sonstige Informationen
- Wünsche oder spezifische Anforderungen des Kunden
- Mögliche zukünftige Erweiterungen oder Anpassungen
- Besonderheiten oder Einschränkungen des Standorts

Diese Bestandsaufnahme bildet die Grundlage für die spätere Planung, Auslegung und Installation der PV-Anlage und sollte daher so präzise und umfassend wie möglich durchgeführt werden.

Die Dokumentation eines Projekts – insbesondere im Kontext der Installation von PV-Anlagen – erfordert mehr als nur das einfache Aufnehmen von Bildern. Es kommt auf die richtige Mischung aus Detailgenauigkeit und Gesamtbild an, um die nachgelagerten Planungs- und Ausführungsphasen optimal zu unterstützen.

Makroaufnahmen vs. Gesamtaufnahmen: Während Makroaufnahmen den Fokus auf spezifische Details legen – beispielsweise Besonderheiten des Dachmaterials oder vorhandene Strukturen wie Kamine und Dachfenster –, bieten Gesamtaufnahmen einen Überblick über das gesamte Objekt und sein Umfeld. Diese Art von Fotografie, oft aus einiger Entfernung gemacht, lässt den „großen Rahmen" erkennen. Dank der hohen Auflösung moderner Kameras, einschließlich derjenigen in Smartphones, kann später problemlos in diese Bilder hineingezoomt werden, um einzelne Details zu prüfen, ohne Bildqualitätseinbußen zu erleiden.

Relevanz eines professionellen Aufmaßes: Ein präzises Aufmaß ist unerlässlich für die korrekte Planung und Ausführung eines PV-Projekts. Es gewährleistet, dass alle erforderlichen Materialien in der richtigen Menge vorhanden sind, und vor allem, dass die Anlage effizient und sicher installiert werden kann. Das Kombinieren eines genauen Aufmaßes mit aussagekräftigen Bildern bietet dann den vollen Kontext – nicht nur für die reine Planung der Anlage, sondern auch für logistische Überlegungen, z. B. welche Ausrüstung benötigt wird oder wie Materialien am besten zum Standort transportiert werden.

Der Wert von Drohnenaufnahmen: Drohnen bieten eine völlig neue Perspektive und sind besonders nützlich, um sowohl detaillierte als auch weitläufige Bilder eines Objekts zu erhalten. Indem man Drohnen gezielte „Missionen" fliegen lässt, können die gesammelten Bilder in spezialisierte Software hochgeladen werden, um eine 3D-Punktwolke zu erstellen. Diese Punktwolken bieten einen exakten räumlichen Abdruck des Gebäudes oder des Dachs und ermöglichen ein hochpräzises Aufmaß. Dies bildet dann die Grundlage für eine detaillierte Planung und Materialdisposition. (Siehe Kapitel Revolution der Dachvermessung)

Die Vorteile von Cloud-Programmen: Die Digitalisierung spielt in der heutigen Baubranche eine immer größere Rolle. Cloud-Programme sind für sie besonders nützlich, da sie einen jederzeitigen und überall möglichen Zugriff auf gespeicherte Daten ermöglichen. Dies ist besonders praktisch, wenn man unterwegs oder direkt auf der Baustelle schnellen Zugriff auf das Aufmaß oder andere relevante Daten benötigt. Es fördert die Effizienz und ermöglicht es den Teams, stets auf dem neuesten Stand zu bleiben und auf aktuelle Informationen zuzugreifen.

Zusammengefasst sind digitale Technologien – sei es in Form von Smartphones, Drohnen oder Cloud-Programmen – heute unverzichtbare Partner für Handwerker und sorgen für Präzision, Effizienz und Qualität in jedem Projekt.

Phase 3: Nachbereitung des Ortstermins

Eine sorgfältige und methodische Nachbereitung sorgt dafür, dass die während des Ortstermins gesammelten Daten und Informationen effektiv für die Umsetzung des Projekts genutzt werden können.

Hier sind einige Aspekte, die bei der Nachbereitung berücksichtigt werden sollten:

Datenkonsolidierung: Alle während des Ortstermins gesammelten Daten, seien es Bilder, Notizen oder Messungen, sollten an einem zentralen Ort abgelegt werden. Dies erleichtert den Zugriff und die gemeinsame Nutzung durch das gesamte Projektteam. Am geeignetsten ist die Nutzung der Ablagestruktur des eigentlichen Projektvorgangs in der Branchensoftware.

Analyse und Bewertung: Die gesammelten Daten sollten gründlich analysiert werden, um eine klare Vorstellung von den Anforderungen und möglichen Herausforderungen des Projekts zu erhalten. Dies umfasst die Überprüfung des Aufmaßes, der Machbarkeit und eventuell das Erstellen eines ersten Entwurfs.

Dokumentation: Erstellen Sie einen Bericht über den Ortstermin. Dieser sollte nicht nur die technischen Details, sondern auch andere Beobachtungen, z. B. Zugänglichkeitsprobleme oder besondere Anforderungen des Kunden, umfassen.

Kommunikation mit dem Kunden: Nach der Analyse können Sie den Kunden über die Ergebnisse des Ortstermins informieren. Dies kann eine kurze Zusammenfassung der Befunde, ein vorläufiges Angebot oder nur ein Update über die nächsten Schritte sein. Das zeugt von einer professionellen Projektverwaltung und Kommunikation.

Aktionsplan: Basierend auf den Ergebnissen des Ortstermins und der Analyse sollten Sie einen klaren Aktionsplan für die nächsten Schritte des Projekts erstellen. Dies kann die Anfrage/Beschaffung von Materialien, die Planung der Arbeitskräfte oder die Koordination/Angebotseinholung mit Kooperationspartnern aus dem Elektrohandwerk oder dem Gerüstbau sowie anderen Dienstleistern einschließen.

Insgesamt dient die Nachbereitungsphase dazu sicherzustellen, dass alle während des Ortstermins gesammelten Informationen effektiv genutzt werden und das Projekt reibungslos und effizient voranschreitet. Es handelt sich um eine Brücke zwischen der Planungs- und der Ausführungsphase und spielt daher eine entscheidende Rolle für den Erfolg des Projekts. In der Regel erfolgt direkt danach die finale Anlagenplanung und Angebotserstellung.

Schlussgedanken zum Ortstermin

Das Dachdeckerhandwerk ist traditionell auf die Energieeinsparung durch energetische Sanierung von Dächern und Fassaden ausgerichtet und erlebt einen Paradigmenwechsel hin zur Energiegewinnung, insbesondere durch die Integration von Photovoltaikanlagen. Dieser Wandel führt zu einer stärkeren Wechselwirkung von konstruktiven und energetischen Gesichts-

Abb. 9.8: Praxisratgeber MeisterTask

punkten mit den speziellen Anforderungen der Elektrotechnik, was eine Zusammenarbeit mit dem Elektrohandwerk unumgänglich macht.

Auch wenn eine gemeinsame Baustellenbegehung mit Partnern aus dem Elektrohandwerk optimal wäre, ist dies in der Praxis oft nicht umsetzbar.

Vor diesem Hintergrund gewinnt die Etablierung klarer, standardisierter Prozesse und digitaler Werkzeuge an Bedeutung. Es ist wichtig, gemeinsame Standards für die Erfassung und Weitergabe von Informationen bei der Bestandsaufnahme zu entwickeln und kontinuierlich zu evaluieren. Dies stellt sicher, dass trotz der räumlichen und zeitlichen Trennung der beiden Fachbereiche keine Details verloren gehen und ein reibungsloser Projektablauf gewährleistet ist.

Für die gewerkeübergreifende Zusammenarbeit können cloudbasierte digitale Aufgabenmanagementsysteme wie MeisterTask eingesetzt werden.

Der Praxisratgeber für einen Dachdeckerbetrieb kann unter ***https://www.michael-zimmermann.de/whitepaper-meistertask*** *kostenlos heruntergeladen werden.*

9.2 Revolution der Dachvermessung durch Drohnentechnologie

Die Nutzung von Drohnen im Dachdeckerhandwerk bietet neue Möglichkeiten, um Gebäude und Dächer sehr genau vermessen. Diese Technik macht die Arbeiten viel effizienter und liefert wichtige Planungsinformationen. Drohnen ersetzen nicht nur alte Methoden, sondern ergänzen sie in bestimmten Situationen. Sie sind viel genauer als das „Abschätzen“ und das „Zählen von Ziegeln“. Dies bringt Vorteile wie Zeitersparnis, geringere Kosten und bessere Daten für Planung und Durchführung.

Abb. 9.9: Aufnahme einer Dachfläche mit PV-Anlage

Der nächste Abschnitt gibt einen Überblick über die Regelungen für den Einsatz und zeigt, wie diese im Alltag eines PV-Experten umgesetzt werden können.

Die EU-Drohnenverordnung kategorisiert Drohnenflüge in „Open", „Speziell" und „Zertifiziert", wobei die „Speziell"-Kategorie für komplexere Operationen gedacht ist, bei denen spezielle Szenarien abgedeckt werden, die über die Standardoperationen hinausgehen und eine spezifische Genehmigung erfordern. Die „Zertifiziert"-Kategorie wiederum deckt Hochrisikooperationen ab, bei denen die Drohnen bestimmte Sicherheitsstandards erfüllen und eine umfassende Zulassung durch die Luftfahrtbehörden erhalten müssen. PV-Experten und Dachdecker werden sich in der Regel auf die „Open"-Kategorie konzentrieren. In ihr sind die Risiken als gering eingestuft und die bürokratischen Hürden im Vergleich überschaubar. Aber auch innerhalb dieser Kategorie gibt es klare Regeln, die es zu beachten gilt: von Flughöhenbeschränkungen über Sichtweitenregelungen bis hin zur Pflicht einer Drohnenversicherung.

Eine Übersicht über die neuen Drohnenklassen finden Sie im Netz unter: **www.drohnen.de**

Unter anderem gelten folgende Anforderungen für die neuen Klassen:

- **Die maximale Flughöhe für Drohnen beträgt 120 Meter.**
- **Drohnenflüge dürfen nur in Sichtweite des Bedieners durchgeführt werden.**
- **Eine Kennzeichnung der Drohne mit einer elektronischen Registrierungsnummer ist erforderlich.**
- **Eine Haftpflichtversicherung ist für alle Drohnen obligatorisch.**
- **Die Privatsphäre von Personen muss stets beachtet werden.**
- **Ein angemessener Abstand zu Verbotszonen wie Flughäfen oder Krankenhäusern ist einzuhalten.**

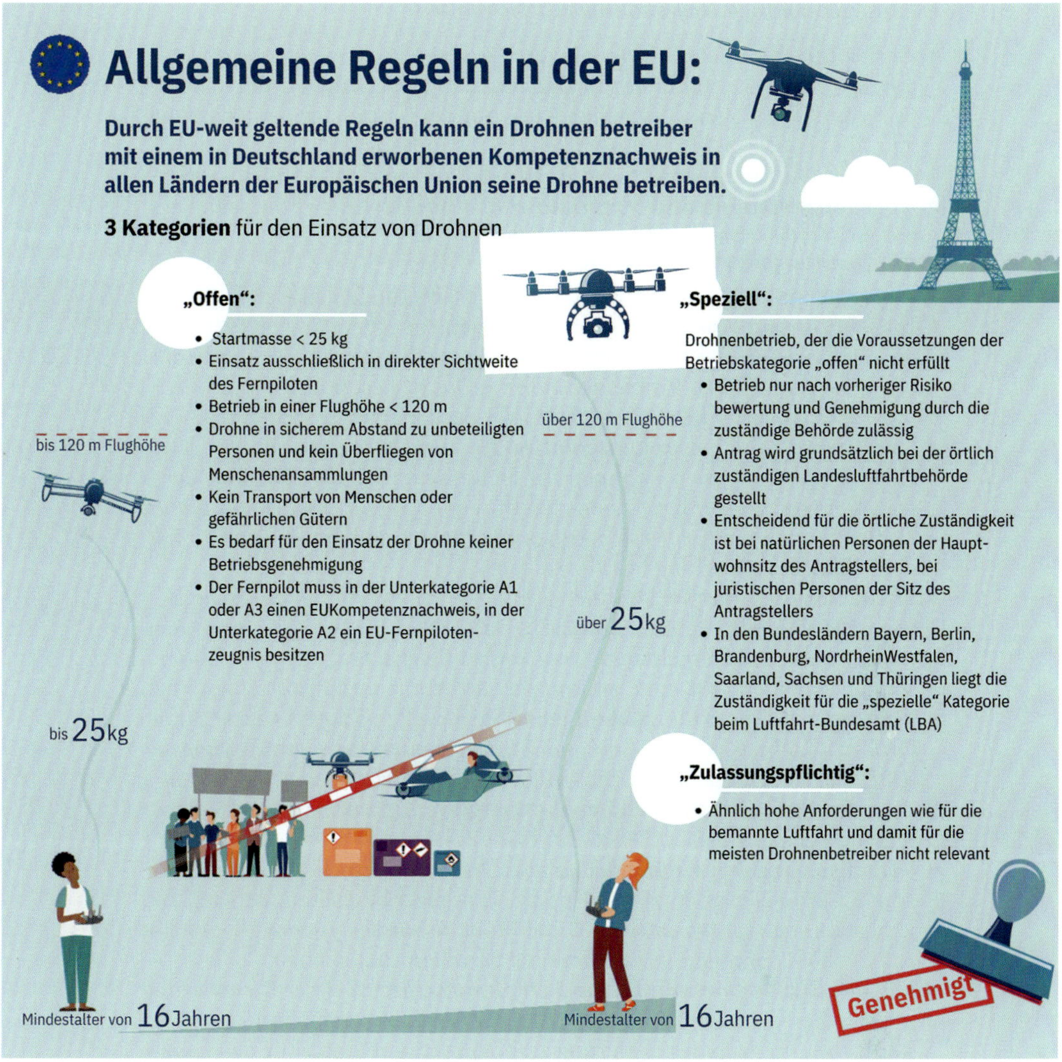

Abb. 9.10: Klassifizierung gemäß Drohnenverordnung

Zusätzlich zu diesen Regelungen gibt es 4 neue Gewichtsklassen für Drohnen, von denen für Dachaufmaße besonders die Klassen C1 (bis 900 Gramm) und C2 (bis 4 Kilogramm) relevant sind. Bei Flügen in der C1-Klasse ist lediglich ein EU-Kompetenznachweis erforderlich, der online absolviert werden kann. Für schwerere Drohnen der Klasse C2 ist ein EU-Fernpiloten-zeugnis notwendig, das auch eine Präsenzprüfung einschließt.

Angesichts dieser Neuerungen sollten sich PV-Experten mit den Details der Verordnung vertraut machen und die erforderlichen Schritte zur Einhaltung der Bestimmungen unternehmen. Diese umfassen die rechtzeitige Registrierung und Kennzeichnung der Drohnen sowie die Anpassung der Betriebspraktiken, um den gesetzlichen Anforderungen gerecht zu werden.

Nachfolgend einige Anwendungsmöglichkeiten:

- **Auslegung von Photovoltaikanlagen:** Drohnen können eingesetzt werden, um detaillierte Aufnahmen von Dächern zu machen, die für die Installation von PV-Anlagen vorgesehen sind. Auf der Grundlage der Erfassung von Abmessungen, Neigungswinkeln und Hindernissen wie Schornsteinen oder Dachfenstern können präzise Planungen durchgeführt werden.
- **Angebotserstellung und Materialdisposition:** Drohnenvermessung ermöglicht eine schnelle und genaue Erfassung des Zustands von Dächern. Damit gelingt es, den Materialbedarf exakt zu kalkulieren und genauere Angebote/Auftragsbestätigungen für Dachsanierungen zu erstellen.
- **Inspektion und Wartung:** Drohnen können zur regelmäßigen Inspektion von Dächern eingesetzt werden, um Schäden oder Verschleiß zu erkennen, bevor sie zu größeren Problemen führen. Das ist besonders nützlich bei schwer zugänglichen Dachbereichen oder nach extremen Wetterereignissen.
- **Unfall- und Schadensdokumentation für Versicherungsfälle:** Im Falle eines Schadens können Drohnen zur Dokumentation des Zustands des Dachs eingesetzt werden. Die hochauflösenden Bilder und Videos dienen als Beweismaterial für Versicherungsansprüche und können den Prozess der Schadensabwicklung beschleunigen.
- **Entwässerungsanalyse:** Drohnen können zur Bewertung der Dachentwässerung genutzt werden, indem sie Daten über die Neigung des Dachs und potenzielle Sammelpunkte von Wasser liefern. Solche Informationen sind entscheidend für die Planung von Dachrinnen und Abflusssystemen.
- **Thermografische Untersuchungen**: Mit speziellen Kameras ausgestattete Drohnen können Wärmebilder von Dächern aufnehmen, um Wärmeverluste oder Feuchtigkeitsansammlungen zu identifizieren. Dies ist besonders wichtig für die Beurteilung der Energieverluste und für das Aufspüren von Leckagen.
- **Visualisierung von Umbauprojekten:** Drohnen können zur Erstellung von 3D-Modellen genutzt werden, die Kunden dabei helfen, sich geplante Umbauten besser vorzustellen. Diese Modelle können auch zur Unterstützung von Genehmigungsverfahren bei den Behörden dienen.
- **Historische Dokumentation und Denkmalschutz:** Bei der Renovierung historischer Gebäude können Drohnen verwendet werden, um den Zustand vor und nach der Sanierung zu dokumentieren, was für den Denkmalschutz und die Archivierung von Bedeutung ist.
- **Dokumentation der Tagesleistung:** Mitarbeiter vor Ort können mithilfe von Drohnen die täglichen Arbeitsfortschritte dokumentieren. Die aufgenommenen Bilder und Videos dienen nicht nur dem Projektmanagement, um den Projektstatus zu überwachen, sondern können auch in der Gesamtdokumentation des Projekts verwendet werden. Ausgewählte Aufnahmen können dem Kunden zusendet werden, um die Qualität der Arbeit zu belegen und Vertrauen aufzubauen. Darüber hinaus eignet sich das Bildmaterial hervorragend für die Produktion von Inhalten für Social Media und Marketing, um die Sichtbarkeit des Unternehmens zu erhöhen und die geleistete Arbeit einer breiteren Öffentlichkeit zu präsentieren.

Die fortschrittlichen Geräte sind mehr als nur fliegende Kameras: Sie revolutionieren die Dachvermessung, verbessern die Arbeitsqualität und öffnen die Tür zu neuen Geschäftsfeldern, was letztlich zu einer besseren Wertschöpfung und zur größeren Kundenzufriedenheit beiträgt.

Besonders hervorzuheben ist die bedeutende Rolle der Drohnentechnologie in der Arbeitssicherheit. Viele Aufgaben, die traditionell das Betreten von Dächern erforderten, können nun aus sicherer Entfernung durchgeführt werden. Dies reduziert nicht nur das Risiko von Abstürzen, sondern vermindert auch den Bedarf an persönlicher Schutzausrüstung und den damit einhergehenden zeitlichen und finanziellen Aufwand. Drohnen ermöglichen eine schnelle und sichere Datenerfassung für Vermessungen, Inspektionen und Zustandsanalysen, sodass die Bewertung des Dachzustands effizienter und ohne Verzögerungen durch Sicherheitsvorkehrungen erfolgen kann.

Die Nutzung von Drohnen zur visuellen Prüfung von Dächern minimiert das Unfallrisiko und verringert die physische Belastung der Unternehmer und ihrer Mitarbeiter. Dies trägt wesentlich zur Optimierung der Arbeitsprozesse bei und schützt die Gesundheit sowie das Wohlergehen der Beschäftigten. Insgesamt zeigt sich, dass der Einsatz von Drohnen einen wesentlichen Beitrag zur Erhöhung der Arbeitssicherheit leistet und eine sichere, effiziente Alternative zu herkömmlichen Verfahren bietet.

Die Aufnahmen einer Drohnenkamera, die in ihrer Grundfunktion digitalen Schnappschüssen gleichkommen, gewinnen ihre wahre Bedeutung erst durch die Verarbeitung in spezieller Fotogrammetrie-Software. Die Vogelperspektive ermöglicht zwar eine umfassende Sicht auf Dachstrukturen, doch der wahre Wert der Drohnentechnologie für das Handwerk entsteht in der Phase nach der Bildaufnahme. Dabei werden die 2-dimensionalen Aufnahmen in dreidimensionale Modelle transformiert, die für präzise Planungen wie die Auslegung von Photovoltaikanlagen oder Dachsanierungen unabdingbar sind.

Moderne Drohnen werden mithilfe von Apps gesteuert, die es ermöglichen, spezifische „Missionen“ zu programmieren. Diese Apps bieten verschiedene Modi, in denen Parameter wie Flughöhe, Radius, die Zahl der Bilder und die Abstände zwischen den Aufnahmen eingestellt werden können. Durch die Automatisierung dieser Flugmissionen wird eine konsistente und systematische Bildaufnahme gewährleistet, die für die Erstellung präziser 3D-Modelle erforderlich ist.

Qualität und Quantität der Drohnenaufnahmen müssen auf die Anforderungen der Fotogrammetrie-Software abgestimmt sein. Daher ist es wesentlich, dass Anwender vor dem Einsatz der Drohne mit dem Anbieter der Software Rücksprache halten, um die Kompatibilität zwischen Drohne, Kameraauflösung und Software sicherzustellen.

Zu berücksichtigen sind dabei:
- **Überlappung:** Um sicherzustellen, dass genügend gemeinsame Datenpunkte vorhanden sind, wird eine Überlappung der einzelnen Bilder benötigt.
- **Zahl der Bilder:** Die erforderliche Bilderzahl ist abhängig von den Vorgaben der Software und den Dimensionen des Dachs.
- **Flugmuster:** Die Drohne sollte in einem präzisen Muster fliegen, das eine lückenlose Abdeckung des Dachs sicherstellt.
- **Höhe und Winkel:** Diese sollten konstant gehalten werden, um eine einheitliche Bildqualität zu garantieren und alle Aspekte des Dachs zu erfassen.

Nur durch eine sorgfältige Abstimmung aller Komponenten kann eine optimale 3D-Punktwolke erstellt werden, die als verlässliche Grundlage für die weitere Arbeit dient.

Beim Einsatz von Drohnen für Dachaufmaße kommen verschiedene Softwarelösungen zum Einsatz, die sich grundsätzlich in 2 Kategorien unterteilen lassen:

Webbasierte Programme und lokal installierte Anwendungen

Webbasierte Programme

Webbasierte Softwarelösungen für die Drohnenbildverarbeitung sind über einen Internetbrowser zugänglich. Sie speichern Daten in der Cloud und erfordern keine Installation auf einem lokalen Rechner oder Server.

Vorteile:
- **Zugänglichkeit**: Von überall und auf verschiedenen Geräten zugänglich, solange eine Internetverbindung besteht.
- **Updates:** Automatische Updates sorgen dafür, dass die Software stets auf dem neuesten Stand ist.
- **Skalierbarkeit:** Oft leicht skalierbar, da zusätzliche Ressourcen oder mehr Speicherplatz einfach hinzugebucht werden können.
- **Wartung:** Wartung und Sicherheitsmanagement werden vom Anbieter übernommen, was den administrativen Aufwand reduziert.

Nachteile:
- **Internetabhängigkeit:** Eine stabile und schnelle Internetverbindung ist erforderlich, was in abgelegenen Gebieten problematisch sein kann.
- **Datenkontrolle:** Weniger Kontrolle über die gespeicherten Daten, da sie auf externen Servern liegen.
- **Abonnementmodelle:** Oft mit laufenden Kosten verbunden, die über die Zeit teurer werden können als eine einmalige Lizenzgebühr.

Lokal installierte Programme

Lokal installierte Software wird direkt auf einem Computer oder Server des Nutzers installiert und verarbeitet dort die Daten.

Vorteile:
- **Kontrolle:** Vollständige Kontrolle über die Daten und die Infrastruktur, auf der sie gespeichert sind.
- **Performance:** Kann schneller sein, da sie direkt auf dem lokalen System läuft und nicht von der Internetgeschwindigkeit abhängt.
- **Einmalige Kosten:** Oftmals durch den Kauf einer Lizenz abgedeckt, ohne laufende Gebühren.

Nachteile:
- **Wartung:** Benötigt regelmäßige Wartung und Updates, die vom Nutzer selbst durchgeführt werden müssen.
- **Zugänglichkeit**: Zugriff in der Regel nur von dem System möglich, auf dem die Software installiert ist.
- **Anfangsinvestition:** In der Regel höhere Anfangsinvestition erforderlich.

Insgesamt hängt die Wahl der Software von den spezifischen Anforderungen und Ressourcen des Unternehmens ab. Webbasierte Lösungen können sich für kleine bis mittelgroße Unternehmen eignen, die Flexibilität bevorzugen und keine großen IT-Infrastrukturen unterhalten wollen. Größere Unternehmen oder solche mit sensiblen Daten bevorzugen möglicherweise lokal installierte Programme, um eine bessere Kontrolle und mehr Performance zu gewährleisten.

Für kleinere Dachdeckerunternehmen bietet die Cloudtechnologie entscheidende Vorteile, die weit über reine Kosteneinsparungen hinausgehen. Die Möglichkeit, Anwendungen und Daten sicher in der Cloud zu speichern, bietet ein Maß an Datensicherheit, das lokale IT-Strukturen eines kleinen Handwerksbetriebs oft nicht gewährleisten können. Cloudanbieter investieren massiv in Sicherheitsmaßnahmen, um Daten vor Verlust und unbefugtem Zugriff zu schützen. Diese Sicherheitsstandards sind meistens deutlich höher als das, was ein kleiner Betrieb eigenständig erreichen könnte.

Darüber hinaus spiegelt der zunehmende Trend zu Software-as-a-Service-(SaaS)-Lösungen wider, dass Unternehmen aller Größen die Vorteile der Cloud erkennen. Die SaaS-Modelle bieten eine Reihe von Dienstleistungen, zu denen auch digitale Aufmaßsoftware gehört, die ohne die Notwendigkeit einer lokalen Installation genutzt werden können. Sie erleichtern Updates, Wartung und Skalierung der Dienste und ermöglichen es Unternehmen, immer auf dem neuesten Stand der Technik zu bleiben.

Ein weiterer Vorteil liegt in der kollaborativen Arbeitsweise, die durch webbasierte Programme ermöglicht wird. Sie erlauben es jedem Teammitglied, über verschiedene Endgeräte auf das digitale Aufmaß zuzugreifen. Besonders auf der Baustelle oder im Lager ist dies von unschätzbarem Wert, da Informationen und Maße direkt vor Ort abgerufen und in die Arbeit integriert werden können. Diese Flexibilität und die Echtzeitzusammenarbeit führen zu einer effizienteren Projektumsetzung und einer Steigerung der Teamproduktivität.

Nachfolgend die Beschreibung des Workflows mit einer Cloudlösung für das digitale Aufmaß eines Dachs mittels Drohnentechnologie:

- **Bilderstellung:** Der PV-Experte setzt eine Drohne ein, um Bilder des zu vermessenden Dachs zu erstellen. Diese Bilder dienen als Grundlage für das digitale Aufmaß und werden mit der erforderlichen Überlappung und aus verschiedenen Winkeln aufgenommen, um eine detaillierte Erfassung der Dachstruktur zu gewährleisten.
- **Hochladen der Daten:** Die Drohnenbilder werden auf eine Cloudplattform hochgeladen. Dabei ist die Qualität der Datenübertragung wichtig, um eine gute Grundlage für die Verarbeitung zu schaffen.
- **Automatische Verarbeitung:** In der Cloud erfolgt die automatische Umwandlung der Bilder in ein 3D-Modell, das die Basis für alle weiteren Messungen bildet.
- **Analyse:** Die verfügbare künstliche Intelligenz auf der Plattform analysiert das Modell, um präzise Messungen zu extrahieren.

- **Berichterstellung:** Die gewonnenen Messungen können von einigen Anbietern zu einem Aufmaßbericht zusammengefasst werden. Meist ist dieser Service kostenpflichtig, und die Fertigstellung des Berichts kann aufgrund der teilautomatisierten Prozesse etwas Zeit in Anspruch nehmen.
- **Zugriff und Nutzung:** In der Praxis können alle Projektbeteiligten am Bürorechner, am Notebook oder über mobile Endgeräte wie Tablet und Smartphone auf die Cloudplattform zugreifen. Die Plattform erlaubt es, sich einzelne Maße wie Trauf- und Firstlängen, Ortgänge, Grate, Kehlen und Flächen mit wenigen Klicks oder Fingertipps anzeigen zu lassen. Bei einigen Diensten lassen sich ausgewählte Maße speichern, um bei Bedarf darauf zurückzugreifen.

Da die Originalbilder des Drohnenaufmaßes in der Cloud hinterlegt sind, besteht zudem die Möglichkeit, vorhandene Details jederzeit hochauflösend zu betrachten. Dies ermöglicht eine genaue Überprüfung aller relevanten Dachelemente und Strukturen. Die Cloudplattform bietet somit nicht nur eine einfache und schnelle Möglichkeit, präzise Aufmaße zu erstellen, sondern unterstützt auch die Qualitätssicherung und detaillierte Planung dank des direkten Zugriffs auf die Originaldaten.

Bei der Auswahl einer Software für digitale Aufmaße sollte man auf Konnektivität und Schnittstellen achten. Anbieter digitaler Aufmaß-Cloudlösungen bieten fortschrittliche Plattformen, die es PV-Experten ermöglichen, Drohnendaten effizient in die Planung und Auslegung von Photovoltaikanlagen zu integrieren. Solche Plattformen bieten Schnittstellen zu verschiedenen Softwarelösungen, die eine umfassende PV-Simulation, die Gestaltung von Unterkonstruktionen sowie Absturzsicherungen ermöglichen.

Die Integration solcher digitalen Technologien ist ein Schritt in Richtung einer smarteren, sichereren und nachhaltigeren Zukunft, nicht nur im Dachdeckerhandwerk.

Sie zeigt, wie innovative Ansätze die Effizienz steigern und zu einer umweltfreundlicheren Gestaltung von Wohn- und Arbeitsräumen beitragen können. Im Rahmen der Energiewende spielen diese Technologien eine wichtige Rolle, da sie die Implementierung von Photovoltaikanlagen vereinfachen und beschleunigen.

9.3 Kooperation mit dem Elektrohandwerk: Gemeinsam stärker

Kooperation ist die Währung der Zukunft. In einer Welt, in der technologischer Fortschritt und gesellschaftliche Veränderungen das Tempo bestimmen, gibt es im Handwerk eine Erkenntnis:

Es sind nicht die Großen, die die Kleinen fressen, und nicht die Schnellen, die die Langsamen überholen.

Es sind die Zusammenarbeitenden, die Kooperierenden, die vorn liegen – und das aus einem einfachen Grund: wegen der Energiewende!

Die Energiewende ist nicht nur eine Herausforderung, sie ist auch eine Chance – eine Chance für das Handwerk, eine führende Rolle in diesem Transformationsprozess zu spielen. Das Dachdeckerhandwerk ist in der einzigartigen Position, eine Vielzahl der Probleme seiner Kunden direkt zu lösen. Durch energieeinsparende Maßnahmen an Dach und Fassade tragen Dachdecker nicht nur zur finanziellen Einsparung und Wirtschaftlichkeit bei, sondern auch maßgeblich zum Klimaschutz. Sie machen ihre Kunden zu gut bezahlten, aktiven Umweltschützern.

Auch Dachbegrünungen fallen ins unmittelbare Betätigungsfeld des Dachdeckerhandwerks und sind ein Schlüsselaspekt der urbanen Ökologie: Sie helfen, versiegelte Flächen durch Wasserspeicherung zu entlasten und das Stadtklima zu kühlen. Diese grünen Oasen fördern die Biodiversität und verbessern das Klima innerhalb und außerhalb des Gebäudes.

Zudem bieten energetische Maßnahmen auch einen verbesserten Wärme- und Hitzeschutz, was besonders in Zeiten des Klimawandels und steigender Temperaturen von Vorteil ist. Gleichzeitig erhöhen Dachaufstockungen, der Ausbau von Dachgeschossen, das Hinzufügen von Gauben oder die Installation neuer Dachfenster den Wert des Gebäudes und schaffen zusätzlichen, dringend benötigten Wohnraum.

Dieser Wandel zu einem der wichtigsten Klimahandwerker stellt uns Dachdecker vor neue Herausforderungen, insbesondere im Bereich der Aus- und Weiterbildung. Er verschafft uns neue Fähigkeiten und Kompetenzen, verlangt aber auch, dass wir unsere Grenzen erkennen und respektieren. Wir sind jetzt genau da angelangt, wo die Bedeutung der gewerkeübergreifenden Zusammenarbeit ins Spiel kommt. Denn alle diese Fortschritte und Möglichkeiten würden ihre Wirkung verfehlen, wenn nicht ein weiteres entscheidendes Element hinzukäme: die Kooperation mit dem Elektrohandwerk. Denn nur mit dessen Expertise können Photovoltaiksysteme sicher und optimal an das öffentliche Netz angeschlossen werden. Es geht nicht darum, ein Gewerk über das andere zu stellen. Es geht darum, die Stärken beider Gewerke zu kombinieren und so echte Veränderungen für unsere Kunden und für unsere Umwelt zu erreichen.

Gemeinsames Verständnis: das Fundament erfolgreicher Zusammenarbeit

In der sich schnell verändernden Energie- und Baubranche haben sowohl das Dachdecker- als auch das Elektrohandwerk erkannt, dass traditionelles Silodenken nicht mehr zeitgemäß ist. Es hat sich gezeigt, dass die Bündelung von Kompetenzen und Ressourcen nicht nur zu effizienteren Arbeitsabläufen, sondern auch zu besseren Ergebnissen für die Kunden führt.

Zweifellos hat auch das Elektrohandwerk den Wert einer engen Zusammenarbeit mit den Dachdeckern erkannt. Dabei liegt der Vorteil der Arbeitsteilung im Detail: Während der Dachdecker die PV-Anlage auf der DC-Seite (Gleichstrom) vorschriftsmäßig und dauerhaft sicher auf dem Dach installiert, kümmert sich der Elektriker um den AC-Anschluss (Wechselstrom) an das öffentliche Netz. Damit garantiert er nicht nur einen regelkonformen Anschluss, sondern trägt auch wesentlich zur Sicherheit der gesamten Anlage bei. Diese Synergie ermöglicht es jedem, im Rahmen seiner Kernkompetenzen zu agieren – mit der Leidenschaft und dem Know-how, die er sich während seiner Ausbildung und beruflichen Laufbahn angeeignet hat.

Auf höherer, institutioneller Ebene spiegelt sich diese Erkenntnis bereits wider: Die Spitzenverbände auf Bundesebene haben Kooperationsvereinbarungen unterzeichnet, und auch viele Landesverbände haben den Wert der Zusammenarbeit erkannt und entsprechende Vereinbarungen geschlossen. Diese formellen Vereinbarungen sind ein starkes Signal für den Willen zur Zusammenarbeit, aber wie so oft liegt der wahre Wert im Detail.

Denn trotz dieser übergeordneten Vereinbarungen sind es letztlich die Betriebe vor Ort – auf regionaler und Innungsebene – die den Kern dieser Zusammenarbeit bilden. Da, wo der eigentliche Handschlag stattfindet, muss ein tiefes gegenseitiges Verständnis für die Arbeit, die Prozesse und die Vorlieben der jeweils anderen Innung entwickelt werden. Dabei geht es nicht nur um Effizienz, sondern auch um gegenseitigen Respekt und Verständnis. Diese Basis gegenseitigen Vertrauens und gegenseitiger Wertschätzung wird sicherstellen, dass die Zusammenarbeit zwischen Dachdeckern und Elektroinstallateuren nicht nur auf dem Papier besteht, sondern in der Praxis zu greifbaren Vorteilen für alle Beteiligten führt.

Brücken bauen: Wie können Dachdecker und Elektriker zusammenfinden?

In der modernen Handwerkswelt, in der gewerkeübergreifende Projekte immer häufiger werden und die Komplexität der Anforderungen stetig zunimmt, ist die Zusammenarbeit zwischen verschiedenen Gewerken unerlässlich. Die Kooperation von Dachdeckern und Elektrikern ist dafür ein Paradebeispiel. Doch wie können diese beiden Gewerke zueinander finden und eine fruchtbare Zusammenarbeit beginnen? Hier sind einige Ansätze:

Informationsveranstaltungen und Workshops: Berufsverbände, Handwerkskammern, Hersteller und Händler organisieren regelmäßig Veranstaltungen, um über neueste Technologien, Best Practices und regulatorische Änderungen zu informieren. Solche Veranstaltungen sind optimale Treffpunkte für Dachdecker und Elektriker, um sich kennenzulernen und die Basis für zukünftige Zusammenarbeiten zu legen.

Regionale Netzwerk-Events: Lokale Handwerksvereinigungen oder Wirtschaftsverbände könnten Netzwerkveranstaltungen oder Stammtische organisieren, die speziell auf das Knüpfen von Geschäftsbeziehungen zwischen verschiedenen Gewerken ausgerichtet sind.

Gemeinsame Schulungen: Hersteller von PV-Systemen oder anderen relevanten Produkten bieten oft Schulungen an. Die gemeinsame Teilnahme von Dachdeckern und Elektrikern kann nicht nur das Fachwissen erweitern, sondern auch den Grundstein für eine erfolgreiche Zusammenarbeit legen.

Kooperationsbörsen: Eine Art „Speed-Dating“ für Handwerksbetriebe. Bei solchen Börsen könnten Dachdecker und Elektriker in kurzen Gesprächsrunden herausfinden, ob sie zueinander passen und ob eine zukünftige Zusammenarbeit für beide Seiten sinnvoll wäre.

Digitale Plattformen: In der heutigen Zeit gibt es viele Onlineplattformen und Apps, die darauf ausgerichtet sind, Geschäftspartner miteinander zu verbinden. Einige Plattformen könnten speziell auf das Handwerk zugeschnitten sein und so Dachdeckern und Elektrikern helfen, zueinander zu finden.

Empfehlungssysteme: Ein altbewährtes Mittel. Zufriedene Kunden oder andere Geschäftspartner könnten Dachdecker- und Elektrikerbetriebe miteinander bekannt machen und so den ersten Schritt für eine Zusammenarbeit erleichtern.

Gemeinsame Projekte: Eine direkte Möglichkeit zur Kooperation sind gemeinsame Pilotprojekte. Bei der gemeinsamen Arbeit an einem konkreten Projekt können beide Seiten schnell feststellen, ob die Zusammenarbeit fruchtbar ist und wie zukünftige Projekte aussehen könnten.

Der „kleine Dienstweg": Persönliche Kontakte nutzen!

Oft kennen sich Handwerksbetriebe innerhalb einer Region bereits untereinander. Möglicherweise haben sie schon früher miteinander oder füreinander gearbeitet. In solchen Fällen bietet sich der „kleine Dienstweg" an: ein unkomplizierter, direkter persönlicher Kontakt. In einem Gespräch lassen sich nicht nur die Vorteile einer Kooperation leichter verdeutlichen, sondern es wird auch schnell klar, ob die Chemie zwischen den Partnern stimmt. Denn man darf nicht vergessen: Geschäfte werden zwischen Menschen gemacht, nicht nur zwischen Branchen oder Unternehmen.

Sollte die erste Anfrage oder der erste Kontakt nicht sofort auf die gewünschte Resonanz stoßen, sollte man sich nicht entmutigen lassen. Es kann durchaus sein, dass der angefragte Partner die Vorteile und Chancen einer Kooperation zunächst nicht in vollem Umfang erkennt. In solchen Fällen helfen Geduld und das erneute Angebot eines persönlichen Gesprächs. Denn nicht jeder sieht auf Anhieb die Potenziale einer Kooperation, und ein direkter Austausch kann oft Vorbehalte ausräumen und neue Perspektiven eröffnen. Ein verständnisvoller Umgang und die Bereitschaft, sich auf die Sichtweise des anderen einzulassen, sind der Schlüssel für eine erfolgreiche und gewinnbringende Partnerschaft.

Partnerschaft auf Augenhöhe: jenseits des klassischen Subunternehmermodells!

Wenn 2 komplementäre Gewerke – in diesem Fall Dachdecker und Elektriker – zusammenfinden, um gemeinsam Projekte zu realisieren, sollte das Ziel immer eine Partnerschaft auf Augenhöhe sein. Dies steht im Gegensatz zum traditionellen Modell des Generalunternehmers und seines Subunternehmers.

Kunden wünschen sich in der Regel einen zentralen Ansprechpartner und Auftragnehmer für ihre Projekte. Dies ist nicht nur organisatorisch von Vorteil, sondern auch im Hinblick auf Gewährleistungsansprüche, zumindest aus dem Blickwinkel des Kunden. Je nachdem, welches Unternehmen den Hauptauftrag erhält, wird es die Rolle des Auftragnehmers und damit des Hauptansprechpartners übernehmen.

Übernimmt beispielsweise der Dachdeckerbetrieb diese Rolle, wird er in der Regel auch die Materialdisposition übernehmen – von den Modulen über die Wechselrichter bis hin zum Batteriespeicher. Der Elektriker kümmert sich in diesem Fall um seine spezifischen Verbrauchsmaterialien, Montagekomponenten und die elektrotechnischen Teile für den Zählerschrank und den Netzanschluss. Obwohl der Elektriker in diesem Fall formal als Subunternehmer auftreten kann, ist es wichtig, dass er in der Praxis als Kooperationspartner wahrgenommen wird und sich auch selbst so sieht, auch wenn die Wertschöpfung aus dem Materialzuschlag in diesem Modell dem Dachdeckerbetrieb zugutekommt.

Dieser Prozess sollte jedoch flexibel und wechselseitig sein. Erhält das Elektrohandwerk den Hauptauftrag, ändert sich die Aufteilung entsprechend. In diesem Fall verbucht der Elektriker die Wertschöpfung aus der Materialdisposition und den damit verbundenen Zuschlägen. Der Dachdeckerbetrieb ihm steht in diesem Szenario unterstützend zur Seite und bringt sein Knowhow und seine Ressourcen als gleichberechtigter Partner ein.

Entscheidend ist, dass beide Unternehmen unabhängig von der Auftragslage immer als gleichberechtigte Partner agieren und sich gegenseitig unterstützen. Es geht darum, gemeinsam Mehrwert zu schaffen und nicht in einem hierarchischen Verhältnis zu arbeiten. Nur so kann eine effektive, produktive und für beide Seiten gewinnbringende Zusammenarbeit gewährleistet werden. Denn echte Partner unterstützen sich gegenseitig und können sich aufeinander verlassen. Aber wie jede wertvolle Beziehung muss auch diese Partnerschaft kontinuierlich gepflegt werden. Ob im Geschäftsleben oder im privaten Bereich: Dauerhafter Erfolg basiert auf Vertrauen, Respekt und der Bereitschaft, immer wieder in die Beziehung zu investieren. Nur so ist gewährleistet, dass beide Seiten langfristig von der Zusammenarbeit profitieren und sich in guten, aber auch in herausfordernden Zeiten aufeinander verlassen können.

Hand in Hand mit klaren Regeln: der Vertragsrahmen in der Kooperation.

In jeder Geschäftsbeziehung, so partnerschaftlich und vertrauensvoll sie auch beginnt, ist es wichtig, klare Grundlagen und Richtlinien festzulegen. Dies ist nicht nur eine Frage der Professionalität, sondern auch ein Zeichen von Respekt und Fairness gegenüber dem Partner.

Es ist wichtig, nicht „blauäugig" in eine Kooperation zu starten, sondern die Zusammenarbeit auf eine solide, rechtlich saubere Basis zu stellen. Dabei geht es darum, dass beide Seiten genau wissen, worauf sie sich einlassen. Sie müssen ihre Rechte und Pflichten kennen, damit die Spielregeln von Anfang an klar sind. Dies beugt Missverständnissen vor und stellt sicher, dass niemand ungewollt benachteiligt oder schlechter gestellt wird.

Dafür sind Vertragsmuster, wie sie z. B. von Fachverbänden wie dem Zentralverband des Deutschen Dachdeckerhandwerks zur Verfügung gestellt werden, ein wertvolles Hilfsmittel. Solche fundierten Muster zu verwenden, ist nicht nur eine Frage der Sicherheit, sondern auch der Praktikabilität. Besonders hervorzuheben ist der Vertragsvorschlag, den der Arbeitskreis Recht des ZVDH mit Unterstützung der ehrenamtlichen Dachdeckerunternehmer erarbeitet hat. Er spiegelt nicht nur die rechtlichen Anforderungen wider, sondern hat auch einen starken Praxisbezug, da er von Fachleuten erarbeitet wurde, die die täglichen Herausforderungen und Bedürfnisse des Handwerks kennen. Das Ergebnis ist ein ausgewogener Vertrag, der beiden Kooperationspartnern eine faire und klare Grundlage bietet. Mit der Verwendung eines solchen Musters signalisieren beide Parteien ihren Willen zu einer transparenten und fairen Zusammenarbeit. Ein guter Vertrag ist somit nicht nur ein juristisches Dokument, sondern auch ein Symbol für das gegenseitige Bekenntnis zu Fairness, Transparenz und gegenseitigem Respekt.

9.4 Schnittstelle Dachdecker-Elektriker

Einführung in die Schnittstelle zwischen Dachdeckern und Elektrikern

Die effektive Zusammenarbeit von Dachdeckern und Elektrikern bei der Installation von Photovoltaikanlagen manifestiert sich vor allem am Übergang von der Gleichstrom- (DC) zur Wechselstromseite (AC). Dieser Übergang bildet die Schnittstelle in der gemeinsamen Arbeit.

Montage und Übergabepunkte: Im praktischen Vorgehen übernehmen die Dachdecker die Montage der Unterkonstruktion sowie der PV-Module. Sie sind auch für das Verlegen der Stringkabel zuständig, die beschriftet zum vereinbarten Übergabepunkt geführt werden. Dieser Ort ist in der Regel dort, wo der Wechselrichter installiert wird, und markiert somit die Schnittstelle zwischen den beiden Gewerken. Somit endet die handwerksrechtliche Zuständigkeit des Dachdeckerhandwerks an der AC-Seite des Wechselrichters.

Normative Richtlinien der Montage: Die Installation einer Photovoltaikanlage unterliegt der DIN VDE 0100 Teil 7-712. Diese Norm definiert die Anforderungen für Betriebsstätten, Räume und Anlagen besonderer Art, insbesondere für PV-Stromversorgungssysteme. Der Anwendungsbereich dieser Norm umfasst die gesamte Errichtung eines PV-Systems, beginnend bei den PV-Modulen mit den vom Hersteller vorgesehenen Anschlusskabeln und endend am Netzanschlusspunkt des öffentlichen Stromverteilungsnetzes oder der Verbraucheranlage.

Definition des PV-Generatorfeldes: Eine Gruppe von elektrisch verbundenen PV-Modulen wird als PV-Generatorfeld bezeichnet. Das PV-Generatorfeld schließt nicht die PV-Unterkonstruktion mit ein. Elektrische Betriebsmittel auf der Gleichspannungsseite, also das PV-Generatorfeld, müssen stets als „unter Spannung stehend“ betrachtet werden, selbst wenn die Wechselspannungsseite nicht angeschlossen ist.

Rechtliche Rahmenbedingungen und Sicherheitsvorschriften in der Praxis

Meisterprüfungsverordnung und Handwerksordnung: Die Meisterprüfungsverordnung für das Dachdeckerhandwerk umfasst explizit die Planung, Bemessung, den Einbau und die Instandsetzung von Energiesammlern und Energieumsetzern für Dächer und Außenwände als Bestandteil der beruflichen Qualifikationen. Dies zeigt, dass die Integration von Photovoltaikanlagen und anderen Energiegewinnungssystemen fest im Berufsbild des Dachdeckerhandwerks verankert und diesem daher handwerksrechtlich zugeordnet ist.

Verantwortliche Elektrofachkraft gemäß VDE 1000-10: In einem elektrotechnischen Betrieb muss eine Elektrofachkraft die Leitung übernehmen. Diese Person trägt Verantwortung für die Einhaltung der Sicherheitsstandards sowie für die Auswahl, Organisation und Kontrolle der Arbeiten.

DGUV Vorschrift 3 für elektrische Anlagen: Laut DGUV Vorschrift 3 § 2 (3) dürfen elektrische Anlagen und Betriebsmittel nur von einer Elektrofachkraft oder unter deren Leitung errichtet und instandgesetzt werden. Diese Regel gilt für alle Arbeiten an oder in der Nähe von elektrischen Anlagen und dient dem Schutz aller Beteiligten.

Sowohl die Meisterprüfungsordnung für das Dachdeckerhandwerk als auch die Handwerksordnung erkennen die Montage von PV-Anlagen als relevanten Tätigkeitsbereich für das Dachdeckerhandwerk an.

Dennoch ist aus Gesichtspunkten der Arbeitssicherheit gemäß den Sicherheitsvorschriften der VDE 1000-10 und des Arbeitsschutzes eine Elektrofachkraft für die fachgerechte Leitung, Organisation und Kontrolle der elektrotechnischen Aspekte der PV-Anlagenmontage erforderlich.

Aufgrund dieser normativen und arbeitsschutztechnischen Anforderungen ergibt sich folgende Frage:

Wie kann ein Dachdeckerbetrieb sicherstellen, dass bei der Montage von PV-Anlagen die in der Meisterprüfungsverordnung und Handwerksordnung vorgesehenen Tätigkeiten mit den Anforderungen der VDE 1000-10 und der DGUV Vorschrift 3 in Einklang gebracht werden, insbesondere hinsichtlich der Einbindung einer Elektrofachkraft für die sicherheitsrelevanten Aspekte der Installation?

Um die Frage zu beantworten, muss die Rolle der elektrotechnisch unterwiesenen Person (EuP) berücksichtigt werden.

Rolle einer elektrotechnisch unterwiesenen Person (EuP) und Anforderungen an sie

Rolle einer elektrotechnisch unterwiesenen Person (EuP) und Zusammenarbeit mit ihr: Eine EuP ist jemand, der in spezifischen elektrotechnischen Aufgaben unterwiesen wurde, aber nicht die umfassenden Qualifikationen einer Elektrofachkraft besitzt. Koordination und Kommunikation zwischen diesen beiden Rollen sind für den reibungslosen und sicheren Ablauf der Installation wesentlich.

Definition und Ausbildung einer EuP: Eine elektrotechnisch unterwiesene Person (EuP) ist jemand, der von einer Elektrofachkraft speziell in Bezug auf ihre Aufgaben und die damit verbundenen Gefahren unterrichtet wurde. Diese Unterweisung umfasst Informationen sowohl über potenzielle Gefahren bei unsachgemäßem Verhalten als auch über die notwendigen Schutzeinrichtungen und Schutzmaßnahmen. Eine solche Person ist berechtigt, bestimmte Aufgaben bei der Montage der PV-Anlage und ihrer Module nach erfolgter Unterweisung durchzuführen.

Eingeschränkte Arbeitsberechtigung: EuPs dürfen keine eigenverantwortlichen Arbeiten an elektrischen Anlagen und Betriebsmitteln durchführen. Sie sind lediglich befugt, die Aufgaben zu erledigen, für die sie eine fachgerechte Einweisung erhalten haben. Sie müssen dabei die erlernten Sicherheitsmaßnahmen und Verhaltensregeln strikt einhalten.

Eine Elektrofachkraft ist eine Person mit umfassender Ausbildung und Qualifikation in der Elektrotechnik, oft mit einer abgeschlossenen Berufsausbildung als Elektriker, Meister oder Ingenieur. Diese Fachkräfte sind befugt, selbstständig an elektrischen Anlagen zu arbeiten, sie zu planen, zu installieren und instand zu halten, und tragen Verantwortung für die Einhaltung aller relevanten Sicherheitsstandards.

Im Gegensatz dazu ist eine elektrotechnisch unterwiesene Person (EuP) jemand, der von einer Elektrofachkraft über spezifische, begrenzte Aufgaben und die damit verbundenen Gefahren unterrichtet wurde. EuPs dürfen nur unter Aufsicht und Anleitung einer Elektrofachkraft arbeiten, sind auf die Aufgaben beschränkt, für die sie speziell unterwiesen wurden, und dürfen keine umfassenden elektrotechnischen Arbeiten durchführen.

Praxistipp *Dachdeckerbetriebe sollten ihre Mitarbeiter, die mit der Montage beauftragt sind, zu elektrotechnisch unterwiesenen Personen (EuP) ausbilden lassen.*

Arbeitsbedingungen und Verantwortungsbereich: Laut DGUV Vorschrift 3 hat eine EuP unter der Leitung und Aufsicht einer Elektrofachkraft arbeiten, die die Fachverantwortung trägt. Die EuP sollte bei Unklarheiten Rückfragen stellen können.

Das bedeutet aber nicht, dass die Elektrofachkraft ständig vor Ort sein muss.

Eine Zusammenarbeit ist ausreichend, um die Anforderungen zu erfüllen.

Qualifikationen und Weiterbildung für Elektrofachkräfte

Grundprinzipien für elektrotechnische Arbeiten: Elektrotechnische Arbeiten sind unter der Leitung und Aufsicht einer qualifizierten Elektrofachkraft durchzuführen. Diese Fachkräfte sind verantwortlich für das Errichten, Ändern und Instandhalten elektrischer Anlagen und Betriebsmittel, wie in der DGUV Vorschrift 3 § 3 Abs. 1 festgelegt.

Qualifikation einer Elektrofachkraft: Eine Elektrofachkraft ist üblicherweise jemand, der eine Ausbildung als Geselle im Bereich der Elektrotechnik erfolgreich abgeschlossen hat. Auch Meister und Ingenieure im Elektrotechnikbereich fallen unter diese Kategorie. Ein Dachdecker ohne entsprechende Zusatzausbildung ist keine Elektrofachkraft.

Elektrofachkraft für festgelegte Tätigkeiten: Mitarbeiter ohne vollständige elektrotechnische Ausbildung können sich als „Elektrofachkraft für festgelegte Tätigkeiten" weiterbilden und qualifizieren. Diese Qualifikation erlaubt es ihnen, spezifische, in der Arbeitsanweisung des Unternehmers definierte und sich wiederholende Aufgaben selbstständig durchzuführen, sie genügt allerdings nicht als Nachweis für umfassendere Berechtigungen gemäß § 7a der Handwerksordnung.

Anforderungen an die Weiterbildung: Die Weiterbildung zur „Elektrofachkraft für festgelegte Tätigkeiten" soll ca. 80 Stunden umfassen und aus einer Kombination aus theoretischem und praktischem Unterricht bestehen.

Lösungsoptionen und Weiterbildungsanforderungen

Mögliche Lösungswege für die Einbindung von Elektrofachkräften:

- **Beschäftigung einer Elektrofachkraft:** Das Dachdeckerunternehmen könnte eine qualifizierte Elektrofachkraft einstellen.
- **Bemerkung:** In der aktuellen Situation des Fachkräftemangels ist die Anstellung einer qualifizierten Elektrofachkraft für Dachdeckerunternehmen eine große Herausforderung. Es könnte schwierig sein, ausgebildete Elektrikergesellen oder Elektromeister zu gewinnen.
  Zudem ist es für Dachdeckerbetriebe ohne entsprechende Expertise nicht möglich, selbst Elektriker auszubilden.
- **Weiterbildung des Unternehmers odereiner Führungskraft:** Der Unternehmer selbst oder eine Führungskraft im Dachdeckerunternehmen könnte sich als Elektrofachkraft für festgelegte Tätigkeiten (EFKffT) weiterbilden.
- **Bemerkung:** Diese Lösung erfordert ca. 2 Wochen Weiterbildung und stellt somit auch eine organisatorische Herausforderung dar, kann jedoch langfristig eine effektive Strategie sein.
- **Kooperation mit einem Elektrohandwerksunternehmen:** Das Dachdeckerunternehmen könnte eine Kooperationspartnerschaft mit einem Elektrohandwerksunternehmen eingehen, das eine verantwortliche Elektrofachkraft nach DIN VDE 1000-10 stellt. Diese Fachkraft steht für Rückfragen zur Verfügung, muss aber nicht die ganze Zeit vor Ort sein.
- **Bemerkung:** Die Zusammenarbeit mit einem Elektrotechnikunternehmen ist eine praktikable und wahrscheinlich die am schnellsten umsetzbare Lösung. Dabei kommt die Elektrofachkraft aus dem Partnerunternehmen und steht in einer Zusammenarbeit den Mitarbeitern des Dachdeckerbetriebs auf der Baustelle bei Rückfragen zur Verfügung.

Weiterbildungsanforderungen für Mitarbeiter: Unabhängig von der gewählten Lösung sollten die vor Ort arbeitenden Mitarbeiter als elektrotechnisch unterwiesene Personen weitergebildet sein. Diese Weiterbildung dauert in der Regel einen Tag und umfasst sowohl theoretische als auch praktische Elemente.

***Empfehlenswerte* Inhalte der Weiterbildung:**

Theoretischer Teil:

- Rechtliche Grundlagen
- Elektrotechnische Grundlagen, einschließlich DC-Steckverbindern und String-Verkabelung gemäß VDE 0100-712
- Elektrische Gefährdungen und Schutz vor elektrischem Schlag nach DIN VDE 0100-410
- Persönliche Schutzausrüstung (PSA) und Arbeitskleidung
- Arbeit an elektrischen Anlagen und Betriebsmitteln gemäß DIN VDE 0105-100
- Grundlagen der Ersten Hilfe bei Elektrounfällen und Brandbekämpfung in elektrischen Anlagen

Praktischer Teil:

- Umgang mit Leitungsschutzschaltern und Schmelzsicherungen
- Messungen an DC-Leitungen
- Freischalten von Wechselrichtern
- Dokumentation der durchgeführten Arbeiten

Schlussfolgerung: In Anbetracht der aktuellen Herausforderungen im Fachkräftebereich und der spezifischen Anforderungen an die Installation von PV-Anlagen ist es für Dachdeckerunternehmen entscheidend, eine passende Strategie zur Einbindung elektrotechnischer Kompetenzen zu wählen. Die Kooperation mit Elektrotechnikunternehmen oder die interne Weiterbildung bieten dazu praktikable Lösungsansätze, wobei die Sicherstellung der Qualifikation und Sicherheit aller beteiligten Mitarbeiter stets im Vordergrund stehen sollte. Neben der Auswahl der richtigen Elektrofachkraft oder der Ausbildung von elektrotechnisch unterwiesenen Personen (EuP) spielt die sorgfältige Verschriftlichung und Dokumentation aller Prozesse und Sicherheitsmaßnahmen eine zentrale Rolle. Diese Dokumentation gewährleistet die Einhaltung der normativen und arbeitsschutztechnischen Vorgaben und dient als wichtiger Nachweis für die rechtssichere Montage von PV-Anlagen. Sie ist somit ein unverzichtbarer Baustein für die Sicherheit, Qualitätssicherung und Nachvollziehbarkeit der Arbeit.

10 Organisatorisches

10.1 Förderungen von PV-Anlagen

Die Installation einer Photovoltaikanlage ist eine bedeutende Investition in erneuerbare Energien, die nicht nur ökologische Vorteile bietet, sondern auch finanziell unterstützt wird. In Deutschland gibt es verschiedene Förderprogramme, die sowohl von nationalen Institutionen als auch von regionalen und kommunalen Behörden angeboten werden. Diese Programme haben das Ziel, die Einführung von Photovoltaikanlagen zu erleichtern und zu beschleunigen. In diesem Kapitel geht es um die wichtigsten Fördermöglichkeiten, die für Betreiber von Photovoltaikanlagen zur Verfügung stehen.

KfW-Kreditprogramm 270

Dieses Programm der Kreditanstalt für Wiederaufbau (KfW) bietet günstige Kredite für die Finanzierung von Photovoltaikanlagen. Es richtet sich sowohl an private als auch an gewerbliche Betreiber und umfasst nicht nur die Anschaffung, sondern auch die Installation der Anlagen.

Wesentliche Merkmale des Programms

- **Zweck:** Das Programm finanziert die Errichtung, Erweiterung und den Erwerb von PV-Anlagen. Dazu zählen auch Planungs-, Projektierungs- und Installationskosten, sofern die Anlagen den Anforderungen des Gesetzes für den Ausbau erneuerbarer Energien entsprechen.
- **Zielgruppe:** Gefördert werden in- und ausländische private und öffentliche Unternehmen, Freiberufler, Körperschaften, Stiftungen, Anstalten des öffentlichen Rechts, kommunale Zweckverbände, Privatpersonen und gemeinnützige Antragsteller.
- **Konditionen:** Die KfW bietet individuelle Zinssätze, basierend auf Standort, wirtschaftlichen Verhältnissen und Qualität der Sicherheiten. Die Mindestlaufzeit beträgt generell 2 Jahre.
- **Kredithöhe und Auszahlung:** Es können bis zu 150 Mio. Euro pro Vorhaben und bis zu 100 % der Investitionskosten finanziert werden. Die Auszahlung erfolgt 100%ig und ist innerhalb von zwölf Monaten nach Zusage abrufbar.
- **Rückzahlung:** Während einer tilgungsfreien Zeit werden nur Zinsen fällig, danach erfolgt die Rückzahlung in vierteljährlichen Raten plus Zinsen auf den verbleibenden Kreditbetrag. Eine vorzeitige Tilgung ist gegen eine Vorfälligkeitsentschädigung möglich.
- **Sicherheiten:** Art und Höhe der Sicherheiten werden mit der finanzierenden Bank vereinbart.
- **Kombination mit anderen Fördermitteln:** Eine Kombination mit anderen öffentlichen Fördermitteln ist möglich, einschließlich der Inanspruchnahme einer Einspeisevergütung.

Antragsstellung

Der Antragsprozess beginnt mit der Vorbereitung durch den KfW-Förderassistenten und wird über eine Bank oder einen anderen Finanzierungspartner abgewickelt. Die KfW prüft die Unterlagen und entscheidet über die Förderung. Nach der Genehmigung schließt der Antragsteller den Kreditvertrag mit dem Finanzierungspartner ab, und das Projekt kann beginnen.

> ***Praxistipp*** *Neben Photovoltaikanlagen unterstützt das KfW-Programm 270 auch die energetische Dachsanierung. Dies ist besonders relevant für Eigentümer, die ihre Wohngebäude energieeffizienter gestalten möchten, indem sie neben der Installation einer PV-Anlage auch das Dach dämmen oder erneuern.*

KfW-Programm 440: Neben dem Kreditprogramm 270 bietet die KfW auch das spezielle Programm 440 an, das sich auf die Förderung von Speicherlösungen für Photovoltaikanlagen konzentriert. Dieses Programm hat das Ziel, die Speicherung von Solarstrom zu fördern, um die Nutzung der erzeugten Energie zu maximieren und die Netzstabilität zu verbessern.

Kommunale und regionale Förderungen: Zusätzlich zu den bundesweiten Programmen gibt es auch eine Vielzahl an kommunalen und regionalen Förderungen. Diese können je nach Standort in Form von Zuschüssen, vergünstigten Darlehen oder anderen finanziellen Anreizen gestaltet sein. Es ist ratsam, sich bei den lokalen Behörden oder Energieberatungsstellen über diese Möglichkeiten zu informieren.

Einspeisevergütung

Eingeführt im Jahr 2000, diente die Einspeisevergütung ursprünglich als Förderinstrument, um den Ausbau der Photovoltaik in Deutschland zu beschleunigen. Sie ist nach wie vor ein wichtiger finanzieller Anreiz für die Installation von PV-Anlagen und trägt zur Rentabilität dieser nachhaltigen Energiequelle bei. Es handelt sich um eine gesetzlich festgelegte Vergütung für den in das öffentliche Netz eingespeisten Solarstrom. Die Details zur Vergütungshöhe sind im Erneuerbare-Energien-Gesetz (EEG) festgeschrieben und hängen vom Zeitpunkt der Inbetriebnahme und der Nennleistung der PV-Anlage ab.

Wichtige Merkmale der Einspeisevergütung

- **Vergütungssatz:** Der Vergütungssatz ist für das Jahr der Installation und die darauffolgenden 20 Jahre staatlich garantiert. Er bleibt für den gesamten Förderungszeitraum unverändert und ist unabhängig vom Strombörsenpreis.
- **Abrechnung:** Die Abrechnung erfolgt pro Kilowattstunde (kWh) des eingespeisten Stroms.
- **Änderungen ab Februar 2024:** Ab dem 1. Februar 2024 wird die Einspeisevergütung halbjährlich um 1 % reduziert. Die genauen Vergütungssätze variieren abhängig von der Größe der Anlage und davon, ob eine Teil- oder Volleinspeisung vorliegt. Diese Änderungen gelten ausschließlich für Neuanlagen, die nach dem 31. Januar 2024 in Betrieb genommen werden.

- **Berechnung der Vergütung:** Die Einspeisevergütung wird anteilig bzw. prozentual berechnet, insbesondere bei Anlagen mit einer Nennleistung über 10 kWp.
  Dabei wird der Vergütungssatz für die ersten 10 kWp voll angewendet und für die darüberhinausgehende Leistung entsprechend der nächsthöheren Kategorie.

Beispiel: Eine 15-kWp-PV-Anlage, die 2023 in Betrieb genommen wurde, erhält eine durchschnittliche Einspeisevergütung, die sich aus dem prozentualen Anteil bis 10 kWp und dem Anteil bis 40 kWp zusammensetzt.

$$= 10\ \text{kWp} \div 15\ \text{kWp} \cdot 8{,}1\ \text{ct} + 5\ \text{kWp} \div 15\ \text{kWp} \cdot 7{,}0\ \text{ct} = 7{,}73\ \text{ct pro kWh}$$

Für das Jahr 2024 gelten die Einspeisevergütungen in der nachfolgenden Tabelle.

Tabelle 10.1: Einspeisevergütungen ab 01.02.2024

Datum der Inbetriebnahme	Art der Einspeisung	bis 10 kWp	10–40 kWp	40–100 kWp
Ab 01.02.2024	Überschuss-einspeisung	8,1 ct/kWh	7,0 ct/kWh	5,7 ct/kWh
	Volleinspeisung	12,9 ct/kWh	10,8 ct/kWh	10,8 ct/kWh
	Überschuss-einspeisung	8,0 ct/kWh	6,9 ct/kWh	5,6 ct/kWh
Ab 01.08.2024	Volleinspeisung	12,8 ct/kWh	10,7 ct/kWh	10,7 ct/kWh

Diese Tabelle zeigt die Vergütungssätze für verschiedene Arten der Einspeisung und verschiedene Größen von Photovoltaikanlagen, die im Jahr 2024 in Betrieb genommen werden. Dabei ist zu beachten, dass die Sätze für Teileinspeisung und Volleinspeisung unterschiedlich sind und sich nach dem 1. August 2024 etwas veringern.

KfW-Förderprogramm für Photovoltaikanlagen mit Speicher

Im Jahr 2023 startete ein Förderprogramm der Kreditanstalt für Wiederaufbau (KfW) für Photovoltaikanlagen mit Speicher. Das Programm „Förderung Solarstrom für Elektroautos (442)“ bietet Privatpersonen eine Förderung von bis zu 10.200 Euro. Eine wichtige Voraussetzung für diese Förderung ist die gleichzeitige Installation von Photovoltaikanlage, Speicher und Wallbox, verbunden mit dem Besitz oder der Bestellung eines Elektroautos.

Zusammensetzung der Förderung

- **PV-Anlage:** Für die Installation einer Photovoltaikanlage können bis zu 6.000 Euro Zuschuss gewährt werden, mit einer Förderung von 600 Euro pro kWp. Diese Fördermittel können auch zur Erweiterung einer bestehenden Anlage genutzt werden.
- **Stromspeicher:** Die Maximalfördersumme für den Stromspeicher beträgt 3.000 Euro, berechnet mit 250 Euro pro kWh Speicherkapazität.
- **Wallbox:** Für die Installation einer bidirektionalen Wallbox gibt es einen Zuschuss von 1.200 Euro. Für nicht bidirektionale Geräte liegt der Zuschuss bei 600 Euro.

Die maximalen Fördersätze betragen somit 10.200 Euro für Anlagen mit einer bidirektionalen Wallbox und 9.600 Euro, wenn eine nicht bidirektionale Wallbox verwendet wird.

Voraussetzungen für die Förderung

- Antragsberechtigt sind private Eigentümer von selbstgenutzten Wohnimmobilien.
- PV-Anlage, Stromspeicher und Wallbox müssen zeitgleich angeschafft werden. Die Erweiterung einer bestehenden PV-Anlage um mindestens 5 kWp ist ebenfalls förderfähig.
- Besitz oder Bestellung eines Elektroautos ist erforderlich.
- Die PV-Anlage muss eine Mindestgröße von 5 kWp aufweisen.
- Der Stromspeicher muss eine Kapazität von mindestens 5 kWh haben.
- Die Wallbox muss eine Leistung von mindestens 11 kW bieten.
- Der Einbau muss durch einen Fachbetrieb erfolgen. Selbstmontagen sind von der Förderung ausgeschlossen.
- Eine Kombination mit anderen staatlichen Förderprogrammen ist nicht möglich.

Zum Zeitpunkt der Erstellung dieses Buchs waren aktuelle Informationen über eine mögliche Neuauflage des KfW-Förderprogramms für Photovoltaikanlagen mit Speicher im Jahr 2024 noch nicht verfügbar. Obwohl das Programm im Jahr 2023 eine starke Nachfrage verzeichnete und schnell ausgebucht war, konnten zu diesem Zeitpunkt keine verbindlichen Aussagen über die Fortsetzung oder über spezifische Konditionen des Programms für das Jahr 2024 gemacht werden. An der Förderung Interessierten wird daher empfohlen, sich regelmäßig auf der Website der KfW oder bei entsprechenden Beratungsstellen über aktuelle Entwicklungen und mögliche Neuauflagen des Programms zu informieren.

Kommunale und regionale Förderungen für Photovoltaikanlagen

Neben den bundesweiten Förderprogrammen gibt es in Deutschland auch eine Vielzahl an kommunalen und regionalen Fördermöglichkeiten für Photovoltaikanlagen. Diese lokalen Förderungen können in ihrer Art und Höhe stark variieren und bieten oft zusätzliche Anreize zur Installation von Solaranlagen.

Wichtige Hinweise

- **Individuelle Recherche empfohlen:** Aufgrund der Vielzahl und Vielfalt lokaler Förderprogramme ist es empfehlenswert, sich individuell bei den zuständigen kommunalen Behörden oder Energieberatungsstellen zu informieren. Die Verfügbarkeit und die spezifischen Konditionen dieser Förderungen können je nach Region oder Stadt erheblich differieren.
- **Begrenzte Verfügbarkeit:** Viele kommunale Förderprogramme haben einen begrenzten Fördertopf. Das bedeutet, dass die Förderungen in der Regel nur so lange ausgeschüttet werden, wie finanzielle Mittel zur Verfügung stehen. Eine frühzeitige Anfrage und Beantragung können daher entscheidend sein, um von diesen Fördermitteln profitieren zu können.
- **Kombination mit anderen Fördermitteln:** In einigen Fällen ist es möglich, lokale Förderungen mit bundesweiten Programmen zu kombinieren. Es lohnt sich, dazu genaue Informationen einzuholen, um das maximale Förderpotenzial für das jeweilige Projekt zu nutzen.

Praxistipp *Eine umfassende Recherche zu lokalen Fördermöglichkeiten kann sich richtig lohnen und zur Wirtschaftlichkeit Ihres Photovoltaikprojekts beitragen. Deshalb empfiehlt es sich, alle verfügbaren Ressourcen zu nutzen und sich regelmäßig über neue und bestehende Förderprogramme auf kommunaler und regionaler Ebene zu informieren.*

10.2 Mieterstrom

In Deutschland gibt es im Vergleich zu unseren Nachbarländern sehr viele vermietete Wohnungen. Aus diesem Grund gibt es seit einigen Jahren die Möglichkeit, dass Vermieter ihren Mietern Photovoltaikstrom verkaufen. Um wesentliche bürokratische Hürden abzubauen, wurde im Jahr 2017 das neue Mieterstromgesetz verabschiedet – zugegebenermaßen mit recht überschaubarem Erfolg, sodass das Gesetz im Jahr 2021 nachgebessert wurde. Nachfolgend ein paar Einzelheiten dazu: Für die Nutzung von Mieterstrom wird zwischen den Parteien (Vermieter und Mieter) ein Mieterstromvertrag zur Lieferung von Solarstrom geschlossen. Damit wird der Anlagenbetreiber zu einem Mieterstromlieferanten. Das kann ein Vermieter als Einzelperson oder als Genossenschaft oder auch ein spezieller Mieterstromdienstleister sein. Zwischen den Parteien wird ein Energieliefervertrag geschlossen. Vergleichbar ist das mit einem Vertrag, wie man ihn auch mit anderen Energielieferanten abschließen kann. Dabei ist es wichtig, dass der Strom nur in dem „Quartier" verbraucht werden darf, in dem auch das Gebäude liegt. Bei dem „Quartier" handelt es sich laut Gesetz um einen zusammenhängenden Gebäudekomplex. Das Gebäude kann sich über verschiedene Grundstücke hinweg erstrecken, es muss jedoch der Eindruck eines einheitlichen Ensembles gegeben sein.

Grundsätzlich darf der Mieter frei entscheiden, ob er das Angebot mit dem Mieterstromvertrag annehmen möchte.

Der Stromvertrag darf nicht an den Mietvertrag gekoppelt sein.

Die maximale Vertragslaufzeit beträgt 1 Jahr, danach ist eine stillschweigende Verlängerung möglich.

Zudem beträgt die maximale Kündigungsfrist 3 Monate.

Mit Beendigung des Mietvertrags wird automatisch auch der Mieterstromvertrag beendet.

Da die Stromlieferung aus der PV-Anlage in der Regel nicht den kompletten Strombedarf des Mieters deckt, darf der Vermieter einen Teil des Stroms von einem Drittanbieter einkaufen und an den Mieter weiterverkaufen. Dabei übernimmt er die volle Verantwortung für die gesamte Stromlieferung mit entsprechenden Rechten und Pflichten. Der Verkaufspreis des Stroms darf maximal 90 % des „normalen Preises“ im Grundversorgungstarif betragen.

Der Vermieter muss seinem Mieter den Solarstrom 10 % günstiger zur Verfügung stellen, als dieser ihn sonst einkaufen könnte.

Die Anlagengröße darf maximal 750 kWp betragen. Überschüssiger Strom, der nicht im Wohnhaus verbraucht wird, kann ins Stromnetz eingespeist werden. D. h., der von den Mietern nicht verbrauchte Strom wird der allgemeinen Versorgung zugeführt und vergütet. Mit dem EEG 2021 wurde der Mieterstromzuschlag erhöht und ist abhängig von der Anlagengröße. Die maximale Größe der PV-Anlage darf 750 kWp nicht überschreiten. Für die jährliche Abrechnung sind komplexe Messsysteme notwendig. Obwohl das Mieterstrommodell ökonomisch sehr sinnvoll ist, schrecken aufgrund dieser bürokratischen Hürden sehr viele Vermieter davor zurück, ihren Mieter umweltfreundlichen Solarstrom zu verkaufen. Deshalb ist die Politik gefordert, Vereinfachungen in der praktischen Umsetzung zu schaffen, sodass auf noch mehr Mietshäusern in Deutschland nachhaltiger PV-Strom erzeugt und genutzt wird. Denn schließlich wäre der Mieterstrom für fast die Hälfte der Bevölkerung in Deutschland eine Option.

10.3 Anmeldung der PV-Anlage

Wer eine Photovoltaikanlage mit Anbindung an das öffentliche Stromnetz installieren möchte, muss sich mit mehreren Anmeldeprozessen auseinandersetzen. Diese umfassen die Anmeldung beim lokalen Netzbetreiber und beim Finanzamt sowie die nachträgliche Registrierung im Marktstammdatenregister der Bundesnetzagentur nach der Inbetriebnahme der Anlage.

1. Anmeldung beim Netzbetreiber (vor Installation und Inbetriebnahme)

In Deutschland sind die Netzbetreiber verpflichtet, den von Photovoltaikanlagen erzeugten Strom ins öffentliche Netz einzuspeisen. Im Gegenzug erhalten die Betreiber der Anlagen eine gesetzlich festgelegte Einspeisevergütung. Bevor allerdings mit der Planung oder dem Bau der PV-Anlage begonnen wird, gilt es zu klären, ob und in welchem Umfang das lokale Stromnetz den zusätzlichen Strom aufnehmen kann. Dieser Schritt wird formell als „Anschlussbegehren" bezeichnet.

Die Anmeldung beim Netzbetreiber dient nicht nur der Sicherstellung technischer Standards, sondern auch der Koordination der regionalen Stromverteilung. Der Anmeldeprozess und die erforderlichen Unterlagen können je nach Netzbetreiber variieren. Nach der Antragstellung führt der Netzbetreiber eine Netzverträglichkeitsprüfung durch, die bis zu acht Wochen dauern kann. Innerhalb dieser Frist sollten die Verträglichkeit der Anlage mit dem Netz festgestellt und dem Anlagenbetreiber der Punkt für den Netzanschluss sowie die entstehenden Kosten mitgeteilt werden.

Um das Verfahren zu beschleunigen, hat der Netzbetreiber innerhalb von 4 Wochen nach der Antragstellung einen detaillierten Zeitplan vorzulegen, der alle notwendigen Schritte und Informationen umfasst. Sollte dieser Zeitplan nicht fristgerecht vorgelegt werden, haben die Betreiber der PV-Anlagen das Recht, eine Entschädigung für entgangene Einspeisevergütungen einzufordern.

Nach erfolgreicher Prüfung und Erhalt der Netzanschlusszusage vom Netzbetreiber kann mit der Montage der Photovoltaikanlage begonnen werden, sofern alle weiteren Voraussetzungen erfüllt sind.

2. Anmeldung der PV-Anlage beim Finanzamt

Die Anmeldung einer an das öffentliche Netz angeschlossenen Photovoltaikanlage beim Finanzamt ist ein obligatorischer Schritt. Ab dem Tag der Inbetriebnahme der Anlage besteht eine Frist von einem Monat, um diese Anmeldung durchzuführen. Diese Formalität reflektiert den Beginn einer gewerblichen Aktivität, da der ins Netz eingespeiste Strom eine Vergütung nach sich zieht.

Eine Ausnahme von der Anmeldepflicht beim Finanzamt besteht für Photovoltaikanlagen, die ausschließlich für den Eigenverbrauch genutzt werden. Allerdings ist ein vollständiger Eigenverbrauch in der Praxis eher selten. Für sogenannte „Inselanlagen", also Anlagen, die nicht mit dem öffentlichen Netz verbunden sind, entfällt die Anmeldepflicht gänzlich. Jede andere Anlage, die Strom ins Netz einspeist, muss beim Finanzamt angemeldet werden.

3. Registrierung bei der Bundesnetzagentur: das Marktstammdatenregister (MaStR)

Nachdem die Anlage in Betrieb genommen und beim Netzbetreiber angemeldet wurde, erfolgt die Registrierung im Marktstammdatenregister der Bundesnetzagentur. Diese Registrierung muss innerhalb eines Monats nach Inbetriebnahme erfolgen.

Die erforderlichen Daten für die Registrierung im MaStR umfassen:

- Name und Anschrift des Anlagenbetreibers
- E-Mail-Adresse
- Standort der Anlage
- Nennleistung in kWp
- Datum der Inbetriebnahme

Die Registrierung erfolgt über das Webportal der Bundesnetzagentur unter: **Anmelden | MaStR (marktstammdatenregister.de)**.

Die erfolgreiche Registrierung im Marktstammdatenregister ist ein administrativer Schritt. Nach Abschluss der Registrierung werden dem Anlagenbetreiber eine Bestätigung sowie eine Betreiber-Identifikationsnummer (Betreiber-ID) zugestellt. Diese Identifikationsnummer ist nicht nur für die Inanspruchnahme der Einspeisevergütung wesentlich, sondern spielt auch bei der Abrechnung eine zentrale Rolle. Die Betreiber-ID dient als eindeutiges Identifikationsmerkmal und gewährleistet die korrekte Zuordnung und Abwicklung der Einspeisevergütung im Zusammenhang mit der Photovoltaikanlage.

10.4 Inbetriebnahme der PV-Anlage

Mit der Inbetriebnahme einer Photovoltaikanlage beginnt die Anlage Sonnenenergie in elektrische Energie umzuwandeln. Diese Inbetriebnahme wird üblicherweise vom Netzbetreiber übernommen, der für den Einbau und die Einstellung des Zählers verantwortlich ist. Falls die installierende Elektrofachkraft eine entsprechende Berechtigung vom Netzbetreiber hat, kann sie diese Aufgabe eigenständig durchführen. Doch bevor es dazu kommt, sind einige wichtige Aspekte zu berücksichtigen.

Begriffserklärung: EEG und Clearingstelle

Laut dem aktuellen Erneuerbare-Energien-Gesetz (EEG) wird die Inbetriebnahme definiert als die erstmalige Nutzung der Anlage ausschließlich mit erneuerbaren Energien oder Grubengas, nachdem die technische Betriebsbereitschaft hergestellt wurde. Für die technische Betriebsbereitschaft ist es erforderlich, dass die Anlage installiert und mit dem notwendigen Zubehör für die Wechselstromerzeugung ausgestattet ist. Der Austausch von Bauteilen nach der ersten Inbetriebnahme ändert nichts am Zeitpunkt der Inbetriebnahme.

Entscheidend ist, dass die Anlage **fest** installiert und in der Lage sein muss, Strom zu produzieren. Dies bedeutet, dass neben der PV-Anlage auf dem Dach auch ein Wechselrichter installiert sein muss. Die Anlage muss angeschlossen und betriebsbereit sein.

In der Vergangenheit führten Unklarheiten bezüglich der Inbetriebnahme häufig zu Streitigkeiten, weshalb die Clearingstelle EEG Klarheit schaffen musste. Seit dem Hinweis 2010/1 vom 25. Juni 2010 und der EEG-Novelle vom 1. April 2012 gelten folgende Regeln:

- Eine Solaranlage gilt als in Betrieb genommen, sobald erstmals Strom erzeugt und außerhalb der Anlage verbraucht oder gespeichert wird.

- Das bloße Vorhandensein einer elektrischen Spannung an den Anschlussklemmen wird nicht als Inbetriebnahme angesehen.
- Die Inbetriebnahme kann für den gesamten Strang und nicht nur für einzelne Module erfolgen.
- Der Netzbetreiber muss bei der Inbetriebnahme nicht anwesend sein.
- Der Nachweis der Inbetriebnahme kann durch Fotos, Zeugen oder ein Inbetriebnahmeprotokoll erbracht werden.
- Der Solarstrom muss nicht zwingend ins öffentliche Netz eingespeist werden.
- Die Anlage muss dauerhaft an ihrem Bestimmungsort montiert sein.
- Ein Wechselrichter muss installiert sein.

Checkliste zur Vorbereitung der Inbetriebnahme

Eine Checkliste hilft bei der Vorbereitung der Inbetriebnahme.

- Die PV-Anlage ist betriebsfertig montiert.
- Die Fertigstellung ist dem Netzbetreiber bekannt.
- Die Anlage wurde von einer Elektrofachkraft geprüft und protokolliert.
- Die Anlage ist vollständig dokumentiert.

Dazu gehören:

- **Herstellung der Betriebsbereitschaft durch den Installateur:** Die Anlage muss vollständig montiert und elektrisch angeschlossen sein. Der Netzanschluss muss gemäß den Technischen Anschlussbedingungen (TAB) des Netzbetreibers vorbereitet sein.
- **Meldung der Betriebsbereitschaft beim Netzbetreiber:** Der Installateur füllt in der Regel einen Antrag auf Inbetriebnahme aus und legt erforderliche Unterlagen wie Übersichtslagepläne, Angaben zu Schutzeinrichtungen und Wechselrichtern vor.
- **Prüfung vor der Inbetriebnahme:** Die PV-Anlage muss nach gültigen Normen geprüft werden, und die Ergebnisse sind in einem Prüfprotokoll festzuhalten.
- **Dokumentation der Photovoltaikanlage:** Eine detaillierte Anlagendokumentation ist erforderlich, einschließlich Systemdaten, Installateur- und Planerinformationen, Stromlaufplänen und Daten zu den Komponenten.

Durchführung der Inbetriebnahme

Die Inbetriebnahme darf nur durch eine vom Netzbetreiber zugelassene Elektrofachkraft erfolgen. Die Prüfung umfasst die Übereinstimmung der Anlage mit den Anmeldeunterlagen, die Zugänglichkeit relevanter Komponenten, die Einhaltung technischer Vorgaben und die Funktionsfähigkeit der Schutzeinrichtungen. Das Ergebnis wird im Inbetriebnahmeprotokoll festgehalten.

Inbetriebnahmeprotokoll

Das Inbetriebnahmeprotokoll wird in Anwesenheit des Anlagenbetreibers erstellt. Es muss neben dem Prüfprotokoll eine Vielzahl weiterer Daten enthalten, darunter Angaben zu Betreiber und Standort, Datum der Inbetriebnahme sowie technische Details der Anlage.

Registrierung und Anmeldung nach Inbetriebnahme

Nach der Inbetriebnahme muss die Anlage innerhalb eines Monats im Marktstammdatenregister der Bundesnetzagentur angemeldet werden. Diese Registrierung ist ausschließlich online möglich. Die Registrierung und das Inbetriebnahmeprotokoll dienen als Nachweis für den Netzbetreiber und sind entscheidend für die Einspeisevergütung (siehe Kapitel Anmeldung).

10.5 Repowering

Als Repowering werden Maßnahmen bezeichnet, bei denen Photovoltaikanlagen mit Modulen geringerer Leistung durch solche mit höherer Leistung ersetzt werden. Dabei sollen einige Komponenten der bestehenden Anlage weiter genutzt werden. Ursprünglich stammt der Begriff aus dem Bereich der Windenergie, wo bereits vor einigen Jahren damit begonnen wurde, kleinere Windenergieanlagen am selben Standort durch größere zu ersetzen. Im Bereich der PV-Anlagen wurde der Begriff spätestens verwendet, als die Preise für Solarmodule deutlich sanken und es wirtschaftlich sinnvoll wurde, vorhandene Module in PV-Anlagen durch leistungsstärkere zu ersetzen. Der Vorteil eines Repowerings zeigt sich in der Regel in einer verbesserten oder sogar gesteigerten Anlagenleistung, aus der der Anlagenbetreiber wirtschaftliche Vorteile ziehen kann.

Bei der praktischen Umsetzung von Repoweringmaßnahmen im Rahmen des Erneuerbare-Energien-Gesetzes (EEG) sind einige Besonderheiten zu beachten. Andernfalls drohen im ungünstigsten Fall erhebliche Mehrkosten wegen technischer Nachrüstungen oder sogar der Verlust des Anspruchs auf Einspeisevergütung. In diesem Abschnitt werden die für PV-Anbieter und -Betreiber relevanten Besonderheiten beim Repowering im Detail erläutert.

Die ursprüngliche Regelung des Gesetzgebers sah vor, dass die Einspeisevergütung fest an die zum Zeitpunkt der Inbetriebnahme installierten Module gekoppelt ist. Das heißt, der Vergütungsanspruch bezog sich nur auf die ursprünglichen Module und nicht auf später ausgetauschte oder ergänzte Module. Im Klartext: **Andere Module, keine Vergütung!**

Wird ein Modul ausgetauscht, verliert es zunächst die EEG-Vergütung. Ob für das „neue" Modul die ursprünglich festgelegte EEG-Vergütung weiter gilt oder nach neuen Vergütungskriterien berechnet wird, hängt von verschiedenen Faktoren ab. Diese Faktoren sind im EEG festgelegt, und es wird klargestellt, dass ein vergütungsschädlicher Tatbestand im Sinne des EEG vorliegt, wenn das auszutauschende Modul entweder einen technischen Defekt aufweist oder abhandengekommen ist. Die Formulierung lautet wie folgt:

(1) Die Höhe des anzulegenden Wertes entspricht dem Zuschlagswert des bezuschlagten Gebots, dessen Gebotsmenge der Solaranlage zugeteilt worden ist.

(2) Solaranlagen, die aufgrund eines technischen Defekts, einer Beschädigung oder eines Diebstahls Solaranlagen an demselben Standort ersetzen, sind abweichend von § 3 Nummer 30 bis zur Höhe der vor der Erzielung an demselben Standort installierten Leistung von Solaranlagen als zu dem Zeitpunkt in Betrieb genommen anzusehen, zu dem die

ersetzten Anlagen in Betrieb genommen wurden. Die Zahlungsberechtigung verliert im Zeitpunkt der Ersetzung ihre Wirksamkeit für die ersetzte Anlage und erfasst stattdessen die ersetzende Anlage.

Repowering bedeutet also nicht, dass wahllos leistungsschwache Module ausgetauscht werden können.

Der Austausch mehrerer Module ist zwar möglich, Auftragnehmer und Anlagenbetreiber müssen sich aber der möglichen Konsequenzen bewusst sein.

Ein technischer Defekt liegt vor, wenn die Gebrauchstauglichkeit oder die Sicherheit des Moduls beeinträchtigt ist. Dies kann beispielsweise bei Sturm- oder Hagelschäden der Fall sein. Des Weiteren können Module delaminieren oder durch Überspannung beschädigt werden. Ein Modulaustausch aufgrund äußerlich erkennbarer Schäden ist daher plausibler zu begründen und einfacher nachzuweisen und zu bewerten.

Aber wie kann man in der Praxis außergewöhnliche Leistungseinbußen von Modulen feststellen und nachweisen?

Mögliche Verfahren wären unter anderem:

- **Thermografische Prüfung:** Mit einer Wärmebildkamera lassen sich Hotspots oder Temperaturanomalien auf den Modulen erkennen, die auf Defekte oder Leistungsverluste hinweisen.
- **Elektrolumineszenzprüfung:** Bei diesem Verfahren wird das Solarmodul mit Strom versorgt und eine Lichtemission erzeugt, die mit einer Spezialkamera aufgenommen wird. Die daraus resultierenden Bilder können Hinweise auf Defekte, Mikrorisse oder Leistungseinbußen geben.
- **I-V-Kennlinienmessung:** Die Messung der Strom-Spannungs-Kennlinie (I-V-Kennlinie) eines Solarmoduls gibt Aufschluss über dessen Leistung und mögliche Degradation. Abweichungen von der idealen Kennlinie können auf Defekte oder Leistungsverluste hinweisen.
- **Visuelle Inspektion**: Eine visuelle Inspektion der Module kann auf offensichtliche Schäden wie Glasbruch, Risse, Delamination oder Verfärbungen hinweisen, die zu Leistungseinbußen führen können.
- **Leistungsüberwachung:** Durch regelmäßige Überwachung der Anlagenleistung und Vergleich mit den erwarteten Erträgen können ungewöhnliche Leistungseinbußen erkannt werden. Weicht die tatsächliche Leistung deutlich von den erwarteten Werten ab, kann dies auf Probleme mit den Modulen hindeuten.

Dabei ist zwischen normaler und ungewöhnlicher Degradation von Solarmodulen zu unterscheiden. Der Austausch eines Moduls kann im Rahmen des EEG problematisch sein, wenn das ausgetauschte Modul lediglich einer natürlichen Degradation im Lauf der Betriebszeit unterworfen war. Üblich ist eine Degradation von ca. 0,5 % der Leistung pro Jahr. Unter Berücksichtigung der üblichen Garantiebedingungen kann auch von einer normalen Degradation gesprochen werden, wenn die Module innerhalb von 10 Jahren weniger als 10 % oder innerhalb von 15–20 Jahren weniger als 20 % ihrer Leistung verlieren. Es ist daher schwierig, einen festen Schwellenwert festzulegen, ab dem eine Degradation als ungewöhnlich anzusehen ist.

> **Praxistipp** *Als Beurteilungskriterium hat sich bewährt:*
>
> *Stimmt der Modulhersteller einem Garantieaustausch zu, kann in der Regel davon ausgegangen werden, dass es sich um eine ungewöhnliche Degradation handelt, sonst hätte der Hersteller den Austausch nicht angeboten.*

Häufig gibt es jedoch Fälle, in denen der Modulhersteller nicht mehr existiert oder ein Garantieaustausch an den zahlreichen Hürden der Garantiebedingungen scheitert. In diesen Fällen muss der Anlagenbetreiber selbst herausfinden und nachweisen, ob bzw. dass eine außergewöhnliche Degradation vorliegt. Dies kann in den meisten Fällen nur durch die Beauftragung eines Sachverständigen und entsprechende Messungen sichergestellt werden.

In der Praxis können zudem heikle bzw. grenzwertige Situationen auftreten, die eine eindeutige Zuordnung zu den Regelungen des EEG erschweren.

Beispielhaft können die folgenden Szenarien genannt werden:

- In einer Solaranlage wird ein Modul durch äußere Einwirkung beschädigt. Das betroffene Modul steht nicht mehr zur Verfügung. Ein Ersatz durch ein baugleiches Modul ist aufgrund unterschiedlicher elektrischer Eigenschaften nicht möglich. Daher ist der Austausch eines kompletten Modulstrangs notwendig. Die verbleibenden 10 oder auch 20 Module des betroffenen Strangs weisen jedoch keinen technischen Defekt im Sinne des EEG auf. Streng genommen handelt es sich bei dem tatsächlich beschädigten Modul um einen EEG-konformen Modultausch, während es sich bei den restlichen Modulen des Strangs um eine Neuanlage mit neuer Vergütung handeln würde.
- Ein beschädigtes Modul mit einer Leistung von 150 Wp wird durch ein baugleiches Modul mit einer Leistung von 155 Wp ersetzt. Streng genommen wäre dies eine Erweiterung der Anlage um 5 Wp, obwohl das neue Modul im Strang mit leistungsschwächeren Modulen verbunden ist und nicht seine „volle“ Leistung entfalten kann.

Als ähnlich kann eine Situation betrachtet werden, in der die Module jeweils eine Leistungstoleranz von +5/-3 % haben und die ursprünglichen Module eine Leistung von 150 Wp haben. In diesem Fall hätten die ursprünglichen 150-Wp-Module bei +5 % eine tatsächliche Leistung von 157,5 Wp im regulären Betrieb, während das neue 155-W-Modul bei -3 % nur 150,4 Wp erreichen würde. Obwohl das neue Modul im Leistungsbereich der „alten“ Module liegt, würde daraus streng nach EEG dennoch eine Anlagenerweiterung um 5 Wp resultieren.

Sehr oft werden Module einfach ausgetauscht, ohne die Konsequenzen zu bedenken. Sind jedoch die Voraussetzungen für einen EEG-konformen Austausch erfüllt, sollten weitere Aspekte berücksichtigt werden. Folgende Szenarien sind zu unterscheiden:

1. Austausch gegen Module gleicher oder höherer Leistung bei gleichzeitiger Reduzierung der Modulzahl ohne Veränderung der ursprünglichen Anlagengröße.
2. Austausch gegen Module mit höherer Leistung und Erweiterung der ursprünglichen Anlagengröße.
3. Austausch gegen Module mit höherer Leistung und geringerer Zahl, was zu einer Reduzierung der ursprünglichen Anlagengröße führt.

In der ersten Situation treten im günstigsten Fall keine Probleme auf, da sich die Größe der Anlage nicht ändert.

In der 2. Situation können jedoch verschiedene Probleme auftreten. Die Erweiterung einer bestehenden PV-Anlage erfordert immer eine Neuanmeldung beim Netzbetreiber für den Teil, der über die ursprüngliche Anlagengröße hinausgeht. Damit unterliegt die Anlage der neuen bzw. der zum Zeitpunkt der Neuanmeldung geltenden EEG-Vergütung. Der Gesetzgeber legt dies sowohl wörtlich als auch rechnerisch eng aus. Selbst eine Erhöhung der Anlagenleistung um lediglich 10 W Peak gilt im Sinne des EEG als eine Anlagenerweiterung mit allen sich daraus ergebenden Konsequenzen. Im schlimmsten Fall verliert der Anlagenbetreiber die gesamte Vergütung für seine Anlage. Führt der Modultausch zu einer Leistungserhöhung der Anlage, können sich darüber hinaus weitere, insbesondere technische Konsequenzen ergeben.

Dazu gehört z. B. die

- Notwendigkeit der Installation eines zusätzlichen Zählers für den neuen Anlagenteil, der über die ursprüngliche Anlagengröße hinausgeht.

Es ergeben sich zusätzliche Anforderungen an das Netz, z. B.

- Vorhandensein einer technischen Einrichtung zur Fernsteuerung der Leistungsreduzierung,
- Blindleistungsregelung durch Wechselrichter,
- Notwendigkeit eines zentralen Netz- und Anlagenschutzes.

Maßgeblich im Sinne des EEG ist nicht der ausgetauschte Anlagenteil, der die Größe der ursprünglichen Anlage vergrößert, sondern die Gesamtgröße der Anlage, die nach dem Modultausch auf demselben Grundstück oder in unmittelbarer Nähe entsteht. Neben dem Modultausch können zusätzliche Kosten durch netztechnische Besonderheiten entstehen, die vor dem Modultausch berücksichtigt werden sollten. Im ungünstigsten Fall kann bei einer Erhöhung der Anlagenleistung von weniger als 30 kWp auf mehr als 30 kWp ein neuer Netzanschluss erforderlich werden, da die nach EEG zulässige Leistung am Verknüpfungspunkt des Hausanschlusses (= 30 kWp) überschritten wird. Einige Netzbetreiber verlangen auch eine förmliche Ummeldung der Anlage mit einem gesonderten Formular, das vom Netzbetreiber zur Verfügung gestellt wird.

Grundsätzlich ist es wichtig, Änderungen der Anlagenleistung an die Bundesnetzagentur zu melden. Diese Meldung ist unabhängig davon erforderlich, ob es sich um eine Erhöhung oder Reduzierung der Anlagenleistung handelt oder ob die erstmalige Inbetriebnahme der PV-Anlage vor Einführung der Meldepflicht erfolgte.

Dies gilt auch für den oben genannten dritten Fall (Modultausch mit Reduzierung der ursprünglichen Anlagengröße), wenngleich für diese Anlagenkonstellation keine weiteren Besonderheiten gelten. Auch bei einer Reduzierung der ursprünglichen Anlagengröße ist die Meldung an die Bundesnetzagentur verpflichtend, da ansonsten der Verlust der gesamten Einspeisevergütung droht.

Vor einem notwendigen Modultausch oder einem „Repowering" wird empfohlen, folgende Aspekte zu berücksichtigen und Maßnahmen zu ergreifen:

- Der zuständige Netzbetreiber sollte vorab über den geplanten Austausch informiert werden. Dabei sollten ihm relevante Unterlagen (Fotos, Messprotokolle, Datenblätter etc.) zur Verfügung gestellt werden.
- Die Notwendigkeit des Modultausches sollte für Dritte nachvollziehbar dokumentiert werden (z. B. durch Fotos, Messprotokolle, Bestätigungen von Sachverständigen etc.)
- Der Anlagenbetreiber sollte über die notwendigen Maßnahmen bei einer Anlagenerweiterung informiert werden (z. B. die Notwendigkeit, die geplante Änderung beim zuständigen Netzbetreiber anzumelden und einen Genehmigungsbescheid mit den darin enthaltenen Auflagen abzuwarten).
- Eine Dokumentation des erforderlichen Modultausches ist zu erstellen (inkl. Fotos, Datum der Wiederinbetriebnahme etc.).
- Prüfung von Garantien und Versicherungen: Prüfung bestehender Modulgarantien und Versicherungsbedingungen, ob diese den Modultausch bzw. das Repowering abdecken.
- Aktualisierung der technischen Dokumentation: Nach dem Modultausch oder Repowering muss die technische Dokumentation der Anlage aktualisiert werden, um sicherzustellen, dass alle Änderungen korrekt erfasst sind.
- Überwachung des Energieertrags: Nach dem Modultausch oder Repowering muss der Energieertrag der Anlage überwacht werden, um sicherzustellen, dass die Leistung den Erwartungen entspricht, und um mögliche Probleme frühzeitig zu erkennen.

10.6 Umsatzsteuer bei PV-Anlagen

Die Einführung des Nullsteuersatzes für Photovoltaikanlagen ab dem 1. Januar 2023 ist eine bedeutende steuerliche Änderung, die insbesondere für Dachdeckerunternehmen mit Schwerpunkt auf energetischer Dachsanierung und PV-Anlagenmontage von großer Bedeutung ist. Dieses Kapitel basiert auf den Informationen des Zentralverbands des Deutschen Handwerks (ZDH) und des Zentralverbands des Deutschen Dachdeckerhandwerks (ZVDH) aus dem Jahr 2023, die in ihren Publikationen detaillierte Einblicke in die Neuregelungen geben.

Neuregelung des Nullsteuersatzes

- **Geltungsbereich:** Der Umsatzsteuersatz von 0 % gilt für die Lieferung, Installation und Inbetriebnahme von Solarmodulen, wesentlichen Komponenten und Stromspeichern, unabhängig von der Leistung der Anlage.

- **Voraussetzungen für die Anwendung:** Der Nullsteuersatz kommt zur Anwendung, wenn die PV-Anlage auf oder in der Nähe von Wohngebäuden, öffentlichen Einrichtungen oder gemeinnützigen Gebäuden installiert wird.
- **Vereinfachungsregelung bei Kleinanlagen:** Bei Anlagen mit einer installierten Leistung von bis zu 30 kWp werden die Standortvoraussetzungen generell als erfüllt angesehen.

Vorsteuerabzug und begünstigte Leistungen

- **Vorsteuerabzug:** Trotz des Nullsteuersatzes ist der Vorsteuerabzug für Eingangsleistungen, die im direkten Zusammenhang mit der PV-Anlage stehen, weiterhin möglich.
- **Begünstigte Leistungen:** Der Nullsteuersatz umfasst die Lieferung und Installation von Solarmodulen, wesentlichen Komponenten und Stromspeichern, wenn diese direkt an den bzw. beim Betreiber der Anlage erfolgen.

Zeitlicher Anwendungsbereich und Betreiberdefinition

- **Zeitlicher Anwendungsbereich:** Die Neuregelung ist auf Lieferungen und Leistungen anwendbar, die nach dem 31. Dezember 2022 ausgeführt werden.
- **Definition des Betreibers:** Als Betreiber gelten Personen oder Personenzusammenschlüsse, die zum Zeitpunkt der Leistungserbringung als Betreiber der Anlage registriert sind.

Technische Aspekte und Komponenten

- **Solarmodule und Speicher:** Sowohl netzgebundene als auch Inselanlagen sind begünstigt.
- **Wesentliche Komponenten:** Neben Solarmodulen und Speichern fallen auch andere spezifische Komponenten, die für den Betrieb und die Installation von PV-Anlagen essenziell sind, unter den Nullsteuersatz.

Praktische Umsetzung

Die neue Steuerregelung eröffnet PV-Experten neue Möglichkeiten in der Angebotsgestaltung und Ausführung von PV-Projekten. Dabei ist es entscheidend, dass sich die Unternehmen mit den Details der Regelung vertraut machen und diese korrekt in ihren Prozessen umsetzen.

Beratung und Planung: Beratung und Planung von PV-Anlagen sollten die neuen steuerlichen Vorteile berücksichtigen, und Kunden sollten entsprechend informiert werden.

Angebots- und Rechnungsgestaltung: Angebote und Rechnungen müssen den Nullsteuersatz korrekt ausweisen und dabei alle relevanten Bestimmungen beachten.

Fazit: Dank dieser Neuregelungen können PV-Experten ihren Kunden attraktive Angebote unterbreiten und gleichzeitig von den steuerlichen Vorteilen profitieren.

Herausforderungen und Anpassungen

- **Umgang mit Unsicherheiten:** Trotz der Vorteile bringt die Neuregelung auch Herausforderungen mit sich, insbesondere was die Definition und die Abgrenzung von „wesentlichen Komponenten" und begünstigten Leistungen angeht.
- **Notwendige Dokumentation:** PV-Experten sollten die Anforderungen des Nullsteuersatzes sorgfältig dokumentieren. Dazu gehört die Bestätigung, dass der Rechnungsempfänger auch der Betreiber der Anlage ist. Dies hilft, mögliche steuerliche Risiken zu minimieren.

Praxistipp *Die Neuregelung des Nullsteuersatzes für Photovoltaikanlagen ist ein wichtiger Schritt zur Förderung erneuerbarer Energien und bietet PV-Experten die Möglichkeit, sich in diesem wachsenden Markt zu etablieren und zu differenzieren. Es ist jedoch wesentlich, dass Unternehmen sich kontinuierlich über Änderungen und Entwicklungen in der Gesetzgebung informieren und ihre Geschäftspraktiken entsprechend anpassen. Die enge Zusammenarbeit mit Steuerberatern und die regelmäßige Fortbildung des eigenen Personals sind dabei unerlässlich, um die Chancen, die sich aus der Neuregelung ergeben, vollständig zu nutzen und gleichzeitig steuerliche Risiken zu minimieren.*

10.7 Handwerksrecht: Wer darf was?

Grundlage

Das Meisterprüfungsberufsbild eines Handwerks, insbesondere eines zulassungspflichtigen Handwerks, ist gleichzeitig eine Auflistung der wesentlichen Tätigkeiten eines zulassungspflichtigen Handwerks nach § 1 Abs. 2 Satz 1 HwO, die bei Eintragung mit dem jeweiligen zulassungspflichtigen Gewerk in die Handwerksrolle gewerblich erlaubt sind.

1. Dachdeckerhandwerk

Das Meisterprüfungsberufsbild des Dachdeckerhandwerks erfasst unter § 2 Abs. 2 Nr. 15 die Planung, Bemessung, den Einbau und die Instandsetzung von

„*… Energiesammlern und Energieumsetzern …*"

(Im Netz zu finden unter: **https://www.gesetze-im-internet.de/dachdmstrv_2006/BJNR126300006.html**)

Ergebnis 1:

Damit zählen Planung, Bemessung, Einbau und Instandsetzung von Photovoltaikanlagen zu den wesentlichen Tätigkeiten des Dachdeckerhandwerks, die der Eintragung in die Handwerksrolle bedürfen.

2. Zimmererhandwerk

Das Meisterprüfungsberufsbild des Zimmererhandwerks erfasst unter § 2 Abs. 2 Nr. 10 die Planung, Ausführung und Instandsetzung der

„Deckung von Dächern mit Dachziegeln, Dachsteinen, Faserzementwellplatten, Schindeln und Faserzementdachplatten in waagrechter Ausführung einschließlich der Unterkonstruktionen“.

Unter § 2 Abs. 2 Nr. 11 erfasst es darüber hinaus das Planen, Bemessen, Einbauen und Instandsetzen von

„Ein- und Anbauteilen, insbesondere für Belichtung und Belüftung sowie Fertiggauben, Energiesammler und Energieumsetzer für Dächer nach der Nummer 10 und Außenwände“.

(Im Netz zu finden unter: **https://www.gesetze-im-internet.de/zimmstrv_2008/BJNR074300008.html**)

Ergebnis 2:

Damit ist klargestellt, dass für Dächer mit Dachziegeln, Dachsteinen, Faserzementwellplatten, Schindeln und Faserzementdachplatten in waagrechter Ausführung sowie für Außenwände auch die Montage von Photovoltaikanlagen dem Zimmererhandwerk als wesentliche Tätigkeit zugeordnet ist.

Alle hier nicht erwähnten Dachdeckungen (bspw. mit Schiefer) oder Abdichtungen (Flachdach) sind dem Zimmererhandwerk nicht als wesentliche und damit erlaubte Tätigkeit zugeordnet.

Somit ist auch die Montage von Photovoltaikanlagen in diesem Bereich dem Zimmererhandwerk nicht zugeordnet und erlaubt, da ausdrücklich nur eine Zuordnung für Dächer nach § 2 Abs. Nr. 10 erfolgt ist.

3. Klempnerhandwerk

Das Meisterprüfungsberufsbild des Klempnerhandwerks erfasst unter § 2 Nr. 17 das Planen, Bemessen, Einbauen und Instandsetzen von … Energiesammlern und Energieumsetzern.

(Im Netz zu finden unter: **https://www.gesetze-im-internet.de/klempnermstrv/BJNR126700006.html**)

Überdies ist es nach der Anlage zu § 1 der Verordnung über verwandte Handwerke (Verzeichnis der verwandten Handwerke) mit dem Dachdeckerhandwerk verwandt, sodass alle wesentlichen Tätigkeiten des Dachdeckers auch dem Klempnerhandwerk zugewiesen sind, somit auch die Montage von Photovoltaikanlagen.

(Im Netz zu finden unter: **https://www.gesetze-im-internet.de/hwverwdtv/HwVerwdtV.pdf**)

Ergebnis:

Damit zählen Planung, Bemessung, Einbau und Instandsetzung von Photovoltaikanlagen auch zu den wesentlichen Tätigkeiten des Klempnerhandwerks, die der Eintragung in die Handwerksrolle bedürfen.

Weiteren Berufen ist das beschriebene Tätigkeitsfeld nicht zugeordnet.

II. Wo ist die Schnittstelle zum Elektrotechnikerhandwerk?

Alle Tätigkeiten bis zum Wechselrichter sind dem Dachdeckerhandwerk zuzuordnen, Arbeiten auf der AC-Seite des Wechselrichters sind ausschließlich nach § 13 Niederspannungsanschlussverordnung (NAV) und VDE-AR-N 4105 nur von einer in ein Installateurverzeichnis eines Netzbetreibers eingetragenen Elektrofachkraft auszuführen.

III. Ist eine minderhandwerkliche Ausführung denkbar?

Wann ist eine Tätigkeit als minderhandwerklich zu qualifizieren und damit wie jede andere gewerbliche Tätigkeit auch ohne Eintragung in die Handwerksrolle erlaubt?

Das ist dann der Fall, wenn das notwendige Wissen für diese Tätigkeit

- innerhalb von drei Monaten erlernbar oder
- für das Dachdeckerhandwerk nebensächlich oder
- nicht aus einem zulassungspflichtigen Handwerk entstanden ist.

(Siehe hierzu auch den Abgrenzungsleitfaden des DIHK/DHKT unter:

https://www.ihk.de/blueprint/servlet/resource/blob/3638148/000ee9b84b79d0ee1a387746589860ab/leifaden-abgrenzung-handwerk-data.pdf)

Maßgebliche Formulierung:

„Kein Gewerbe der HwO bei reiner Montage und ohne Eingriff in die Dachunter- bzw. Fassadenkonstruktion bei Aufdachsystemen“

Die Auffassung des ZVDH dazu ist eine andere, nämlich die im dort auch vermerkten Beschluss des VG Münster vom 17.12.2013 zum Ausdruck Gebrachte:

„Ein Eingriff in die Dachunterkonstruktion liegt auch in diesen Fällen durch statische Eingriffe vor, die eine Fähigkeit zur Beurteilung der Unterkonstruktion, der Wärmedämmung, der Lastannahmefähigkeit und der nötigen Windsogsicherung voraussetzen und damit umfassende Kenntnisse des Dachdeckerhandwerks.“

(Im Netz nachzulesen unter: **https://openjur.de/u/747943.html**)

Ergebnis:

Eine minderhandwerkliche Zuordnung ist in realitätsnahen Fallkonstellationen kaum denkbar. Bei entsprechendem Inhalt in der Gewerbemeldung (Montage von Photovoltaikanlagen) sollte eine Aufforderung zur Eintragung mit dem Dachdeckerhandwerk geschlussfolgert werden.

10.8 Versicherungen bei PV-Anlagen

Im Rahmen der Beratung zur Installation von Photovoltaikanlagen können Kunden auch Fragen über Versicherungsoptionen stellen. Um als kompetenter Berater auftreten zu können, bietet dieses Kapitel ein paar grundlegende Informationen zur Versicherung von PV-Anlagen.

Grundlagen der PV-Versicherung

- Photovoltaikanlagen sind für verschiedene Schäden anfällig, darunter Unwetter, Diebstahl, Tierbisse und technische Defekte. Eine Versicherung ist zwar nicht gesetzlich vorgeschrieben, wird aber dringend empfohlen.
- Für Balkonanlagen könnte unter Umständen die Hausratversicherung zuständig sein. Es empfiehlt sich, die Anlage bei der Versicherung zu melden.
- Eine separate Betreiberhaftpflichtversicherung ist meist nicht notwendig, da die Risiken oft in die Privathaftpflichtversicherung eingeschlossen werden können.

Wichtige Versicherungsaspekte

- Versicherungsschutz kann entweder als Teil der Wohngebäudeversicherung oder als separate Photovoltaikversicherung erworben werden.
- Wichtige zu versichernde Risiken umfassen Sturm, Hagel, Brand, Überspannung, Kurzschluss, Schneedruck, Wasser, Frost, Diebstahl und Tierbisse.
- Der Versicherungsschutz sollte auch für Bedienungsfehler und grobe Fahrlässigkeit gelten.
- In der Regel decken PV-Versicherungen auch die Reparaturkosten, Aufräum- und Entsorgungskosten, Feuerlöschkosten sowie Kosten für Gerüstaufstellung und schadenbedingte Arbeiten am Haus.

Ertragsausfallversicherung

- Eine Ertragsausfallversicherung ist sinnvoll, wenn durch die Anlage signifikante Einnahmen generiert werden. Diese Versicherung kompensiert Einkommensverluste während Ausfallzeiten der Anlage.
- Die Entscheidung für eine Ertragsausfallversicherung hängt davon ab, wie viel Strom die Anlage produziert und wie dieser genutzt wird.

Wichtige Überlegungen bei der Wahl einer Versicherung

- Kunden sollten verschiedene Angebote vergleichen und prüfen, ob die Versicherung die oben genannten Risiken abdeckt.
- Es ist wichtig, auf die Details des Vertrags zu achten, da manche Versicherer bestimmte Risiken ausschließen oder nur eingeschränkten Schutz bieten.
- In einigen Fällen kann der Einbau von Sicherheitsvorrichtungen wie Überspannungsschutz oder Diebstahlsicherungen erforderlich sein, um den Versicherungsschutz zu gewährleisten oder die Beiträge zu reduzieren.

Haftpflicht- und Betreiberhaftpflichtversicherung

- Die Aufnahme der PV-Anlage in die private Haftpflichtversicherung ist wichtig, um sich gegen Schäden an Dritten abzusichern.
- Alternativ oder zusätzlich kann eine Betreiberhaftpflichtversicherung in Betracht gezogen werden.

Montageversicherung

- Eine Montageversicherung kann während der Installationsphase der Anlage Schäden durch Feuer oder Diebstahl abdecken.

> **Praxistipp** *Eine Versicherung schützt den Betreiber vor unerwarteten Schäden und sollte auf der Basis des Preis-Leistungs-Verhältnisses ausgewählt werden.*
>
> *Ein Vergleich verschiedener Angebote ist ratsam, um eine Versicherung zu wählen, die sowohl im Bereich Gebäudeversicherung als auch im Hinblick auf die PV-Anlage überzeugt.*

10.9 Wartung und Reinigung

Die Wartung von Photovoltaikanlagen ist nicht nur aus wirtschaftlichen, sondern auch aus sicherheitstechnischen Gründen von entscheidender Bedeutung. Die Amortisationszeit einer finanzierten PV-Anlage beträgt in der Regel etwa 12–15 Jahre. Durch regelmäßige Wartung kann gewährleistet werden, dass die Anlage diesen Zeitraum zuverlässig übersteht und darüber hinaus effizient arbeitet.

Unentdeckte Schäden durch ständige Witterungseinflüsse können nicht nur die Wirtschaftlichkeit beeinträchtigen, sondern auch zu ernsthaften Sicherheitsrisiken wie der Gefahr von Bränden führen. Die regelmäßige Überprüfung umfasst die Inspektion der elektrischen Komponenten, des Blitzschutzes sowie der mechanischen Befestigungen.

PV-Experten schaffen mit Wartungsangeboten einen Mehrwert für ihre Kunden und festigen gleichzeitig ihre Geschäftsbeziehungen. Dieses Dienstleistungsangebot ermöglicht es ihnen, kontinuierlich mit ihren Kunden in Kontakt zu bleiben und eine vertrauensvolle Partnerschaft aufzubauen.

Notwendigkeit der Wartung

Regelmäßige Wartungen sind notwendig, um die langfristig hohen Erträge der PV-Anlage zu sichern. Bei solchen Wartungen lassen sich frühzeitig Defekte und Verunreinigungen erkennen, die andernfalls die Leistung der Anlage beeinträchtigen könnten. Unbemerkte Schäden, beispielsweise Sturm- oder Hagelschäden oder auch die Folgen eines Blitzeinschlags, können nicht nur die Effizienz verringern, sondern sind auch ein Brandrisiko. Viele Photovoltaikversicherungen verlangen daher regelmäßige Wartungen.

Häufigkeit der Wartung

Eine jährliche Sichtprüfung durch einen Fachbetrieb ist empfehlenswert und wird oft von PV-Versicherungen gefordert. Zusätzlich sollte alle 4 Jahre eine Prüfung nach der DIN EN 62446-1 VDE durchgeführt werden. Diese umfassende Prüfung umfasst die Kontrolle der Module, des Montagesystems, der Kabel und Leitungen, des Anschlusskastens sowie des Stromspeichers und Schutzschalters.

Gesetzliche Pflicht zur Wartung

Für private Photovoltaikanlagen gibt es keine gesetzliche Wartungspflicht. Bei gewerblich genutzten Anlagen besteht dagegen eine Wartungspflicht, deren Häufigkeit von verschiedenen Faktoren abhängt.

Optimaler Zeitpunkt für die Wartung

Die ideale Zeitpunkt für die Wartung einer PV-Anlage liegt gegen Ende des Winters, um vor Beginn der sonnenreichen Monate eventuelle Fehler zu beheben. Zusätzlich ist es ratsam, die Anlage nach Stürmen oder Unwettern zu inspizieren, um potenzielle Schäden wie gelockerte Modulhalterungen oder Fremdkörper auf dem Dach zu identifizieren.

Vorschlag einer Checkliste für die Wartung von PV-Anlagen

1. Leistungsüberwachung/Monitoring

Anlagenbetreiber sollten angehalten werden, die Leistung ihrer Anlage regelmäßig zu überwachen, um sicherzustellen, dass sie korrekt funktioniert. Dies umfasst auch die monatliche Kontrolle der PV-Erträge. Ein Rückgang der Stromproduktion trotz sonnigen Wetters könnte auf einen Defekt oder Leistungsverlust hinweisen.

2. Jährliche Sichtprüfung

Der PV-Experte sollte jährlich folgende Anlagenkomponenten bzw. Aspekte überprüfen:

- Sauberkeit der Module (Verschmutzungen durch Laub, Moos, Vogelkot)
- Existenz von Hotspots auf den Modulen
- Zustand des Montagesystems und der Dacheindeckung/Abdichtung
- Kabel und Leitungen auf äußere Beschädigungen, Schmorstellen und Feuchtigkeit
- Zustand der Steckverbindungen im Wechselrichter und der technischen sowie elektrischen Leistungsfähigkeit
- Software-Updates des Wechselrichters
- Eichung des Zählers
- Blitzschutz und Zustand des Überspannungsableiters, des Zähler- und Verteilerkastens
- Funktion des Stromspeichers

3. Regelmäßige Reinigung

Während viele PV-Anlagen selbstreinigend sind, kann bei Anlagen mit Modulneigungen unter 20° eine manuelle Reinigung erforderlich werden. Sie sollte abhängig von der Verschmutzung und der Umgebung der Anlage erfolgen und kann von PV-Experten mit geeigneten Werkzeugen wie Teleskopstangen und sanften Reinigungsmitteln durchgeführt werden.

> **Praxistipp** *Um Beschädigungen der Module zu vermeiden, sollten Reinigungsarbeiten mit kalkarmem Wasser und weichen Bürsten oder Schwämmen vorgenommen werden.*

Tipps zur Reinigung von Solarmodulen

- **Verzicht auf Hochdruckreiniger:** Ein Hochdruckreiniger kann das Glas der Module sowie deren Befestigung und Rahmen beschädigen. Daher sollte auf dessen Einsatz verzichtet werden.
- **Wahl der Reinigungsmittel:** Scharfe oder stark ätzende Reinigungsmittel sind zu vermeiden. Es empfiehlt sich, sanfte Reinigungsmittel zu verwenden. Viele Solarmodulhersteller empfehlen geeignete Reinigungsmittel in der Betriebsanleitung. Manchmal ist es möglich, ganz auf Reinigungsmittel zu verzichten und es zunächst nur mit Wasser zu versuchen. Falls notwendig, kann dann zu einem milden Reinigungsmittel gegriffen werden.
- **Verwendung von kalkarmem Wasser:** Um Kalkstreifen und Schlieren zu vermeiden, sollte kalkarmes Wasser verwendet werden. Leitungswasser enthält oft viel Kalk, daher kann Regenwasser eine gute Alternative sein.
- **Einsatz von fließendem Wasser und weichen Reinigungswerkzeugen:** Empfehlenswert ist die Verwendung von fließendem Wasser, beispielsweise aus einem Gartenschlauch, zusammen mit einer weichen Bürste oder einem Schwamm. Eine Glasbürste kann auch hilfreich sein.

Für die Wartung von Photovoltaikanlagen werden verschiedene Prüf- und Wartungsintervalle empfohlen. Hier eine Übersicht der einzelnen Leistungen:

1. Tägliche Wartungsmaßnahmen

- Wechselrichter: Kontrolle der Betriebsanzeige durch den Betreiber
- Betriebsdatenüberwachung (System): Kontrolle des Betriebszustands per Fernüberwachung (Achtung auf Isolationsfehler für den Brandschutz) durch Betreiber oder PV-Experten
- Fehlermeldungen: Analyse und Ergreifen geeigneter Maßnahmen durch den PV-Experten

2. Monatliche Wartungsmaßnahmen

- Generatorfläche: Sichtprüfung auf offensichtliche Mängel, z. B. herunterhängende Module, Modulklammern, Montagegestellteile oder PV-Leitungen durch den Betreiber.

3. Jährliche Wartungsmaßnahmen

- Sichtprüfung durch einen Fachbetrieb/PV-Experten, einschließlich Kontrolle sämtlicher Anlagenteile auf Schäden durch Witterungseinflüsse oder Tiere, Schmutz, Ablagerungen, Anhaftungen, Bewuchs, Dachdurchdringungen, Abdichtungen sowie Standfestigkeit und Korrosion des Montagesystems. Zudem sollte die Funktionsfähigkeit der Schutzeinrichtungen überprüft werden.

4. Wiederkehrende Prüfungen

- Alle 4 Jahre: Wiederholung der Messungen und Prüfungen nach DIN VDE 0105-100, DIN VDE 0100-600 bzw. DIN VDE 0126-23
- Alle 4 Jahre: wiederkehrende Prüfung nach DIN EN 62446-1 (VDE 0126-23-1)
- Alle 5 Jahre: Überprüfung der Blitzschutzanlagen

5. Kundenspezifische Wartungsaufgaben

- Anlagenbesitzer sollten nicht nur die Erträge ihrer Anlage überwachen, sondern auch auf offensichtliche Beschädigungen und Auffälligkeiten achten.

11 Rechtliche Rahmenbedingungen

11.1 Unterscheidung zwischen Gewährleistung und Garantie

Für PV-Experten ist es entscheidend, den Unterschied zwischen Gewährleistung und Garantie zu kennen. Es kursieren Mythen über eine 25-jährige Garantie bei Photovoltaikanlagen. Aber was steckt wirklich dahinter?

Mythos 25 Jahre Garantie auf PV-Anlagen. Geht das?

Obwohl die Begriffe Gewährleistung und Garantie ähnlich klingen, haben sie unterschiedliche Bedeutungen, die erhebliche Auswirkungen auf die Arbeit und die Verantwortung des Auftragnehmers haben können.

Es ist nicht ungewöhnlich, dass Kunden diese Begriffe verwechseln, insbesondere aufgrund von Pauschalaussagen einiger Hersteller. Für Anbieter von PV-Anlagen ist es jedoch unerlässlich, diese Unterschiede zu verstehen und ihren Kunden korrekt zu kommunizieren, um Missverständnisse und potenzielle Rechtsstreitigkeiten zu vermeiden.

Gewährleistung

Die Gewährleistung ist ein zentrales Thema im Handwerk, nicht nur wenn es um Photovoltaikanlagen geht.

Bei der Gewährleistung handelt es sich um einen gesetzlich festgelegten Anspruch des Kunden auf Mängelbeseitigung für einen bestimmten Zeitraum, nicht um eine freiwillige Gewährung von Rechten durch den Verkäufer oder Werkleistenden.

Das Bürgerliche Gesetzbuch (BGB) definiert den Umfang dieses Mängelbeseitigungsanspruchs. Speziell im Kaufrecht (§ 437 BGB) und im Werkvertragsrecht (§ 634 BGB) werden die Rechte des Käufers oder Bestellers bei einem Mangel dargelegt.

Voraussetzung für die Geltendmachung von Gewährleistungsrechten ist zunächst jedoch das Vorliegen eines Mangels. Dabei muss zwischen Sachmangel und Rechtsmangel differenziert werden.

Ein Sachmangel liegt vor, wenn die Sache von der vertraglich vereinbarten Beschaffenheit abweicht oder sich nicht für die nach dem Vertrag vorausgesetzte Verwendung eignet, ferner auch dann, wenn sie von der üblichen Beschaffenheit abweicht oder sich nicht für eine gewöhnliche Verwendung eignet.

Bei der Beurteilung, ob ein Mangel vorliegt, sind, verkürzt formuliert, zunächst der Vertrag mit seinen Inhalten als Maßstab heranzuziehen, dann die übliche Beschaffenheit, für die die anerkannten Regeln der Technik für das Dachdeckerhandwerk Vorgaben machen.

Ein Sachmangel kann beispielsweise vorliegen, wenn

- die installierten Module oder der Wechselrichter/Batteriespeicher nicht wie vereinbart und beauftragt installiert wurden. Es wurde beispielsweise ein PV-Speicher mit einer Leistung von 7,5 kWh beauftragt, aber eine Batterie mit lediglich 7 kWh eingebaut.
  Damit läge ein Verstoß gegen vertragliche Vereinbarungen vor.
- die Anlage nicht den üblichen Standards entspricht oder nicht den Erwartungen entspricht, die durch Werbung oder öffentliche Äußerungen des Verkäufers geweckt wurden.
  Damit läge ein Verstoß gegen die übliche Beschaffenheit vor.
- eine falsche oder unvollständige Lieferung erfolgt. Es wurden beispielsweise Glas-Glas-Module beauftragt, aber Glas-Folie-Module montiert oder es wurde anstelle mehrerer Mikro-Wechselrichter ein String-Wechselrichter eingebaut.
  Damit läge wiederum ein Verstoß gegen vertragliche Vereinbarungen vor.

Ein Rechtsmangel liegt dagegen vor, wenn Rechte Dritter an einer Sache das Eigentum, den Besitz oder den Gebrauch der Sache durch den Käufer beeinträchtigen können.

- Wird eine Photovoltaikanlage verkauft, an der der Verkäufer mangels eigener Eigentümerschaft dem Käufer kein Eigentum verschaffen kann, so liegt beispielsweise ein Rechtsmangel vor.

Garantie im Kontext von Photovoltaikanlagen

Die Garantie unterscheidet sich grundlegend von der gesetzlich im BGB festgelegten Gewährleistung und den damit verbundenen Mängelansprüchen.

Während die Gewährleistung gesetzlich vorgeschrieben ist, handelt es sich bei der Garantie um ein *freiwilliges* Versprechen des Garantiegebers. Es gibt *keine* gesetzliche Verpflichtung, eine Garantie zu gewähren.

Das bedeutet, dass Hersteller, Verkäufer oder Anlagenbauer eigenständig entscheiden können, ob und unter welchen Bedingungen sie eine Garantie anbieten. Ein solches Garantieversprechen ist eine zusätzliche Selbstverpflichtung, die über die gesetzlichen Verpflichtungen des Kaufvertrags hinausgeht.

Es gibt viele verschiedene Arten von Garantien. Ein gutes Beispiel sind Autogarantien. Einige Automarken bieten eine erweiterte Garantie gegen Durchrostung der Karosserie an. Diese Garantie ist jedoch häufig an regelmäßige Inspektionen gebunden. Es ist wichtig zu betonen, dass Garantieansprüche unabhängig von gesetzlichen Mängelansprüchen gelten. Ebenso entscheidend ist, dass die vom Hersteller angebotenen Garantien dem Käufer auch klar kommuniziert werden müssen. Selbst wenn in Datenblättern oder Broschüren von Garantien die Rede ist, sind diese Garantien oft an bestimmte Voraussetzungen gebunden. Beispielsweise müssen Module oder Wechselrichter möglicherweise beim Hersteller registriert werden, um die Garantie zu aktivieren.

Garantieaspekte bei Photovoltaikmodulen

Bei Photovoltaikmodulen sind typischerweise 2 Hauptgarantietypen zu berücksichtigen: die **Produktgarantie** und die **Leistungsgarantie**.

Produktgarantie: Diese Garantie bezieht sich auf die Qualität und Integrität des Moduls selbst. Sie garantiert, dass das Modul frei von Herstellungsfehlern ist und dass der Hersteller bei Defekten, beispielsweise Rissen in Glas-Glas-Modulen, defekten Anschlussdosen oder Problemen mit den Modulrahmen, für Ersatz sorgt. Die genauen Bedingungen und Konditionen einer solchen Garantie sind in den Herstellerdokumenten festgelegt, die jedem Käufer zur Verfügung gestellt werden. Es ist jedoch zu beachten, dass die in der Werbung gemachten Versprechungen oft nicht so unkompliziert sind, wie sie klingen. Die genauen Garantiebedingungen, oft im Kleingedruckten, können komplex sein. Zum Beispiel kann es für den Anlagenbetreiber herausfordernd sein nachzuweisen, dass ein Defekt tatsächlich auf einen Herstellungsfehler zurückzuführen ist und nicht auf externe Einflüsse. Letztere sind in der Regel von der Garantie ausgeschlossen. Selbst wenn ein Garantieanspruch anerkannt wird, kann die Abwicklung kompliziert sein. Oftmals müssen Anlagenbetreiber für Transport-, Demontage- und erneute Montagekosten aufkommen. Das bedeutet, dass der Hersteller zwar ein Ersatzmodul bereitstellt, aber die Kosten für den Transport und den Austausch des Moduls vom Anlagenbetreiber getragen werden müssen. Bei einigen Modellen beträgt die standardmäßige Produktgarantie 10 Jahre.

Leistungsgarantie bei Photovoltaikmodulen: Die Leistungsgarantie konzentriert sich spezifisch auf die elektrische Leistungsfähigkeit des Moduls über einen festgelegten Zeitraum. Während die Produktgarantie die physische Integrität des Moduls abdeckt, verspricht die Leistungsgarantie, dass das Modul über die Jahre hinweg einen bestimmten Prozentsatz seiner ursprünglichen Leistung beibehält.

Häufig bieten Hersteller gestaffelte Leistungsgarantien an. **Ein typisches Beispiel:** Ein Modulhersteller garantiert, dass das Modul nach 10 Jahren noch mindestens 90 % seiner Nennleistung erbringt. Nach 25 Jahren sollte es immer noch 80 % seiner ursprünglichen Leistung liefern.

Um dies in den richtigen Kontext zu setzen: Wenn ein Modul mit einer Leistung von 425 Wp ± 5 Wp spezifiziert ist, basiert die Garantie auf dem minimalen Nennwert, also 420 Wp. Das bedeutet, dass in den ersten 10 Jahren die Leistung des Moduls nicht unter 378 Wp (90 % von 420 Wp) fallen darf. Nach 25 Jahren müsste es immer noch mindestens 336 Wp (80 % von 420 Wp) liefern.

Praxistipp *Allerdings ist die Durchsetzung solcher Garantien in der Praxis oft herausfordernd. Hersteller können strenge Anforderungen an den Nachweis stellen, dass ein Modul nicht die versprochene Leistung erbringt. Dies kann für den Anlagenbetreiber kostenintensive Labortests bedeuten. Es ist daher für Dachdeckerunternehmen von größter Bedeutung, sich mit den genauen Bedingungen der Leistungsgarantien vertraut zu machen und ihre Kunden umfassend zu beraten. Es geht darum, realistische Erwartungen zu wecken und sicherzustellen, dass die Kunden die Tragweite und die Grenzen dieser Garantien vollständig verstehen.*

11.2 Beweislast, Abnahme und die Relevanz

Für die Beurteilung der Beweislast ist der Zeitpunkt der Abnahme von maßgeblicher Relevanz.

Vor dieser Abnahme ist die Vertragserfüllung, mithin der werkvertragliche Erfolg, noch geschuldet. Es liegt also in der Verantwortung des Auftragnehmers zu beweisen, dass sein Werk ordnungsgemäß und ohne Mängel erstellt wurde. Nach der Abnahme hingegen verschiebt sich diese Beweislast zum Auftraggeber. Der Kunde muss nachweisen, dass die PV-Anlage mit Mängeln behaftet ist.

Es versteht sich von selbst, dass sich die Abnahme und die damit verbundene Beweislast nicht ausschließlich auf die PV-Anlage beziehen. Nehmen wir als Beispiel eine Situation, in der nach der Dacheindeckung ein anderes Unternehmen die PV-Anlage auf einem noch nicht abgenommenen Dach installiert. Sollte es später zu Schäden kommen, etwa infolge von Undichtigkeiten, dann liegt vor der Abnahme die Beweislast seines eigenen Werkerfolgs beim Dachdecker. Er muss nachweisen, dass die Dacheindeckung zum Zeitpunkt der Installation der PV-Anlage mangelfrei war. Nach der Abnahme hingegen muss der Auftraggeber belegen, dass ein Mangel bereits zum Zeitpunkt der Abnahme vorlag.

Daher ist es von entscheidender Bedeutung, den Abnahmezeitpunkt und die damit verbundene Verschiebung der Beweislast zu kennen und zu berücksichtigen. Die Abnahme ist ein kritischer Moment im Projekt, der die Verantwortlichkeiten klar definiert. Ein gründliches Verständnis und die richtige Handhabung der Abnahme können potenzielle zukünftige Konflikte und Haftungsfragen erheblich reduzieren.

Die Abnahme ist ein wichtiger Moment im Projekt, der die Verantwortlichkeiten klar definiert.

Weitere Konsequenzen der Abnahme

Die Abnahme ist ein entscheidender Meilenstein im Rahmen eines Bau- oder Installationsprojekts. Neben der bereits erwähnten Verschiebung der Beweislast hat die Abnahme noch eine Reihe weiterer wichtiger Konsequenzen:

- **Beginn der Gewährleistungsfrist:** Mit der Abnahme beginnt die gesetzliche Gewährleistungsfrist. Innerhalb dieser Frist muss der Auftragnehmer für Mängel, die am Werk festgestellt werden, einstehen.
- **Fälligkeit der Vergütung:** Nach der Abnahme wird die vereinbarte Vergütung für das Werk fällig. Der Auftraggeber ist nun verpflichtet, die ausstehenden Beträge zu begleichen. Mit dem Ende des Jahres, in dem die Abnahme erfolgte, beginnt die Verjährung des Zahlungsanspruchs innerhalb der regelmäßigen Verjährungsfrist von drei Jahren. Es empfiehlt sich ein Fristenmanagement.
- **Gefahrenübergang:** Mit der Abnahme geht das Risiko von zufälligen Beschädigungen oder dem zufälligen Untergang des Werks auf den Auftraggeber über. Das bedeutet, dass nach der Abnahme beispielsweise Schäden durch Naturereignisse nicht mehr in der Verantwortung des Dachdeckers liegen.
- **Verjährung von Mängelansprüchen:** Die Abnahme setzt den Lauf der Verjährungsfrist für Mängelansprüche in Gang. Nach Ablauf dieser Frist kann der Auftraggeber keine Ansprüche mehr wegen Mängeln geltend machen.
- **Dokumentationspflicht:** Mit der Abnahme sollte idealerweise auch eine detaillierte Dokumentation des Werks übergeben werden. Diese Dokumentation kann für spätere Wartungsarbeiten oder bei möglichen Mängelansprüchen von Bedeutung sein.
- **Abschluss des Vertragsverhältnisses:** Die Abnahme markiert in der Regel den Abschluss des Vertragsverhältnisses zwischen Auftragnehmer und Auftraggeber. Nach der Abnahme sind in der Regel keine weiteren Leistungen aus dem ursprünglichen Vertrag mehr zu erbringen, es sei denn, es treten Mängel auf oder es wurden Nachbesserungen vereinbart.

Verschiedene Abnahmearten im Überblick

Es gibt verschiedene Arten der Abnahme, die je nach Art und Umfang des Bauvorhabens oder der Dienstleistung zum Einsatz kommen können. Die Abnahmearten unterscheiden sich in ihrem Ablauf, ihrer Form und den damit verbundenen rechtlichen Konsequenzen und nach der jeweiligen Vertragsgrundlage (§ 640 BGB oder § 12 VOB/B). Hier sind die gängigsten Abnahmearten:

- **Förmliche Abnahme:** Bei dieser Art der Abnahme wird ein förmliches Protokoll erstellt, in dem der Zustand des Werks dokumentiert wird. Eventuell festgestellte Mängel werden im Protokoll vermerkt. Beide Parteien, Auftraggeber und Auftragnehmer, unterzeichnen dieses Protokoll. Die förmliche Abnahme bietet den Vorteil einer klaren Dokumentation und ist insbesondere bei etwas größeren Bauvorhaben üblich.

- **Stillschweigende (konkludente) Abnahme:** Bei ihr wird das Werk vom Auftraggeber in Gebrauch genommen, ohne dass eine förmliche Abnahme stattfindet. Das bedeutet: Wenn der Auftraggeber das Werk nutzt und keine Mängel reklamiert oder vorbehaltlos die Schlussrechnung zahlt, kann dies ggf. als stillschweigende Abnahme gewertet werden. Es ist jedoch ratsam, sich nicht allein auf diese Art der Abnahme zu verlassen, da sie rechtlich nicht immer eindeutig ist.
- **Teilabnahme:** Bei komplexen Bauvorhaben oder Dienstleistungen, die in mehreren Phasen oder Abschnitten realisiert werden, kann eine Teilabnahme für jeden abgeschlossenen Abschnitt erfolgen (siehe auch § 641 Abs. 1 S. 2 BGB). Dies ist sinnvoll, um den Fortschritt des Projekts schrittweise zu bestätigen und eventuelle Mängel frühzeitig zu identifizieren.
- **Abnahme unter Vorbehalt:** Wenn bei der Abnahme Mängel festgestellt werden, die jedoch nicht so gravierend sind, dass sie eine Nutzung des Werks verhindern, kann eine Abnahme unter Vorbehalt erfolgen. Das bedeutet, dass das Werk grundsätzlich abgenommen wird, aber die Beseitigung der festgestellten Mängel noch erfolgen muss.
- **Fiktive Abnahme:** § 640 Abs. 2 BGB und § 12 Abs. 5 Nr. 1 sehen vor, dass das Werk als abgenommen gilt, wenn der Auftraggeber nicht innerhalb einer bestimmten Frist nach Fertigstellung Mängel reklamiert oder eine Abnahme verweigert. Eine förmliche Abnahme ist aus Gründen der Rechtssicherheit erstrebenswerter.

11.3 Abnahme aus Sicht des Dachdeckerunternehmens – ein Überblick

- **Bedeutung der Abnahme:**
  - Die Abnahme ist ein entscheidender Meilenstein im Vertragsverhältnis zwischen Dachdeckerunternehmen und Auftraggeber. Sie signalisiert die Anerkennung des Werks als vertragsgemäß und löst verschiedene rechtliche Folgen aus.
- **Beweislastumkehr:**
  - Vor der Abnahme muss das Dachdeckerunternehmen nachweisen, dass das Werk mangelfrei erstellt wurde und der geschuldete Werkerfolg eingetreten ist. Nach der Abnahme liegt die Beweislast für das Vorhandensein von Mängeln beim Auftraggeber.
- **Arten der Abnahme:**
  - Förmliche Abnahme: Dabei wird die Abnahme explizit, oft schriftlich, zwischen den Parteien vereinbart.
  - Stillschweigende/konkludente Abnahme: Diese erfolgt durch schlüssiges Verhalten, z. B. wenn der Auftraggeber das Werk ohne Beanstandung in Gebrauch nimmt oder die Schlussrechnung ohne Vorbehalt bezahlt.
  - Fiktive Abnahme: Sie tritt ein, wenn der Auftraggeber nicht innerhalb einer bestimmten Frist auf ein Abnahmeverlangen des Dachdeckers reagiert.
- **Konsequenzen der Abnahme:**
  - Beginn der Gewährleistungsfrist
  - Fälligkeit der Vergütung für das Dachdeckerunternehmen
  - Übergang der Gefahr von zufälliger Verschlechterung oder Untergang des Werks auf den Auftraggeber

- **Besonderheiten bei PV-Anlagen und Dacheindeckungen:**
  - Wenn ein anderes Unternehmen eine PV-Anlage auf einem noch nicht abgenommenen Dach installiert, muss das Dachdeckerunternehmen vor der Abnahme nachweisen, dass die Dacheindeckung mangelfrei war. Nach der Abnahme liegt die Beweislast beim Auftraggeber.

Fazit: Für Dachdeckerunternehmen ist es von zentraler Bedeutung, den Abnahmeprozess und seine rechtlichen Implikationen genau zu verstehen. Eine klare Kommunikation mit dem Auftraggeber und die Dokumentation aller relevanten Schritte können dabei helfen, spätere Unklarheiten oder Streitigkeiten zu vermeiden.

> ***Praxistipp*** *Die Abnahme kann seitens des Auftraggebers **nicht** wegen unwesentlicher Mängel **verweigert** werden (§ 640 Abs. 1 S. 2 BGB).*

11.4 Unterscheidung zwischen Kauf- und Werkvertrag bei Photovoltaikanlagen

Wenn es um Photovoltaikanlagen geht, stellt sich oft die Frage:

> **Handelt es sich bei der PV-Anlage um einen Kaufvertrag/Werklieferungsvertrag oder einen Werkvertrag?**

Beide Vertragsarten wurden im Kontext der Gewährleistung bereits erwähnt, doch welche ist für Photovoltaikanlagen zutreffend?

Historische Einordnung: In der Vergangenheit neigte die Rechtsprechung des BGH dazu, eine standardmäßige Errichtung einer Photovoltaikanlage auf vorhandenen Bauwerken als sogenannte „Aufdach-Anlage" nach Kaufrecht zu beurteilen mit der Konsequenz einer entsprechenden Gewährleistungsfrist von 2 Jahren. Dies wurde juristisch damit begründet, dass bei solchen Anlagen der Materialkostenanteil dominiert und die Montage lediglich als sekundärer Aspekt angesehen werden kann. Dies war insbesondere bei Anlagenpreisen von deutlich über 2.000 Euro pro kWp der Fall.

Ausnahmen in der alten Rechtsprechung: Es gab jedoch Ausnahmen von dieser Regel. Wenn es sich beispielsweise bei der PV-Anlage auf dem Dach um die Kombination aus Elektrotechnik und Bauprodukten handelte. Das bedeutet, dass die PV-Module auch die Regensicherheit des Dachs übernehmen müssen. Und bei einem funktionierenden Dach kann man üblicherweise davon ausgehen, dass es die Wetterschutzleistung übernimmt. Das ist ein geschuldeter Erfolg. Dies fällt typischerweise unter das Werkvertragsrecht. Ähnlich verhielt es sich bei Freifeldanlagen, da sie als eigenständige Bauwerke betrachtet wurden.

Aktuelle Rechtslage: Die neueste Rechtsprechung hat jedoch eine Neubewertung vorgenommen.

> **Heutzutage wird tendenziell ein Werkvertrag für PV-Anlagen angenommen.**

Dies liegt nicht daran, dass die Systempreise gesunken sind, sondern vielmehr daran, dass die Installation einer Photovoltaikanlage auf einem Dach ein erheblicher Eingriff in das Gebäude ist. Daher wird eine Photovoltaikanlage heute nach aktueller Rechtsprechung des BGH bei wesentlicher Bedeutung für das Gebäude und fester Verbindung mit demselben als ein Bauwerk oder zumindest als ein Teil davon betrachtet.

Die Unterscheidung zwischen Kaufvertrag/Werklieferungsvertrag und Werkvertrag hat entscheidende Auswirkungen auf die Gewährleistungsfristen, insbesondere im Kontext von Photovoltaikanlagen.

Bei einem Kaufvertrag wird lediglich das Produkt erworben, in diesem Fall die Komponenten einer PV-Anlage. Die gesetzliche Gewährleistungsfrist für solche Kaufverträge ist in Deutschland standardisiert und liegt bei 2 Jahren.

Im Gegensatz dazu steht der Werkvertrag, bei dem nicht nur die Lieferung, sondern auch die Montage oder Installation einer Sache geschuldet wird. Wenn eine PV-Anlage im Rahmen eines Werkvertrags installiert wird, insbesondere wenn sie in die Bausubstanz eines Gebäudes eingreift oder als Teil eines Gebäudes betrachtet wird, gelten andere, in der Regel längere Gewährleistungsfristen. Diese längeren Fristen sind insbesondere für Bauwerke vorgesehen, um den Auftraggeber vor Mängeln zu schützen, die sich erst nach längerer Zeit zeigen könnten.

11.5 Gewährleistungsfristen und ihre Bedeutung

Die Gewährleistungsfristen sind von zentraler Bedeutung, da sie die Zeitspanne definieren, in der Auftragnehmer für mögliche Mängel haftbar gemacht werden können. Die Unterscheidung zwischen Kauf- und Werkvertrag spielt dabei eine entscheidende Rolle.

Kaufvertrag vs. Werkvertrag

Beim Kaufvertrag gemäß § 438 Abs. 1 Nr. 3 BGB beträgt die Gewährleistungsfrist standardmäßig **2 Jahre** ab Übergabe der Kaufsache, es sei denn, es handelt sich nach § 438 Abs. 1 Nr. 2b) um eine Sache, die entsprechend ihrer üblichen Verwendungsweise für ein Bauwerk verwendet worden ist und dessen Mangelhaftigkeit ausgelöst hat. Dann gelten 5 Jahre Gewährleistungsfrist. Diese Frist kann vertraglich modifiziert werden – sie kann verkürzt oder ausgedehnt werden. Eine Ausnahme bildet der Verbrauchsgüterkauf, bei dem eine Verkürzung nur bei gebrauchten Kaufsachen und dann maximal auf 1 Jahr möglich ist.

Beim Werkvertrag hingegen gelten andere Regelungen. Die Gewährleistungsfrist für bewegliche Sachen beträgt auch bei ihm 2 Jahre. Doch wenn es sich bei dem Werk um ein Bauwerk handelt, verlängert sich diese Frist auf **5 Jahre**. Dies hat erhebliche Auswirkungen auf Photovoltaikanlagen, die als Bauwerke oder Teile von Bauwerken betrachtet werden.

Photovoltaikanlagen als Bauwerke

Die rechtliche Einstufung der Erstellung von Photovoltaikanlagen hat sich im Lauf der Zeit geändert. Während man früher oft von reinen Kaufverträgen mit Montageverpflichtung ausging, neigt die aktuelle Rechtsprechung des BGH dazu, von Werkverträgen auszugehen, insbesondere wenn die PV-Anlagen in die Bausubstanz integriert sind. Für Auftragnehmer bedeutet dies, dass sie sich auf längere Gewährleistungsfristen einstellen müssen, wenn sie Photovoltaikanlagen installieren. Es ist daher wichtig, sich dieser Unterscheidung bewusst zu sein und die Verträge entsprechend zu gestalten.

Fazit

Die korrekte Einordnung des Vertragstyps und die Kenntnis der damit verbundenen Gewährleistungsfristen sind für Dachdeckerunternehmen von entscheidender Bedeutung. Es geht nicht nur um juristische Details, sondern um potenzielle Haftungsrisiken und finanzielle Verpflichtungen. Es ist daher ratsam, sich bei Vertragsgestaltung und -durchführung stets der geltenden Gewährleistungsfristen bewusst zu sein und entsprechend zu handeln.

11.6 Produkthaftung und Verbraucherschutz

Die Produkthaftung spielt in der modernen Wirtschaft eine zentrale Rolle, insbesondere im Kontext von Verbraucherschutz und Sicherheit. Sie stellt sicher, dass Verbraucher vor den potenziellen Gefahren und Risiken geschützt sind, die von fehlerhaften Produkten ausgehen können.

Ursprung und Ziel der Produkthaftung

Die Produkthaftung basiert auf dem Grundsatz, dass Hersteller und Produzenten für die Sicherheit ihrer Produkte verantwortlich sind. Wenn ein Produkt aufgrund eines Fehlers oder Mangels Schaden anrichtet, sollte der Verbraucher nicht die Last tragen. Das Produkthaftungsgesetz dient daher dem Schutz des Verbrauchers und stellt sicher, dass Hersteller und Produzenten für Schäden, die durch ihre Produkte verursacht werden, haftbar gemacht werden können.

Beispiel: Brennende Anschlussdosen an Solarmodulen

Ein besonders eindrückliches Beispiel für die Bedeutung der Produkthaftung sind die Fälle von Solarmodulen, die aufgrund technischer Mängel Brände verursachten. Solche Vorfälle können nicht nur erheblichen materiellen Schaden verursachen, sondern auch das Leben und die Gesundheit von Menschen gefährden. In solchen Fällen ist es unerlässlich, dass der Hersteller schnell und effektiv reagiert, um weitere Schäden zu verhindern. Das Entfernen fehlerhafter Produkte vom Markt ist dann nur ein erster Schritt. Häufig sind umfangreiche Rückrufaktionen und Aufklärungskampagnen notwendig, um sicherzustellen, dass alle betroffenen Produkte sicher aus dem Verkehr gezogen werden.

Rechtliche Grundlagen

Das Produkthaftungsgesetz bietet einen klaren rechtlichen Rahmen für Schadenersatzansprüche bei privater Nutzung. Bei gewerblicher Nutzung können Schadenersatzansprüche aus dem BGB, insbesondere aus § 823, abgeleitet werden. Dieser Paragraf regelt die allgemeine Schadensersatzpflicht und kann in Fällen herangezogen werden, in denen ein Produkt nicht nur für den privaten Gebrauch, sondern auch im gewerblichen Kontext Schäden verursacht.

Unterschied zur Mängelgewährleistung

Ein wesentlicher Unterschied zwischen der Produkthaftung und der Mängelgewährleistung liegt in den verfügbaren Rechtsbehelfen. Während die Mängelgewährleistung zumindest im ersten Schritt darauf abzielt, dem Käufer das Recht auf Nachbesserung oder Ersatz zu gewähren, geht es bei der Produkthaftung um Schadenersatz. Das bedeutet, dass bei einem durch das Produkt verursachten Schaden keine Nachbesserung angeboten werden kann, sondern der Hersteller oder Produzent direkt für den entstandenen Schaden haftet.

Fazit

Die Produkthaftung ist ein wesentliches Instrument des Verbraucherschutzes. Sie stellt sicher, dass Hersteller und Produzenten die Verantwortung für die Sicherheit ihrer Produkte übernehmen und für Schäden, die durch ihre Produkte verursacht werden, haftbar gemacht werden können. Für die Hersteller ist es daher von entscheidender Bedeutung, die Qualität und Sicherheit ihrer Produkte ständig zu überwachen und sicherzustellen, dass sie den gesetzlichen Anforderungen entsprechen.

Praxistipp *Die Hersteller haften nicht nur für Produktionsfehler, sondern auch für Designmängel oder unzureichende Sicherheitshinweise.*

Ein weiteres bedeutendes Merkmal des Produkthaftungsgesetzes ist die Beweislastumkehr.

Der Geschädigte muss lediglich den Schaden, den Fehler des Produkts und den Kausalzusammenhang zwischen dem Fehler und dem Schaden nachweisen.

Ein Verschulden des Herstellers ist nicht erforderlich.

11.7 Status des Anlagenbetreibers: Privatperson, Unternehmer oder Verbraucher

Die rechtlichen Rahmenbedingungen, insbesondere in Bezug auf Gewährleistungen und Verbraucherschutz, variieren je nachdem, ob die Vertragsparteien als Unternehmer, Verbraucher oder Privatpersonen agieren. Ein zentrales Beispiel dafür ist der Kauf einer Photovoltaikanlage durch Privatpersonen. Wenn diese ihre erzeugte Energie ins öffentliche Netz einspeisen und im Gegenzug eine Vergütung gemäß dem Erneuerbare-Energien-Gesetz (EEG) erhalten, werden sie steuerrechtlich oft als Unternehmer betrachtet. Zivilrechtlich jedoch gelten sie, wie der Bundesgerichtshof (BGH) klargestellt hat, als Verbraucher und genießen somit den umfassenden Verbraucherschutz des Bürgerlichen Gesetzbuchs (BGB).

Ein kontroverses Thema war jedoch, wie diese Käufer zivilrechtlich eingestuft werden sollten: Als Unternehmer oder als Verbraucher? Diese Unterscheidung hat erhebliche Auswirkungen auf die Rechte und Pflichten der

Beteiligten. Der Bundesgerichtshof (BGH) hat in einem Urteil (BGH, Anerkenntnisurteil, VIII ZR 121/12, vom 09.01.2013) klargestellt, dass der Anlagenkäufer zivilrechtlich als Verbraucher zu betrachten ist. Dies gewährt ihm den umfassenden Verbraucherschutz des Bürgerlichen Gesetzbuchs (BGB). Das BGB nimmt an, dass Verbraucher im Vergleich zu Unternehmen oft im Nachteil sind. Daher gibt es spezielle Regelungen für Kauf- und Werkverträge, die sicherstellen, dass Verkäufer bestimmte Standards einhalten, wenn sie Geschäfte mit Privatpersonen tätigen.

Ein wichtiger Aspekt des Verbraucherschutzes ist das Widerrufsrecht. Bei außerhalb von Geschäftsräumen geschlossenen Verträgen unter gleichzeitiger Anwesenheit der Vertragsparteien (§§ 312b, 312g i. V. m. 355 BGB) steht dem Verbraucher ein Widerrufsrecht mit einer Widerrufsfrist von 14 Tagen zu. Dieses Recht besteht für Unternehmen nicht. Für Dachdeckerunternehmen bedeutet dies, dass sie ihre Kunden explizit über dieses Widerrufsrecht informieren müssen, wenn der Vertrag unter den genannten Voraussetzungen abgeschlossen wird.

Es ist jedoch wichtig zu beachten, dass diese Regelung nicht für alle Arten von Betreibern gilt. Bei Betreibergesellschaften oder Kapitalgesellschaften, z. B. GmbH oder GmbH & Co. KG, sind die Verträge in der Regel Geschäfte zwischen 2 Unternehmern. In solchen Fällen sind die spezifischen vertraglichen Vereinbarungen entscheidend für die Rechte und Pflichten der Parteien.

11.8 Widerrufsrecht und die Konsequenzen

Schutz durch einen Vertragswiderruf genießen die Privatkunden immer schon bei Kaufverträgen nach dem Fernabsatzgesetz, wenn sie zum Beispiel Waren im Internet einkaufen, oder auch nach dem Haustürwiderrufsgesetz, wenn sie von Reisegewerbetreibenden oder Handelsvertretern an der Haustür angesprochen wurden.

2014 wurde der Schutz auch auf sämtliche Dienstleistungen, also auch auf Bauverträge, ausgeweitet. Das entscheidende Kriterium ist, dass der Vertrag „außerhalb der Geschäftsräume des Anbieters unter gleichzeitiger Anwesenheit der Vertragsparteien“ geschlossen sein muss. Das ist in der Dachdeckerbranche bei Privataufträgen und auch Aufträgen im Bereich Photovoltaik nicht so selten. Deshalb ist aber noch keineswegs jeder Vertragsschluss widerrufbar. Es gibt verschiedene Fallgruppen in der komplizierten Gesetzesformulierung, die sich auf den ersten Blick nur sehr schwer auseinanderhalten lassen.

1. Der Auftrag wird direkt beim ersten oder bei einem späteren Besuch vor Ort beim Kunden (fix und fertig) abgeschlossen

Entscheidend für die Widerrufbarkeit sind nach der Gesetzeslage die gleichzeitige körperliche Anwesenheit beider Parteien und der dabei vollzogene Vertragsschluss. Wie der Vertragsschluss dann „formell“ zustande kommt, ist letztlich unerheblich. Es kann der berühmte „Handschlag“ sein. Der Kunde kann aber auch ein vorbereitetes oder spontan entworfenes schriftliches Angebot des Handwerkers unterschreiben (Auftragserteilung, Auftragsbestätigung). Diese Handhabung ist im Bauhandwerk durchaus verbreitet, insbesondere bei kleineren Aufträgen ist das oft der Fall. Das, was schnell und praktisch aussieht, ist also gerade nicht in trockenen Tüchern.

Gerade dann gilt das 14-tägige Widerrufsrecht, und der Kunde muss deshalb über sein Widerrufsrecht immer schriftlich informiert werden. Nach einer Entscheidung des Bundesgerichtshofs vom 26. November 2020 (I ZR 169/19) müssen die Widerrufsbelehrung und das Muster einer Widerrufserklärung *zusammen* ausgehändigt werden. Bei außerhalb von Geschäftsräumen geschlossenen Verträgen muss dies in Papierform erfolgen.

2. Der Auftrag wird erst später abgeschlossen

Der klassische Vertragsschluss mit dem Privatkunden im Handwerk in dieser Reihenfolge:

- Der Kunde ruft von sich aus beim Handwerker an.
- Der Handwerker kommt zum Privatkunden nach Hause, um die anstehende Leistung zu besichtigen.
- Das Angebot wird später im Nachgang erstellt.
- Der Auftrag wird einige Tage später persönlich, per Telefon, E-Mail oder Fax erteilt.

In diesem Fall gibt es *kein* Widerrufsrecht. Diese Version gilt als ein nicht außerhalb der Geschäftsräume geschlossener Vertrag, weil es insbesondere am Merkmal der „gleichzeitigen körperlichen Anwesenheit" mangelt!

Damit fehlt die Drucksituation (Auge-in-Auge-Situation), die einen gewissen Überrumpelungseffekt auslösen könnte und den Kunden dann möglicherweise zu einem vorschnellen Vertragsschluss verleitet. Diese Drucksituation liegt aber dem gesamten reformierten Widerrufsrecht gedanklich zugrunde.

Widerrufsrecht bei Fernabsatzgeschäften

Danach gilt, dass in dem Fall, in dem der Unternehmer sowohl für die Vertragsverhandlungen als auch für den Vertragsschluss **ausschließlich** Fernkommunikationsmittel verwendet hat, nach der gesetzlichen Regelung in § 312c Abs. 1 BGB widerleglich vermutet wird, dass der Vertrag im Rahmen eines für den Fernabsatz organisierten Vertriebs- oder Dienstleistungssystems abgeschlossen worden ist. Es obliegt dem Unternehmer, in derartigen Fällen darzulegen und zu beweisen, dass der Vertragsschluss gerade **nicht** im Rahmen eines speziell für den Fernabsatz organisierten Vertriebs- oder Dienstleistungssystems erfolgt ist. Ob ein für den Fernabsatz organisiertes Vertriebs- oder Dienstleistungssystem besteht, hängt wesentlich davon ab, auf welche Art und Weise der Unternehmer in seinem Geschäftsbetrieb Vertragsverhandlungen und Vertragsschlüsse ermöglicht. Danach müsse er sein Unternehmen personell und sachlich so ausgestalten und organisieren, dass sowohl Vertragsverhandlungen als auch Vertragsschluss **regelmäßig und**

ohne Weiteres unter ausschließlicher Verwendung von Fernkommunikationsmitteln jederzeit möglich sind.

Für den typischen Bauhandwerksbetrieb liegt demnach in der Regel kein widerrufsfähiges Fernabsatzgeschäft vor. Es fehlt an der systematischen Ausrichtung eines normalen Handwerksbetriebs auf diese Art des regelmäßigen Geschäftsabschlusses.

Vor allem wird die Kette der ausschließlichen Fernkommunikation in dem Moment unterbrochen, in dem der Betrieb für die Angebotserstellung die anstehende Leistung vor Ort in Augenschein nimmt, um ein belastbares Angebot erstellen zu können.

Unterbleibt – ausnahmsweise – einmal eine solche Vor-Ort-Besichtigung, ist das unschädlich.

Widerrufsrecht bei Handwerksbetrieben: ein Überblick

Bei „klassischen" Vertragsabschlüssen, wie sie in Handwerksbetrieben üblich sind, ist keine Widerrufsbelehrung erforderlich. Ein typisches Szenario könnte so aussehen:

- Der Kunde nimmt auf eigene Initiative Kontakt zum Dachdecker auf.
- Der Dachdecker besucht den Kunden, um Messungen vorzunehmen oder andere Vor-Ort-Beurteilungen durchzuführen.
- Basierend auf diesem Besuch erstellt der Dachdecker ein Angebot, das dem Kunden zugesandt wird.
- Der Kunde erteilt daraufhin den Auftrag, sei es persönlich oder über Kommunikationsmittel wie Brief, Fax oder E-Mail.

In Fällen, in denen der Vertragsschluss nicht im Rahmen eines für den Fernabsatz organisierten Dienstleistungssystems erfolgt, besteht kein gesetzliches Widerrufsrecht.

11.9 Verantwortlichkeiten bei Schäden: Gewährleistung vs. Garantie

Wenn es zu Mängeln oder Defekten an einer PV-Anlage kommt, stellt sich oft die Frage:

An wen kann ich mich wenden?

Daher ist es essenziell, die Unterschiede zwischen Gewährleistung und Garantie zu verstehen.

Gewährleistung:

Der primäre Ansprechpartner bei Gewährleistungsansprüchen ist der Dachdecker, also der Installateur der Anlage.

Garantie:

Nach Ablauf der Gewährleistungsfrist tritt die Garantie in Kraft, sofern sie die gesetzliche Gewährleistungsfrist übersteigt. Dabei handelt es sich um eine Haftungsübernahme durch den Hersteller.

Unterbrechung der Verjährung

Eine telefonische oder elektronische Mängelanzeige beim Auftragnehmer reicht im Fall eines BGB-Vertrags nicht aus.

Praxistipp *Eine effektive Unterbrechung der Gewährleistungsfrist kann durch schriftliche Anerkennung des Mangels während Verhandlungen oder durch die Einleitung gerichtlicher Schritte beispielsweise im Kontext eines gerichtlichen Beweisverfahrens erreicht werden.*

12 Anhang

12.1 Bildnachweis

ABS Safety GmbH, Kevelaer
Abb. 6.1

Autarq GmbH, Prenzlau
Abb. 3.20

baunetzwissen.de/Cornelia Halbach v. Eberl-Pacan Brandschutzplaner, Berlin
Abb. 5.7

BMI Deutschland GmbH, Oberursel
Abb. 3.18

Bundeministerium für Digitales und Verkehr (BMDV), Berlin
Abb. 9.10

Dachdeckerei Stefan Nowotsch, Kritzmow
Abb. 2.1

EWS GmbH & Co. KG, Handewitt (QuickPlan)
Abb. 8.3 bis 8.9

Hochschule für Technik und Wirtschaft HTW Berlin
Tabelle 3.4 und Abb. 3.6

istockphoto.com/acilo
Abb. 5.12

K2 Systems GmbH, Renningen (K2 Base)
Abb. 3.33, 7.1 bis 7.7

Meyer Burger Technology AG, Gwatt, Schweiz
Abb. 3.21

Otto Lehmann GmbH, Neutraubling
Abb. 3.12

SOLARplexus Dach GmbH, Hilchenbach
Abb. 3.22

ZVDH e.V. (Hrsg.): Deutsches Dachdeckerhandwerk Regelwerk, Köln 2024
Abb. 3.15 bis 3.17, 5.10

12.2 Stichwortverzeichnis

12.3 Infos zum Autor

Michael Zimmermann ist Dachdeckermeister und öffentlich bestellter und vereidigter Sachverständiger für das Dachdeckerhandwerk unddie Teilgebiete Photovoltaik, Wärmeschutz und Schimmelpilzschäden.

Gemeinsam mit seinem Sohn führt er den Dachdeckerbetrieb **Zimmermann Bedachungen GmbH** in Ockenheim westlich von Mainz. Der Betrieb ist bereits 1992 gegründet worden, momentan arbeiten dort rund 20 Mitarbeiterinnen und Mitarbeiter. Schwerpunkte der Tätigkeiten sind energetische Dachsanierungen, die Errichtung von Photovoltaik-Anlagen sowie die Erweiterung des Wohnraums durch Ausbau von Dachgeschossen oder auch Aufbauten auf privaten Wohngebäuden.

Darüber hinaus ist Michael Zimmermann Gebäudeenergieberater (HwK) und Solarteur (HwK) und plant im angehängten Energie- und Sachverständigenbüro u.a. Solaranlagen, Dachsanierungen und Heizungsanlagen.

Derzeit hält der Autor zudem das Amt des Vizepräsidenten des Zentralverbands des Deutschen Dachdeckerhandwerks (ZVDH) inne und ist innerhalb des Verbandes zuständig für die Bereiche Fachtechnik und Digitalisierung.

Und last but not least gehören Dozenten- und Referententätigkeiten zum Portfolio von Michael Zimmermann.

Abschließend einige wichtige **Linktipps zum Autor**:

https://www.michael-zimmermann.de

https://www.mz-energieberater.de

https://www.mz-sv.de

https://www.mz-dach.de